CIBERTECS
CONCEITOS, INTERAÇÕES, AUTOMAÇÕES, FUTURAÇÕES

S.Squirra
Organizador

LabCom Digital
Bacanga, São Luís do Maranhão
2016

C482	Cibertecs: conceitos, interações, automações, futurações / Organizador S. Squirra. São Luís, MA : LabCom Digital, 2016.
	264 p.

Bibliografia Original
ISBN 978-85-68070-05-5

1. Comunicação digital 2. Tecnologia digital 3. Comunicação - Inovações tecnológicas 4. Comunicação e tecnologia 5. Tecnologia da informação 6. Comunicação 7. Interação homem-máquina I. Squirra, S.

CDD 302.2

Editoração eletrônica: Maria Zélia Firmino de Sá

CONTATOS:
Direção do ComTec
www.comtec.pro.br
email: ssquirra@gmail.com

Uma publicação do **Grupo Cense**
www.censegroup.net

Segunda Edição: ISBN 978-1543036237

SUMÁRIO

APRESENTAÇÃO

Esta é a obra científica do ComTec, o Grupo de Pesquisa em Comunicação e Tecnologias Digitais sediado na Universidade Metodista de S.Paulo para 2016. Desde 2004, o Programa de Pós-graduação em Comunicação acolheu proposta de abrigar coletivo acadêmico com foco específico na relação das tecnologias digitais sobretudo com aquelas da Comunicação, permitindo que tal GP integrasse o Diretório Nacional de Grupos de Pesquisa do CNPq.

Desde sua origem, o ComTec estabeleceu padrões precisos e colaborativos no intuito de estimular, agregar e difundir o conhecimento científico neste importante recorte investigativo e realizou eventos em algumas instituições pelo país, ciente que a pluralização e a visibilidade devem ser procuradas com afinco, pois isto organiza e espraia o saber e estimula novos estudantes. Composto por 25 pesquisadores doutores com sólida experiência acadêmica, o ComTec se organiza para publicar uma obra anual, visando colaborar com a difusão do conhecimento aos estudantes de Pós-graduacão e Graduação de todo o país.

O Grupo dedica tempo na construção e atualização do site do ComTec (www.comtec.pro.br), cujo objetivo central tem sido de atuar como apoio e referência quando os temas são circunscritos na efervescência tecnológica que todos vivenciam nos tempos atuais.

Seus integrantes sabem que a velocidade da vida moderna, associada à multiplicidade de bases comunicativas do momento, demandam investigações abertas e interdisciplinares, disponibilizando espaço para novas modelagens e olhares científicos amplificados.

O homem se hibridizou com as máquinas, que ocupam espaços consideráveis na experiência diária de todos, pois ampliadas, persistentes e sedutoras se tornaram inevitáveis e dominadoras. Em uma realidade avassaladoramente constituída de aparatos e dados de toda ordem, a informação assumiu o centro da vida e, pode-se dizer, essencia sua razão existencial. Vários autores abordam essas e outras questões, evidenciando que se tornou impossível - e por que não dizer, asfixiante - a plena interação e dependência de todos dos aparatos digitais. Vive-se uma "segunda era das máquinas" (titulo de uma instigante obra) e apontam para uma "quarta revolução industrial" (outra obra imperdível). Fala-se em máquinas "espirituais", em automatização da produção literária (com robôs que escrevem contos, roteiros de cinema, músicas e no jornalismo), em informática "afetiva", em projeção de vídeo direto nas retinas... Temas novos e lisergicamente inebriantes aguçam a atenção do ser comum, mas sobretudo dos pesquisadores, pois recortam cenários inéditos para a comunicacão com a Inteligência Artificial, os ciborgues, a robotização da produção, as máquinas "que pensam" (outra obra magnífica), culminando na chegada de uma nova "ecologia" midiática, onde desponta uma Googlelização de tudo (mais um livro indispensável). Estimulados e encorajados, cientistas da Comunicação passaram a se interessar pela física quântica (quem diria!), pela matemática, pela engenharia e pela neurologia (entre outros universos), adentrando espaços e estudando as descobertas destas áreas que eram, até então, evitadas à qualquer custo. Estão conscientes que as simbioses proporcionadas pelas inovações tecnológicas não cessam, pois são continuamente agregadas à infindável miniaturização da informática, que altera as formas da comunicação humana como um todo. Além disso, a realidade passou a ser envolvida na convergência das plataformas de exposição de conteúdos, que tudo reconfiguram e ampliam já que as tecnologias fundem o mundo físico, com o digital e o biológico.

Percebe-se mesmo a chegada de uma insuficiência teórica para compreender o fenômeno comunicacional que se experiencia, uma vez que as bases dos negócios foram forçosamente alteradas - ou substituídas - e novos atores e modelos comunicacionais se impõem, fragilizando e requerendo compreensões práticas e filosóficas expandidas, pois tudo está "de ponta cabeça". Isso é incontornável, pois na neurociência já é possível a interação do homem com as máquinas sem a presença de nenhum estímulo externo, só o pensamento, fazendo com que séries televisivas instigantes demonstrem como isto será corriqueiro e a transmissão se dará diretamente na retina das pessoas, através das espetaculares lentes que aumentam a visão humana. As "realidades" brotam fertilmente (virtual, aumentada, misturada, mesclada etc.) demonstrando que se insere definitivamente uma internet de "todas as coisas", alargamento do termo internet "das coisas", onde já se fala de uma IoS, a Internet "dos serviços". Quantas mais virão?

Esses são alguns dos nossos focos. Esses são alguns dos temas tratados nesta obra, que esperamos atendam à sua procura.

Somos gratos aos autores e a todos.

A COMUNICAÇÃO DIGITAL E NOVAS REFLEXÕES SOBRE CAMPOS DE INFORMAÇÃO

Monica Martinez*

RESUMO

A proposta deste artigo é a de pensar os meios digitais no âmbito das teorias dialógicas da Comunicação e de uma perspectiva transdiciplinar, particularmente em sua relação com as Ciências Biológicas. Neste contexto, reflete a hipótese dos campos mórficos do biólogo britânico Rupert Sheldrake, que propõe que as informações uma transmitidas por meio de campos no tempo e espaço que moldam formas e comportamentos, fixando-se por meio da repetição ou hábitos, conforme a terminologia sugerida pelo autor. Neste contexto, relata o experimento conduzido sobre interação mediada por computadores com 20 participantes. Dos participantes que concluíram o teste, 58% apresentaram resultado acima do nível de acerto ao acaso. O que sugere a importância dos vínculos e afetos no processo comunicativo, incluindo o que ocorre nos meios digitais.

PALAVRAS-CHAVE

Comunicação; Comunicação digital; Campos de Informação; Rupert Sheldrake; Teorias da Comunicação.

Do latim, a palavra comunicação deriva do verbo *communicare*, significando compartilhar ou transmitir. Desde seu início, os especialistas da área da Comunicação têm se concentrado nos estudos dos processos comunicacionais de grupos ou, principalmente, organizações. O fato se deve à própria natureza das mídias tradicionais, caracterizada pela emissão de mensagens unidirecionais e massivas.

---

* É docente do Programa de Pós-Graduação em Comunicação e Cultura da Universidade de Sorocaba (Uniso), onde é colíder do Grupo de Pesquisa em Narrativas Midiáticas (NAMI). Doutora em Ciências da Comunicação pela ECA-USP, tem pós-doutorado pela UMESP e estágio de pesquisa pós-doutoral junto ao departamento de Rádio, Televisão e Cinema da Universidade do Texas. É diretora científica da SBPJor (Associação Brasileira de Pesquisadores em Jornalismo), onde é colíder da Rede de Narrativas Midiáticas Contemporâneas, e coordenadora do GP de Teorias do Jornalismo da Intercom. Integra o Cisc (Centro Interdisciplinar de Semiótica da Cultura e da Mídia) e, no exterior, a IAMCR (International Association for Media and Communication Research) e ICA (International Communication Association). E-mail: monica.martinez@prof.uniso.br.

Essas teorias são variadas e bem estudadas, mas em sua maioria não visam à compreensão da interação humana em nível interpessoal, enfatizando especialmente os processos de transmissão de sinais. Esse problema fica evidenciado com o surgimento das mídias digitais, uma vez que o processo técnico que era eminentemente unidirecional e massivo passa a ser no mínimo bidirecional e interativo em graus variados e segmentado.

Em seu esforço para realizar um panorama teórico da área de Comunicação incorporado à história da pesquisa comunicacional brasileira, o pesquisador brasileiro Venício Lima mapeia o campo e observa oito modelos teóricos principais a partir das palavras-chave manipulação, persuasão, função, informação, linguagem, mercadoria, cultura e diálogo (Lima, 2001). Os três primeiros modelos estão concentrados na chamada teoria funcionalista norte-americana que, como seu próprio nome diz, busca investigar o fenômeno da comunicação do ponto de vista de função, isto é, do papel que exercem. São elas, na visão de Venício:

1. Comunicação como manipulação: entre seus principais estudiosos e críticos estava o psicólogo Harold Lasswell (1902-1978), interessado no efeito que a comunicação causava em curto prazo nos receptores. Seu modelo de comunicação ainda é bastante usado: *quem* (que controla a mensagem) diz o *quê* (mensagem) a *quem* (audiência), por que *canal* (mediático) e com que *efeito* (reação dessa audiência). Essa ênfase na manipulação talvez se justifique pela predominância na época da linha behaviorista em Psicologia (focada no estudo de estímulo e resposta para alteração comportamental), bem como pelo contexto geopolítico, marcado pela 1ª e a 2ª Guerras Mundiais.

2. Comunicação como persuasão: também da mesma época e igualmente influenciado pela psicologia, em particular a adleriana (com sua tônica nas relações interpessoais de poder), os estudos de comunicação do sociólogo Paul Lazarsfeld (1901-1976), entre outros pesquisadores, visavam elucidar e, se possível, prever o comportamento das massas. Não por acaso, o modelo foi bastante empregado na área publicitária e em *marketing* político.

3. Comunicação como função: pioneiros como Lasswell e Lazarsfeld propiciarão as bases para que o sociólogo Charles Wright (1916-1962) torne-se o grande teórico dessa perspectiva de estudos que visa a explicar a mídia como um sistema articulado, priorizando a questão do poder, sobretudo na ótica das elites.

Os três modelos teóricos seguintes, mapeados por Lima por meio das palavras-chave informação, linguagem e mercadoria, são definidos como teoria da informação, comunicação como linguagem e crítica da comunicação como mercadoria:

4. Teoria da informação: os engenheiros estadunidenses Claude Shannon (1916-2001) e Warren Weaver (1894-1978) publicaram em 1963 o livro *Teoria Matemática da Comunicação* (*The Mathematical Theory of Communication*), que se popularizou mundialmen-te como a teoria matemática de Shannon-Weaver. O modelo está "fundamentalmente voltado para a maior eficácia na transmissão de dados entre máquinas" (Lima, 2001, p.45). Lima pontua que em alguma medida o modelo também se aplica "quando essa transmissão se verifica entre dois seres humanos ou entre uma máquina e um ser humano" (idem). Mas ressalta que: "Não existe preocupação com o conteúdo ou significado das mensagens, mas com a eficácia de sua transmissão" (ibidem). Preocupa-se, portanto, com a questão mecânica da transmissão de dados, visando que esse processo seja feito com o menor nível de ruídos possível.

5. Comunicação como linguagem: esse modelo não preconiza predominantemente a metodologia da análise de conteúdo, caso do modelo de Lasswell, nem os experimentos a partir de processos de persuasão, como de Lazarsfeld e Wright, mas sim a análise estrutural dos textos e intertextualidade do discurso. Seu alvo é a identificação dos sentidos e o reconhecimento da "assimetria existente entre emissor [instituição] e receptor [indivíduo] (Lima, 2001, p. 45).

6. Crítica da comunicação como mercadoria: os pesquisadores da chamada Escola de Frankfurt questionam o fato dos gestores dos *mass media* considerarem as expressões culturais (artes, músicas, cinema, notícias, entretenimento etc.) especialmente como produtos da denominada cultura de massa. Por isso propõem o termo indústria cultural para uma leitura crítica dos processos de comunicação. Esta perspectiva marca notadamente a produção de pesquisa brasileira na área de Comunicação, sobretudo nos anos da ditadura militar devido à sua crítica da comunicação como mera mercadoria. Tem no sociólogo Theodor Adorno (1903-1969) um dos mais conhecidos expoentes, ao lado do também sociólogo judeu-alemão Walter Benjamim (1892-1940). Não por acaso é conhecida como Teoria Crítica da Sociedade ou simplesmente Teoria Crítica em contraposição aos modelos funcionalistas e também pelo ideário político de inspiração marxista de seus integrantes.

Do ponto de vista da interação humana, portanto, esses seis primeiros modelos propostos por Lima não dariam conta de explicar os meios digitais contemporâneos em toda sua complexidade. Os dois modelos seguintes, no entanto, já permitem possibilidades mais aprofundadas:

7. Comunicação como cultura: critica o marxismo ortodoxo e busca a comunicação "com significação oposta ao polo da transmissão, isto é, como compartilhamento, como cultura. Em contraposição aos modelos behavioristas, busca-se a compreensão (e não a formulação de leis) das representações e práticas que expressam os valores e significados construídos na relação entre a mídia e as demais instituições da sociedade urbana contemporânea." (Lima, 2001, p. 49-50). Tem no sociólogo jamaicano Stuart Hall um de seus expoentes.

8. Comunicação como diálogo: para Lima, o modelo da comunicação como diálogo, proposto nos anos 1960 pelo pedagogo brasileiro Paulo Freire, em diálogo com expoentes estrangeiros como o pensador judeu de origem austríaca Martin Buber (1878-1965), reassume um papel importante na compreensão dos meios interativos. "Se até recentemente esse modelo parecia inadequado para qualquer tipo de aplicação no contexto da chamada "comunicação de massa", unidirecional e centralizada, hoje a nova mídia reabre as possibilidades de um processo dialógico mediado pela tecnologia (Lima, 2001, p. 51)

Como esse mapa estava se configurando com a expansão da Internet no início dos anos 2000, Lima aparentemente deixa de forma proposital uma lacuna nesse quadro, a dos estudos sobre a sociedade em rede, embora aponte vários pensadores importantes nesse segmento, como o filósofo francês Paul Virilio, o sociólogo espanhol Manuel Castells, o filósofo francês Pierry Lévy, os jornalistas e sociólogos brasileiros Muniz Sodré e Ciro Marcondes Filho, entre outros.

A COMUNICAÇÃO DIGITAL A PARTIR DO MODELO COMUNICAÇÃO COMO CULTURA

Dos pensadores contemporâneos que se alinham com este modelo, nos deteremos nos que relacionam os estudos de antropologia aos da comunicação, áreas que o antropólogo e comunicólogo Etienne Samain, do Programa de Pós-Graduação em Multimeios da Universidade Estadual de Campinas-(Unicamp), afirma que "dão-se muito bem e comunicam-se muito mal" (Samain *apud* Menezes, 2008, p. 158). É o caso do antropólogo da comunicação belga Yves Winkin (1953), que se dedica ao estudo da nova comunicação, para ele orquestral, uma metáfora que toma emprestada da Escola de Palo Alto:

> *É trabalhando na dimensão temporal dos seus lugares que vocês conseguirão dar-se conta* de que um lugar espacialmente definido é sempre um lugar temporalmente definido e que as duas dimensões são intrinsecamente misturadas. Os mapas são, portanto, um instrumento essencial para aquele que quer fazer um trabalho etnográfico. Não há nada de novo nisto que lhes digo. Em 1930, a primeira geração de estudantes da Escola de Chicago já fazia um trabalho cartográfico sob direção de Park (cf. Faris 1970). Eu mesmo tomo explicitamente emprestadas minhas sugestões de Schatzman e Strauss, *Field Research: Strategies for a natural sociology* (1973). Trata-se de algo, portanto, muito clássico. Mas continua sendo importante (WINKIN, 1998, p. 134).

O pesquisador brasileiro José Eugenio Menezes, do Programa de Pós-graduação da Faculdade Cásper Líbero, de São Paulo, completa:

> Os pesquisadores americanos que deram origem ao chamado Colégio Invisível ou Escola de Palo Alto destacaram que cada indivíduo participa da comunicação, mais do que é a sua origem ou ponto de chegada. Questionaram o modelo linear ou telegráfico que marcava os estudos da Teoria Matemática da Informação elaborada por Claude Shannon e propuseram, ainda ao redor de 1950, o que hoje denominamos um *modelo orquestral* de comunicação, que traduz o primeiro sentido do termo tanto em latim *(communicare, communis)* como em inglês ou francês: por em comum, participação e comunhão. Aos pesquisadores de formação antropológica, como Gregory Bateson, Erving Goffman, Edward T. Haal e Ray Birdwhistell, como também a psiquiatras como Paul Watzlawick, devemos o despertar para uma leitura comunicacional do mundo social e um método etnográfico de análise de fenômenos (MENEZES, 2007, p.157).

Para Winkin, a comunicação não-verbal, que inclui, entre outras manifestações, os gestos e até o silêncio, é tão importante quanto a verbal. Proposta teórica, portanto, abrangente que ajuda a explicar alguns fenômenos notados nos *media* digitais, como a escolha de manter-se em silêncio de muitos indivíduos nesses ambientes altamente interativos.

A COMUNICAÇÃO DIGITAL A PARTIR DO MODELO COMUNICAÇÃO COMO DIÁLOGO

Como o educador Paulo Freire (1921-1997), idealizador do método pedagógico profundamente enraizado na vida, no contexto sociocultural, na biografia e no diálogo, outros pensadores dedicaram-se à questão dialógica. Na França, podemos citar Edgar Morin e, no Brasil, Cremilda Medina.

Do ponto de vista ontológico, ressaltamos a visão do pedagogo e filósofo judeu de origem austríaca Martin Buber – um dos pilares da epistemologia da compreensão proposta por pensadores da área, como Dimas A. Künsch, do Programa de Mestrado da Faculdade Cásper Líbero (2015). A vinculação com o outro é o ponto mais conhecido da obra de Buber, que ressalta o diálogo como a base da existência:

> A palavra-princípio EU-TU só pode ser proferida pelo ser na sua totalidade. A união e a fusão em um ser total não pode ser realizada por mim e nem pode ser efetivada sem mim. O EU se realiza na relação com o TU; é tornando EU que digo TU. Toda vida atual é encontro (BUBER, 2001, p. 13).

Com seu poder de conectar síncrona ou assincronamente usuários, em particular no caso da *Internet* e das mídias móveis, o ambiente digital é dialógico por excelência na medida em que encoraja a interação entre dois ou mais indivíduos. Nesse sentido, é potencialmente transformador, uma vez que:

> O homem se torna EU na relação com o TU. O face-a-face aparece e se desvanece, os eventos de relação se condensam e se dissimulam e é nesta alternância que a consciência do parceiro, que permanece o mesmo, que a consciência do EU se esclarece e aumenta cada vez mais. De fato, ainda ela aparece somente envolta na trama das relações, na relação com o TU, como consciência gradativa daquilo que tende para o TU sem ser ainda o TU. Mas, essa consciência do EU emerge com força crescente, até que, um dado momento, a ligação se desfaz e o próprio EU se encontra, por um instante, diante de si, separado, como se fosse um TU, para tão logo retomar a posse de si e daí em diante, no seu estado de ser consciente entrar em relações (BUBER, 2001, p. 32).

Essa capacidade de ampliar a consciência sobre si mesmo por meio do mergulho na interação com o outro é notada no meio digital, com seus atrativos sedutores que geram como que uma redoma que incentiva o usuário na sua relação com o outro:

> O TU se revela, no espaço, mas, precisamente, no face-a-face exclusivo no qual tudo o mais aparece como cenário, a partir do qual ele emerge mas que não pode ser nem seu limite nem sua medida. Ele se revela, no tempo, mas no sentido de um evento plenamente realizado, que não é uma simples parte de uma série fixa e bem organizada, mas sim o tempo que se vive em um "instante", cuja dimensão puramente intensiva não se define senão por ele mesmo. O TU se manifesta como aquele que simultaneamente exerce e recebe a ação, sem estar no entanto, inserido numa cadeia de causalidades, pois, na sua ação recíproca com o EU, ele é o princípio e o fim do evento da relação. Eis uma verdade fundamental do mundo humano: somente o ISSO pode ser ordenado. As coisas não são classificáveis senão na medida em que, deixando de ser nosso TU, se transformam em nosso ISSO. O TU não conhece nenhum sistema de coordenadas (BUBER, 2001, p. 34).

Quando essa interação nos meios digitais é enfocada, ressalta-se com frequência o caráter superficial da interação. Autores brasileiros, como Ciro Marcondes Filho, que levanta a necessidade de uma nova Teoria de Comunicação, ampliam a questão. Ele defende que essa falta de profundidade é um fenômeno que ocorre na Comunicação como um todo e não apenas no universo digital. Isso porque Marcondes Filho entende a comunicação não mais como uma mera transmissão de informações, mas como uma possibilidade de relação ou, na palavra do autor, um acontecimento:

> Em suma, a comunicação é um fenômeno raro, mas não impossível. Ela é a minha relação com as coisas. Não é algo que me liga a outra pessoa. Eu posso estar conversando com uma mulher, um homem, uma criança. Estes – o homem, a mulher, a criança – são mundos à parte que eu não conheço e jamais conhecerei a fundo. Eu lhes conto minhas experiências, eu relato um acontecimento ocorrido comigo, eu os instruo a manipular uma câmera, eu repasso uma notícia de televisão, eu digo o último capítulo da novela, eu posso conversar qualquer coisa com eles, mas eu só tenho certeza do que eu falo, eu não sei nada do que ocorre com eles, como eles recebem isso que eu falo que transformações ocorrem em suas cabeças depois que eu falo, que efeitos isso provoca lá dentro. Eu não

> sei de nada. Por isso, eu não posso dizer que transmiti algo a eles, como um fio que transmite eletricidade de um poste de luz a um liquidificador. Eu não transmiti coisa alguma. Eu falei, eu comentei, eu expliquei, eu relatei, eu argumentei, eu sorri, eu gritei, eu mandei, eu disfarcei, eu menti, não importa, o que quer que eu tenha feito é algo que saiu de mim e entrou na atmosfera da interação. Como foi realizado pela outra pessoa, isso é coisa exclusivamente dela. Mas essa outra pessoa pode mexer comigo. No seu olhar, no seu jeito, na sua fala, na postura de seu corpo, na sua ironia, na sua franqueza, no seu jeito de me tocar, em suma, em todos os sinais que emite, essa pessoa pode me dize algo. Não porque ela queira, não porque ela saiba, não porque ela controle; mas porque seu mistério, sua obscuridade, sua estranheza, seu aspecto desconhecido me desequilibram. O mesmo pode acontecer com um livro, um filme, um acontecimento que eu presenciei. Essas coisas podem me comunicar. Elas podem dizer-me algo pelo seu caráter de novidade, de estranheza, de inusitado, de inédito. É o novo que me muda; o conhecido apenas me reforça (MARCONDES FILHO, 2008, p. 18-19).

O conceito de comunicação como acontecimento (SODRE, 2009), como algo vivo e transformador, sugere que as tentativas de compreender os fenômenos comunicacionais passam por, pelo menos, dois caminhos. O primeiro é o da percepção, como propõe Maurice Mearlau-Ponty (1908-1961). Para o filósofo francês, além do intelecto, a análise de um fenômeno inclui sensações, associações, recordações, atenção, juízo e o corpo, entre outros elementos (MEARLAU-PONTY, 1999). Estamos, portanto, no campo da fenomenologia como método em Comunicação (MARTINEZ; SILVA, 2015).

O segundo é o da compreensão de uma premissa paradoxalmente grandiosa e simples: a Comunicação é parte integrante de uma rede maior, complexa e dinâmica chamada vida. Como disse o professor Norval Baitello Júnior na aula inaugural dos Programas de Pós-Graduação em Comunicação do Estado de São Paulo, realizada em 10 de agosto de 2016, "Comunicação é vida" (BAITELLO JÚNIOR, 2016). E para entendê-la surge a possibilidade do diálogo da área da Comunicação com outros campos do conhecimento, em particular com as Ciências Biológicas.

A RELAÇÃO DA COMUNICAÇÃO COM OUTRAS CIÊNCIAS

Já na década de 1970 do século passado, o padre jesuíta Expedito Teles, então professor de Fundamentos de Biologia da Faculdade de Filosofia do Ceará, ressaltava que "a história da vida é uma história de átomos que se comunicam" (TELES, 1978, p. 23). E chamava a atenção para o histórico da Comunicação da espécie nesse contexto:

> A primeira comunicação que o homem teve com o universo biológico foi, certamente, de caráter empírico. Fenomenologicamente, antes de qualquer racionalização posterior, percebeu-se como um ser situado no universo dos seres vivos. Dentro da pluralidade dos seres vivos enxergou-se como ser diferente e, ao mesmo tempo, como ser integrante. O primeiro esforço de comunicação do homem-biológico, como o mundo vivo, centralizou-se nas plantas, nos animais completos, no seu "modus vivendi", no seu "habitat", no seu relacionamento com outros seres vivos. Era uma biologia macromolecular, ecológica, descritiva, ao nível da contemplação. Quando a tecnologia pervadiu a biologia, perfundiu-se esta com a química. Passou-se, então, do campo macromolecular para uma microbiologia. (TELES, 1978, p. 22).

Essa perspectiva demanda, portanto, dois esclarecimentos teóricos. O primeiro é expresso pela abordagem orgânica da Teoria Geral dos Sistemas, desenvolvida pelo biólogo austríaco Karl Ludwig von Bertalanffy na primeira metade do século passado: "Fenômenos sociais devem ser considerados como sistemas" (BERTALANFFY, 1977, p. 23). Segundo Bertalanffy, os sistemas, indivíduos ou organizações, são vivos e abertos, isto é, possuem intercâmbio de matéria/energia/informação com o ambiente. Devido à complexidade dos sistemas, três de suas características são especialmente interessantes: a interdependência com outros sistemas, a capacidade de manutenção e a de adaptabilidade a mudanças. Se aproximarmos a perspectiva do biólogo Bertalanffy com a postura do acima citado filósofo Martin Buber, por exemplo, o TU ou o outro não se limita ao humano que está do outro lado do computador, mas inclui todas as coisas com as quais os humanos se relacionam.

Para compreender como ocorre a interação mediada por computador, lembramos que todos os seres vivos se comunicam de alguma forma, o que gera interfaces interessantes com outras áreas do conhecimento, como Psicologia, Fisiologia, Neurologia e Biologia, entre outras. Áreas que se baseiam grandemente na observação para discutir se o processo é inato, ou seja, adquirido geneticamente, ou instintivo, isto é, aprendido socialmente.

Na área da Comunicação propriamente dita, um pesquisador que se interessa pela questão da comunicação não-verbal é Norval Baitello Júnior, do Programa de Pós-Graduação em Comunicação e Semiótica da PUC-SP:

> A investigação sobre a comunicação e as suas origens filogenéticas, sobretudo investigações realizadas pela Etologia nos trabalhos extremamente apaixonantes sobre a comunicação entre espécies de animais sociais, nos mostram que todas possuem códigos de comunicação altamente sofisticados. Ou seja, possuem línguas, instrumentais de comunicação de alta precisão e refinamento. Por exemplo, os insetos sociais possuem uma linguagem de alta sofisticação, como as abelhas, formigas, os cupins (...). Isso acontece porque vivem em sociedade de milhões de indivíduos, que não conseguem conviver se não se comunicarem. Não conseguem funcionar como um organismo social, se não se comunicarem, pois a comunicação é a base da sincronização social. O que sabemos sobre sua linguagem, sobre os códigos de comunicação dos insetos, é nada diante de sua esmagadora presença e importância para o planeta. Sabemos muito pouco sobre, por exemplo, formigas, que para a agricultura são consideradas uma grande praga. Se soubéssemos mais sobre sua comunicação, talvez pudéssemos nos valer de sua capacidade laboral em algum tipo de parceria entre espécies, ao invés de um combate inglório para elas. São sofisticadíssimas em sua sincronização social e em sua organização. Quando atacam uma floresta destroem-na inteira, conseguem devastá-la em poucos dias. Sabemos sim que seu principal código de comunicação é pelo olfato. Os odores são suas palavras. Mas quais odores e quais vocábulos, como os usam, como produzem sua sincronização perfeita sem comandos, sem chefias, sem central de inteligência? (...) vejamos as baleias, que são, em certo sentido, o oposto dos insetos, não apenas do ponto de vista físico e social, mas também daquele de sua comunicação. As baleias se comunicam centralmente por um canto e seguramente todos nós já teremos ouvido gravações de cantos de baleias, que às vezes se parecem com verdadeiras árias operísticas. Seu canto tem enorme alcance. Uma baleia, quando canta, consegue ser ouvida a cem quilômetros de distância por outras baleias. Assim, sua comunicação, tal qual a dos golfinhos e os pássaros, é vocal.

As linguagens sonoras são apropriadas para espécies que se locomovem a grandes distâncias (BAITELLO, 2005, p. 101-102).

Se o ser humano "digital" viaja cada vez menos e interage cada mais com o mundo a partir de seus aparatos midiáticos, convém compreender melhor sobre como esse processo não-verbal ocorre em outras espécies. Essa consciência ocorre em espécies vegetais, que se relacionam sabiamente com seu entorno, seja por meio da fotossíntese ou da interação cooperativa entre espécies (BENYUS, 1997).

No reino animal, há vários canais de comunicação que abrangem de vibrações, odores, *displays* visuais (sinais evolutivos especializados, como o abrir da cauda do pavão na corte à fêmea) a sons. Alguns estudos transcendem a mera questão da emissão e recepção de sinais acústicos e não-acústicos para a perpetuação da vida e reprodução, focando na sua importância para a formação de redes de relacionamento social e estabelecimento de território. Um deles é abordado no livro organizado pelo professor Peter McGregor, do Cornwall College, do Reino Unido, que contempla a comunicação acústica em rede dos mamíferos marinhos e a cooperação entre diferentes espécies (MCGREGOR, 2005).

Seja no reino vegetal (BENYUS, 1997) ou no animal (MCGREGOR, 2005), os novos estudos sugerem a necessidade de revisão da perspectiva evolucionista enquanto mecanismo que garante a sobrevivência das espécies ao longo do tempo, nos meios hostis que habitam, devido à luta dos mais fortes, proposta pelo naturalista inglês Charles Darwin (1809-1882). Para alguns autores, como o matemático e biólogo Brian Goodwin (1931-2009), que era professor do mestrado em Ciências do Schumacher College (Reino Unido), essa seleção adaptativa ou o sucesso na luta pela existência, está mais relacionada à cooperação. "(...) agora sabemos que a Natureza trabalha de forma diferente (...). Os maiores passos na evolução biológica e social são dados por meio da cooperação e da simbiose, como Lynn Margulis e Jane Goodall têm persuasivamente demonstrado" (GOODWIN, 2009, p. 26, tradução nossa)[1]. Um paralelo importante, portanto, para entender a explosão dos ambientes virtuais cooperativos, como a Wikipedia, entre outros.

Convém ressaltar que o próprio Darwin era cético sobre a importância da emissão dos sinais vocais na competição entre machos, cuja vocalização era, para ele, um fator importante para a atração das fêmeas, isto é, para aumentar as chances de sucesso reprodutivo (OWINGS;

---

[1] A bióloga Lynn Margulis (1938-2011) era professora na Universidade de Massachusetts e sua teoria da terra como organismo inteligente foi base da hipótese de Gaia do biólogo inglês James Lovelock. A antropóloga Jane Goodall estudou a vida social e familiar dos chimpanzés na Tanzânia ao longo de 40 anos.

MORTON, 1998, p. 15). Donald Owings, professor do Departamento de Psicologia da University of California – campus Davis, completa:

> Do ponto de vista da seleção natural, é fácil de compreender, por exemplo, como a tendência para emitir chamadas quando um predador entra em cena, poderia ser favorável (...). Essa chamada pode ajudar a prole, induzindo-a a refugiar-se antes de o predador se tornar uma ameaça, facilitando assim a sobrevivência dos filhotes e, a consequentemente reprodução (OWINGS; MORTON, 1998, p. 14, tradução nossa[2]).

Comunicar-se, portanto, seria não apenas uma escolha, mas um elemento essencial à vida. Neste sentido, alguns pesquisadores da área dedicam-se a mapear as interfaces com outros campos, como as neurociências (SQUIRRA 2016a; 2016). A compreensão do ser humano que vivencia alterações cognitivas e sensoriais sem precedentes nas últimas décadas, de forma que "presencial ou virtualmente, os seres dialogam com máquinas a partir de comandos ainda desferidos pelos dedos, fazendo com que a internet em todas as coisas seja experiência concreta" (SQUIRRA, 2016).

OUTRAS COMUNICAÇÕES: OS CAMPOS MÓRFICOS

Se muito da comunicação entre outras espécies está ainda a se desvendada, não há menos fronteiras a serem investigadas no próprio campo da comunicação humana, sobretudo no recente fenômeno da comunicação nos universos digitais. Afinal, quais são as instâncias humanas envolvidas na comunicação digital? O que ocorre em nível comunicativo quando um indivíduo envia uma mensagem de 140 caracteres pelo *Twitter*, recebe um torpedo pelo telefone celular ou se relaciona pelo Messenger, Facebook ou WhatsApp? Que teoria ajudaria a explicar o fenômeno das crianças nativas digitais, que navegam com total familiaridade por ambientes que ainda assustam seus pais? Conhecimento, portanto, que não foi aprendido no ambiente familiar. E mais: seria esse mundo virtual assim tão isento do corpo, em suas instâncias física, emocional e mental?

---

[2] Tradução feita a partir do original: "From the perspective of natural selection, it is easy to understand, for example, how the tendency to emit calls when a predator comes on the scene might have been favored (...). Such calling might help one's offspring by inducing them to take refuge before the predator becomes a threat, thereby facilitating the offspring's survival and consequently reproduction (OWINGS; MORTON, 1998, p. 14).

A segunda pergunta, corporal, é mais fácil de respondida. Segundo a Teoria dos Media do cientista político e da comunicação alemão Harry Pross (BAITELLO JÚNIOR, 2009), a comunicação ocorreria em três níveis mediáticos: **primário** (os recursos corporais), **secundário** (com suportes que guardam sinais, como o couro, as pedras, os ossos, o papel) e **terciário** (toda mensagem gravada em suporte transmitida por um aparato eletroeletrônico que precisa de outro aparato semelhante para ser decodificada, como nos media digitais). Esse conceito de meios expandidos transcende a comunicação de massa e permite cogitar que as três instâncias podem ocorrer de forma concomitante, isto é, o corpo do indivíduo que escreve um *e-mail* está presente no processo, seja ele síncrono ou assíncrono, embora a mensagem esteja sendo transmitida eletronicamente por um computador.

Já para responder a primeira questão, empreendemos um experimento de campo proposto pelo biólogo inglês Rupert Sheldrake, diretor do Perrott-Warrick Project, da Cambridge University (Reino Unido). O pesquisador britânico é autor de vários livros, entre eles dois atualmente disponíveis em português: *Ciência sem dogmas e Uma nova ciência da vida* (ambos da Cultrix).

Sheldrake é o idealizador da teoria dos campos mórficos, uma forma de transmissão de informação no tempo e espaço que molda formas e comportamentos, fixando-se por meio da repetição (ou de hábitos, conforme a terminologia do autor).

> Durante o curso de 15 anos de pesquisa em desenvolvimento das plantas, eu cheguei à conclusão de que, para compreender o desenvolvimento vegetal, sua morfogênese, genes e produtos genéticos não são suficientes. A morfogênese também depende de campos organizados. Os mesmos argumentos se aplicam ao desenvolvimento de animais. Desde os anos 1920 muitos biólogos evolucionistas têm proposto que a organização biológica depende de campos, chamados de campos biológicos, relativos ao desenvolvimento, à posição ou morfogenéticos. Todas as células provêm de outras células e todas herdam um campo de organização. Genes são parte dessa organização. Eles desempenham um papel essencial. Mas não podem explicar a organização em si (SHELDRAKE, 2009, p. 1, tradução nossa).

Sheldrake propõe que os campos mórficos criam padrões ordenados, que de outra forma seriam indeterminados ou randômicos. Além disso, não são fixos, mas evoluem. "Eu proponho que eles são transmitidos de membros passados das espécies através de um tipo de ressonância não-local chamada de ressonância mórfica" (SHELDRAKE, 2009, p. 1).

A teoria dos campos mórficos, portanto, seria como uma memória da natureza, conceito que segundo o autor se estende aos seres humanos:

> Da mesma forma, os grupos sociais são organizados por campos, como cardumes de peixes e bandos de pássaros. As sociedades humanas têm memórias que são transmitidas por meio da cultura grupal, sendo comunicadas mais explicitamente através de rituais de restabelecimento de uma história fundadora ou mito, como na celebração da Páscoa dos judeus, na Comunhão cristã e na ceia de Ação de Graças dos norte-americanos, por meio da qual o passado se torna presente através de um tipo de ressonância com aqueles que realizaram o mesmo ritual anteriormente (SHELDRAKE, 2009, p. 2).

Embora ele não aprecie esta analogia por sua imprecisão científica (SHELDRAKE, 2013), sua teoria é mais conhecida pela metáfora do centésimo macaco, uma analogia empregada certa vez por um de seus amigos para explicá-la que se popularizou em todo o mundo. Havia duas ilhas habitadas pela mesma espécie de macacos, cujos grupos não tinham contato entre si. Esses macacos alimentavam-se com batata-doce. Certa vez, um macaco de uma das ilhas percebeu que as raízes ficavam mais gostosas ao serem lavadas, pois o líquido removia a areia do tubérculo. Por imitação, a lavagem rapidamente se difundiu entre seus companheiros do bando e, quando o e centésimo símio passou a adotar a técnica, os macacos da outra ilha começaram espontaneamente a fazer o mesmo.

O EXPERIMENTO

Para estudar a interação mediada por computador, foi escolhido o experimento on-line The Joint Attention Test, disponível no site do autor (www.sheldrake.org). O processo foi iniciado em 9 de março de 2009 com o edital de recrutamento de voluntários entre os alunos do curso de Ciências Biológicas e do curso de Gestão Ambiental da Universidade Metodista de São Paulo. Dos 39 voluntários que atenderam ao edital, 28 eram alunos de Gestão Ambiental e 11 estudantes de Ciências Biológicas (MARTINEZ, 2009).

Sintetizamos aqui a abordagem metodológica empregada. O experimento foi agendado para o dia 29 de abril de 2009. Dois testes-piloto, com um par de voluntários cada, foram conduzidos previamente para testar o *software*. No dia 29, às 18h30, os alunos interessados que compareceram ao local receberam uma explicação oral e por escrito sobre o teste e a teoria que ele buscava investigar no ambiente universitário brasileiro. Foi distribuído e lido em voz alta o termo de consentimento livre e esclarecido (TCLE), que foi assinado pelos interessados. Em seguida, a turma dividiu-se por livre escolha em pares, que adicionaram as iniciais de seus nomes ao prefixo do experimento (*metho)*, para permitir a identificação de cada dupla. Nesse momento, foi explicado o procedimento do teste *The Joint Attention*, com distribuição por escrito de cada passo do experimento. Finalmente, as duplas foram divididas, com um integrante permanecendo no laboratório e o outro seguindo para o outro laboratório previamente reservado. O compartilhamento previsto ao término do experimento infelizmente não foi possível, visto que os alunos fizeram o teste durante uma janela na sua grade horária e tinham uma aula logo a seguir.

O teste foi realizado sem áudio devido à inexistência de caixas de alto-falante nos computadores da instituição. Ele consiste na apresentação de uma imagem a cada um dos integrantes da dupla, que ao final de 20 segundos deveria responder a pergunta: seu parceiro está vendo a mesma imagem ou uma imagem diferente? Uma nova imagem era exibida a seguir, totalizando dez rodadas, ao término das quais o participante recebia imediatamente o resultado obtido. O teste também poderia ser feito com *feedback* a cada exibição, sendo que os dados acumulados desde 2003, quando o teste começou a ser feito, sugerem que essa escolha não afeta os resultados.

DADOS QUANTITATIVOS[3]

Os principais resultados, após a análise dos dados, foram os seguintes:
1. Dos dez pares que fizeram o teste, seis (ou doze participantes) concluíram o experimento.
2. Desses doze participantes, sete (58%) tiveram resultado acima do nível de acerto ao acaso (*chance level* ou nível de acaso), ou seja, pontuaram mais de 5. Os acertos foram respectivamente: 6 (4 pessoas); 7 (1 pessoa); 8 (1 pessoa); 9 (1 pessoa). A média

---

[3] O número de participantes não classifica esta pesquisa como quantitativa. Os números foram comentados aqui apenas para dar uma noção de grandeza dos resultados.

geral desses sete participantes foi de 6, 86 acertos em dez tentativas. Como o experimento foi feito sob supervisão, não há evidência de que tenha havido uso de forma comunicação que não a mediada por computador.

3. Das variáveis que impediram alguns participantes de concluírem o teste, mencionam-se cansaço e irritação pela impossibilidade de concluí-lo por algum motivo.

DADOS QUALITATIVOS

Os sete participantes que pontuaram acima de 5 (considerado *chance level*, nível de acaso) foram convidados a redigir um breve texto para relatar a experiência. Reproduzimos aqui trecho dos relatos de três participantes, em ordem crescente de acertos (considerando que foram 10 exibições de imagem, o índice de 60% quer dizer que o aluno acertou 6 de 10, por exemplo):

PARTICIPANTE 1: 60% DE ACERTO

(...) "A princípio achei que não tinha muito sentido. Na primeira pergunta, eu estava um pouco confuso e o ambiente, um pouco tumultuado. Mas depois a impressão que tinha é a de que estava observando as figuras que minha parceira estava observando. No começo eu estava bem apreensivo e nervoso, mas depois não percebi o tempo passar. Foi bem agradável".

PARTICIPANTE 2: 70% DE ACERTO

"Como o experimento ocupou poucos minutos, consegui me concentrar. Creio que, pelo fato de conhecer bem a interlocutora, imaginei com tranquilidade o que ela também poderia estar vendo. Os resultados positivos quanto ao número de acertos me desafiaram a observar com mais cuidado esta possibilidade de um ambiente de interação humana que articula a extensão da vinculação presencial (face a face) com a vinculação no ambiente da internet. De fato fica a impressão que estes ambientes estão vinculados em uma teia de laços que estão aquém e além dos vínculos possíveis na comunicação interpessoal face a face".

PARTICIPANTE 3: 90% DE ACERTO

"Durante a apresentação da primeira figura, eu não me concentrei adequadamente, pois ainda estava agitada devido à pesquisa. Nas figuras seguintes, dediquei maior atenção até finalizar a atividade. Senti que, no decorrer dos *slides*, me parecia muito nítida a escolha do meu parceiro, sendo que escolhia a opção com – se é que se pode dizer assim – uma certa 'certeza'. (...) A atividade é de fácil realização e a conclusão se deu de forma rápida.

CONSIDERAÇÕES FINAIS

Os meios digitais abrem um espaço muito interessante de reflexões a respeito da área de Comunicação. Por um lado, demandam a necessidade de revisão teórica para entender intelectualmente os fenômenos analisados. Por outro, demandam a abertura para outras áreas do conhecimento, visto que o diálogo transdisciplinar pode ser muito útil para compreensão aprofundada desse novo universo interativo.

Quanto às considerações sobre o experimento de comunicação não-verbal mediada por computadores, usando-se o *software* desenvolvido pelo biólogo inglês Rupert Sheldrake, os resultados (quase 70% de índice de acerto) sugerem a existência de um fenômeno que merece ser melhor investigado. Afirmações como a do participante 2, acima descrita, nos provocam a compreender como, repetimos, "estes ambientes estão vinculados em uma teia de laços que estão aquém e além dos vínculos possíveis na comunicação interpessoal face a face".

Ora, essa teia de laços remete aos estudos relacionados ao vínculo e ao afeto (MENEZES; MARTINEZ, 2014), que estariam nas bases do processo comunicativo, em quaisquer suportes nos quais ele ocorra. A partir da concepção de Pross, podemos refletir que, mesmo nos meios terciários, o corpo continua presente e influente.

Com ou sem o uso de aparatos midiáticos, as pesquisas sugerem indícios de que o alfa e o ômega da saga da nossa espécie felizmente (ou não) continuam sendo o ser humano.

REFERÊNCIAS

BAITELLO Jr., Norval. **A era da iconofagia**: ensaios de Comunicação e Cultura. São Paulo: Hacker Editores, 2005.

_____ . **A maçã e o holograma da maçã**: sobre corpos, imagens, escritas, fios e comunicação. Disponível em: <revistas.pucsp.br/index.php/comfio/article/view/708/604>. Acesso em: 25 maio 2009.

_____ . **O animal que parou os relógios**: ensaios sobre comunicação, cultura e mídia. São Paulo: Annablume, 1999.

_____. **O que é comunicação?**: aula inaugural dos Programas de Pós-Graduação em Comunicação do Estado de São Paulo, 10 de ago. de 2016.

BENYUS, Janine M. **Biomimicry**: innovation inspired by Nature. New York: HarperCollins, 1997.

BERTALANFFY, Ludwig Von. **Teoria geral dos sistemas.** Rio de Janeiro: Vozes, 1977.

BUBER, Martin. **Do diálogo ao dialógico**. São Paulo: Perspectiva, 2007.

_____ . **Eu e Tu**. São Paulo: Centauro, 2001.

DARWIN, Charles. **A expressão das emoções no homem e nos animais**. São Paulo: Companhia das Letras, 2000.

_____ . **The origin of species**: By means of natural selection of the preservation of favoured races in the struggle for life. UK: Studio Editions Ltd, 1994.

EIBL-EIBESFELDT, Percha. "Adaptações Filogenéticas no Comportamento Humano". In: GADAMER, H.-G; VOGLER, P. (Orgs.). **Antropologia biológica:** o homem em sua existência biológica, social e cultural. São Paulo: EDUSP, 1977.

GOODWIN, Brian. Darwin Revisioned. **Resurgence.** UK: n°. 252, p. 24-25, jan./feb. 2009.

KUNSCH, Dimas A. A comunicação, a explicação e a compreensão: ensaio de uma epistemologia compreensiva da comunicação. **Revista Líbero** (FACASPER), v. 17, p. 111-122, 2014.

LIMA, Venício A. de. **Mídia: teoria e política**. São Paulo: Perseu Abramo, 2001.

LORENZ, Konrad. **Fundamentos da etologia**. São Paulo: Unesp, 1995.

MARCONDES Fº. **Para entender a comunicação**: contatos antecipados com a Nova Teoria. São Paulo: Paulus, 2008.

MARTINEZ, Monica. Os Campos Mórficos e a Comunicação Digital. **Revista Ghrebh-**, v. 13, p. 1-8, 2009.

MARTINEZ, Monica; SILVA, Paulo Celso. Fenomenologia: o uso do método em Comunicação. **E-Compós** (Brasília), v. 17, p. 1-15, 2014.

MCGREGOR, Peter [ed]. **Animal communication network**. UK: Cambridge University Press, 2005.

MEDINA, Cremilda de Araújo. **Entrevista**: o diálogo possível. São Paulo: Ática, 1990.

MENEZES, José Eugenio. "Comunicação e Cultura do Ouvir". In: **Comunicação: saber, arte ou ciência?** Künsch, Dimas; Barros, Laan Mendes de (Orgs.). São Paulo: Pleiade, 2008.

MENEZES, J. E. O; MARTINEZ, M. Do Ego para o Eco-sistema: vínculos e afetos na contemporaneidade. **Revista Comunicologia**, v. 7, p. 264-279, 2014.

MERLEAU-PONTY, Maurice. **Fenomenologia da percepção**. São Paulo: Martins Fontes, 1999.

OWINGS, Donald; MORTON, Eugene. **Animal vocal communication**: a new approach. UK: Cambridge University Press, 1998.

SHELDRAKE, Rupert. Ciência sem dogmas. São Paulo: Cultrix, 2014.

_____. **Morphic resonance and morphic fields**: an introduction. Disponível em: <http://www.sheldrake.org/Articles&Papers/papers/morphic/morphic_intro.html>. Acesso em: 27 abril 2009.

_____. Por uma ciência livre de dogmas. **Revista Tríade**. Sorocaba, v. 1, n. 2, p. 428-458, 2013. Entrevista concedida a Monica Martinez. Disponível em: http://periodicos.uniso.br/ojs/index.php?journal=triade&page=article&op=view&path%5B%5D=1771. Acesso em: 22 set.2016.

_____. **Uma nova ciência da vida**. São Paulo: Cultrix, 2014.

SODRÉ, Muniz. **A narração do fato**: notas para uma teoria do acontecimento. 1. ed. Petrópolis: Editora Vozes, 2009.

SQUIRRA, Sebastião Carlos. A tecnologia e a evolução podem levar a comunicação para a esfera das mentes. **Revista Famecos** (Online), v. 23, no. 1. DOI 10.15448/1980-3729.2016.1.21275, 2016.

_____. Conectividades plenas redimensionam a comunicação contemporânea. **Revista Palabra Clave**, v. 19, p. 622-648, 2016.

TELES, Expedito. "Fundamentos biológicos da Comunicação". In: **Fundamentos científicos da Comunicação**. Petrópolis: Vozes, 1978.

WINKINS, Yves. **A nova comunicação:** Da teoria ao trabalho de campo. Campinas/São Paulo: Papirus, 1998.

A CONTEMPORANEIDADE DE PEIRCE NO PENSAMENTO COMUNICACIONAL

Vinicius Romanini*

RESUMO

A semiótica desenvolvida pelo filósofo norte-americano Charles S. Peirce se apresenta como uma teoria geral dos processos de representação e comunicação que oferece um rico arcabouço conceitual capaz de lidar com muitos dos desafios da era digital, tais como inteligência coletiva, virtualidade, realidade aumentada e formas pós-humanas de experiência estética. Ainda pouco explorada pelo pensamento comunicacional contemporâneo, a semiótica peirceana apresenta dificuldades de entendimento que decorrem de sua profundidade filosófica fundamentada numa metafísica científica que se contrapõe às soluções rasas dos funcionalistas midialogistas que ora dominam a paisagem das comunicações. Apresentamos neste texto alguns conceitos-chave para os pesquisadores de comunicação que desejam entrar no labirinto da semiótica peirceana.

PALAVRAS-CHAVE

Peirce, semiótica, comunicação, informação, virtual

Considerado um dos pais da semiótica, ou teoria geral dos signos, o filósofo norte-americano Charles Sanders Peirce[1] (1839-1914) viveu num período que antecedeu as principais descobertas científicas que permitiram, no século 20, o surgimento da comunicação eletrônica, o uso de máquinas capazes de computar a partir de algoritmos e a definição matemática de informação a partir da teoria da probabilidade. Articuladas na alvorada do século 21 em torno de invenções como a rede mundial de computadores, *smartphones* e nuvens de dados, elas abriram as portas para a cibercultura, a realidade aumentada, a internet das coisas e uma parafernália de *gadgets* capazes de simular inteligência artificial e favo-

* Vinicius Romanini é doutor pela ECA/USP com pós-doutoramento no Peirce Edition Project (Universidade de Indiana, EUA). É docente na ECA/USP e o atual presidente da Sociedade Brasileira de Ciências Cognitivas (SBCC) e pesquisador sênior do Centro de Lógica e Epistemologia (CLE), da Unicamp. Email: vinicius.romanini@usp.br

[1] Acompanhando o sotaque da região de Boston, onde nasceu, a pronúncia de Peirce é idêntica à da palavra "purse" (bolsa, em inglês).

recer a inteligência coletiva. Ainda assim, Peirce tem algo importante a dizer aos teóricos contemporâneos da comunicação envolvidos com os desafios da era digital.

Isso porque, apesar de ser um pensador do século 19, Peirce não estava preso às amarras do cientificismo positivista que dominava os círculos acadêmicos tanto na Europa quanto nos Estados Unidos. Enquanto filósofos e cientistas se distanciavam higienicamente de toda reflexão metafísica e priorizavam a busca de princípios verificáveis empiricamente e o estudo de objetos que pudessem ser analisados em componentes últimos (o chamado positivismo lógico), Peirce produziu sua filosofia no entorno de uma metafísica científica que priorizava a síntese comunicativa, a continuidade da experiência a partir de uma fenomenologia baseada em categorias universais. Seu pensamento se interessava mais pelas consequências gerais e finais de nosso conhecimento coletivo do que pelos seus fundamentos individuais e baseados em impressões iniciais e subjetivas. Portanto, a semiótica peirceana se funda numa epistemologia mais próxima dos desafios contemporâneos do pensamento comunicacional do que as teorias tradicionais ou hipóteses atuais que reciclam e recauchutam conceitos que reverberam um positivismo anacrônico, como o flerte com o determinismo midialógico (ROMANINI, 2005).

Peirce não é um autor fácil, porém. Seguindo os passos de Aristóteles e Kant, procurou erigir seu edifício filosófico a partir de categorias fundantes. Ele chegou à conclusão que todos os fenômenos da experiência podem ser reduzidos a conjuntos de relações entre três categorias básicas: a da qualidade (ou possibilidade), a da reação (ou existência) e a da mediação (ou representação). Essas categorias algumas vezes são apresentadas a partir da ordinalidade matemática: primeiridade, segundidade e terceiridade, respectivamente. Ele é também conhecido como um dos pais do pragmatismo norte-americano, o que muitas vezes tem produzido confusões. Vamos nos deter um pouco nessa questão, pois ela tem desdobramentos importantes na sua semiótica e da teoria geral da comunicação que naturalmente decorre dela.

O pragmatismo criado por Peirce foi pensado como um método para clarificar ideias baseado na pesquisa sobre as consequências que adviriam pela crença da ideia em questão no interior de uma comunidade conectada pelo compartilhamento de experiências e significados. Nós sabemos expressar a ideia de "fogo", por exemplo, porque somos capazes de conceber as consequências possíveis do uso do fogo na nossa vida. O significado de "fogo" é justamente o conjunto dessas concepções habitualmente compartilhadas numa comunidade que vive as mesmas experiências de mundo, em que o fogo tem um sentido definido relacionalmente pelos hábitos de conduta, memórias, emoções, interesses, anseios, sentimentos e propósitos estruturados culturalmente.

Tentar definir o conceito de "fogo" por outros conceitos *verbatim*[2], como fazem os métodos analíticos racionalistas, apenas cria um jogo de palavras. Por outro lado, se alguém tentar definí-lo apenas por suas cognições individuais, imporia um enorme viés solipsista[3] ao sentido. Por isso, o significado total de um símbolo, como é o caso do conceito "fogo", é aquilo que corresponderia ao conjunto das consequências gerais (comuns) que adviriam, no futuro, pela adoção da ideia de fogo por uma comunidade idealmente infinita de intérpretes, com tempo e recursos igualmente ideais. É aqui que a comunicação deve ser definida a partir de seu sentido original de "comunhão" ou, mais precisamente, de "mentes em comunhão". Peirce até cria uma nova palavra para essa suprema condição epistemológica e lógica: co-mente (*comind*) ou *commens* (numa versão latinizada). Como esta é uma teoria comunicativa baseada em efeitos, similar à retórica, Peirce também a chama de retórica especulativa ou retórica universal.

O sentido original peirceano do pragmatismo tem sido mal-interpretado e confundido com outra concepção de pragmatismo: aquela popularizada pelo filósofo William James, que foi contemporâneo e grande amigo de Peirce, e que teve o mérito de levar o pragmatismo ao ranking de uma filosofia em sentido pleno. Aliás, deve-se ter em mente que o pragmatismo foi o único movimento filosófico ocidental que nasceu fora da Europa, tornando-se conhecido como sinônimo de filosofia norte-americana. O pragmatismo elaborado por James, e tornado popular entre seus seguidores, enfatiza as consequências práticas da adoção de uma crença por sujeitos historicamente determinados e, portanto, definidos psicologicamente. Para James, se um conceito traz bons resultados e satisfaz quem o usa, então é um conceito verdadeiro para esse usuário. Nossa ideia de "fogo" é verdadeira, segundo James, se ela nos permite usar o fogo para resolver nossos problemas vitais, e permite isso com uma eficácia que nos deixa satisfeitos. Essa versão jamesiana do pragmatismo

se aproxima da máxima de que "os fins justificam os meios" (os resulta-

[2] Verbatim: que corresponde palavra por palavra à fonte ou texto original
[3] Teoria segundo a qual a consciência à qual se reduz todo o existente é a consciência própria, meu 'eu só' (solos ipse). (fonte: Dicionário de Filosofia, José Ferrater Mora, editora Loyola)

dos práticos justificam as crenças), e por isso tem sido bastante criticada pelos filósofos e teóricos de extração crítica, principalmente marxistas.

Note-se, porém, que Peirce foi o primeiro a negar essa versão psicologizada e praticalista de seu pragmatismo, ao ponto de, em 1905, anunciar que estava abandonando o uso da palavra pragmatismo e criando outra, "pragmati*ci*smo", que deveria reter o sentido original de seu pensamento pragmático: o significado tem uma dimensão geral e que só pode ser definido como um condicional futuro, um "seria" (*would-be*), e jamais dependente daquilo que efetivamente "é" para este ou aquele indivíduo - ou qualquer coleção finita de indivíduos, ainda que imensa.

Em termos um pouco mais técnicos, a diferença crucial é que o pragmatismo de James pende para o nominalismo, pois entende as representações como dependentes de mentes psicológicas (ou seja, os conceitos são meros "nomes" criados por nossas mentes, *ens rationis*[4] sem eficácia própria), enquanto Peirce defende em seu pragmaticismo um realismo extremo, em que representações são reais independentemente de qualquer mente particular (eu, você ou qualquer outro sujeito) ou conjunto finito de mentes e, portanto, são *virtualmente* eficazes na sua capacidade de causar efeitos reais. Continuando em nosso exemplo, o conceito de "fogo" tem um fundamento real que transcende os sentidos historicamente definidos por culturas particulares. Tomemos a teoria de que o fogo é a manifestação do "flogisto"[5], popular no início do século 18. Uma pessoa, ou grupo de pessoas, pode até acreditar no flogisto por algum tempo, e até se mostrarem felizes e satisfeitas com os resultados nessa crença, mas a continuidade da experiência comum entre mentes inteligentes acabará por descartar o flogisto pela adoção de uma hipótese mais condizente com os fatos observados - e, portanto, mais próxima da verdade. E foi justamente o que aconteceu com o flogisto quando, em 1789, Lavoisier batizou o oxigênio como elemento responsável pela combustão e oxidação. Embora tivesse descartado o flogisto, isso não implica que a nova teoria da combustão aceita pela comunidade científica represente a verdade final. O descarte de uma hipótese falsa, porém, já implica em enorme avanço no processo contínuo de determinação do real sobre nossas concepções.

---

[4] Uma entidade lógica abstrata que normalmente não tem existência positiva fora da mente
[5] Flogisto vem do grego e significa inflamável. A teoria do **flogisto** (ou do flogístico) foi desenvolvida pelo químico e médico alemão Georg Ernst Stahl entre 1703 e 1731 e preconizava a existência de uma substância que era liberada durante a combustão.

O QUE É MENTE?

Neste ponto, precisamos de uma breve incursão na concepção peirceana da cognição. Para Peirce, "mente" é um *ens*[6] lógico e, portanto, não precisa estar encarnada em indivíduos vivos. Onde houver causas finais, intencionalidade, propósito, criação de hábitos, aumento de complexidade, evolução, desenvolvimento, haverá mente em alguma medida ou intensidade. Se nada disso houvesse, então teríamos matéria inanimada e sujeita às leis de ação e reação. No entanto, especula Peirce, experimentos comprovam que persiste, mesmo nos processos considerados apenas materiais e sujeitos às leis da física, algum aspecto de acaso e indeterminação - o que impede uma visão mecanicista e determinista absoluta da realidade[7]. Isso indicaria que algo de mental subsiste mesmo nas relações que descrevemos como meramente materiais e físicas. Peirce dá como exemplo disso as transformações e fase que geram os cristais, o lento e contínuo escavar da calha de um rio pela passagem dos fluxos de água e até a maneira como um pulso elétrico percorre uma porção de lodo. Quando se trata de fenômenos da experiência comunicacional humana, essa visão lógica da concepção de mente nos permite escapar das várias formas de dualismo, como é o caso da filosofia cognitiva de Descartes e seus muitos desdobramentos. Peirce explica, por exemplo, que quando alguém usa um tinteiro e uma pena para escrever suas ideias num pedaço de papel, a mente deve ser entendida como o processo lógico que envolve a instanciação de símbolos no papel levada a cabo pelas mãos do escrevente (o uso de réplicas particulares dos símbolos gerais), a capacidade intrínseca dos símbolos de produzir interpretantes gerais, a estruturação das palavras na forma de uma sintaxe que captura as relações entre os objetos indicados pelas palavras e a conduta pragmaticamente implícita no arranjo dos símbolos. É apenas contingencial que uma pessoa esteja participando dessa semiose, e a mente estaria igualmente em ação se qualquer outro ser vivo, processos naturais ou mesmo uma máquina artificialmente construída fosse capaz de desempenhar as relações lógicas descritas acima.

Diante dessa ampla definição de mente, os processos lógicos descritos como mentais podem ser notados em muitas dimensões da realidade, ao ponto de Peirce especular que talvez a mente seja um

---

[6] *ens*: latim para ente, ser.

[7] Nesse sentido, Peirce antecipa algumas das ideias de Ilya Prigogine sobre sistemas organizados distantes do equilíbrio, e de que o acaso é um elemento criativo do universo.

componente fundamental do Universo, senão o seu componente central. Afinal, processos associados às leis básicas da natureza, como a gravitação, guardam todas as relações lógicas que usamos ao definirmos a ideia de mente. Basta lembrar que a quase totalidade dos elementos químicos da natureza é forjado no núcleo das estrelas por um processo sintético que depende da ação da gravidade. A diferença entre um hábito natural dinâmico (como todos aqueles que podem ser descritos por equações diferenciais e baseados em lagrangeanos[8]) e hábitos mentais tipicamente reconhecidos como culturais humanos (como nossas crenças e disposições para a ação), está muito mais na rigidez e necessidade categórica do primeiro, em contraposição à volubilidade e contingência histórica do segundo, do que numa distinção lógica ou metafísica inexorável. Assim, chamamos hábitos rígidos de matéria, e hábitos flexíveis de mente – embora esses sejam extremos com infinitas possibilidades de gradientes, como têm demonstrado os estudos recentes de sistemas distantes do equilíbrio termodinâmico. A essência é esta: onde houver originalidade, espontaneidade e acaso produzindo indeterminação e aparecimento de novas qualidades sistêmicas, haverá ação da mente e, consequentemente, semiose. Isso ajudaria a explicar desde a criação das estrelas e galáxias a partir de gases e poeira dispersos caoticamente até o surgimento da vida na Terra a partir de moléculas orgânicas dispersas na água, que ao serem estimuladas pelas reiteradas variações de intensidade de temperatura passam a explorar o espaço das possibilidades criativas. Nesse sentido, Peirce pode ser considerado um panpsiquista[9]. Como a mente é a manifestação da semiose, podemos também dizer que Peirce era pansemiótico[10]. Veja que essas posições metafísicas decorrem de argumentos estritamente lógicos e não têm nada de misticismo religioso.

Do pragmaticismo peirceano decorre, portanto, uma metafísica baseada em causas finais, que mira as condições de possibilidade futura da experiência compartilhada por comunidades de interpretantes que não precisam ser necessariamente intérpretes humanos nem tampouco vivos. Para Peirce, o real não é feito de partículas discretas distribuídas deterministicamente no espaço-tempo, mas de uma síntese contínua

---

[8]   Lagrangeano: relativo a Lagrange, é uma função que descreve mecanicamente a variação de intensidades num sistema de coordenadas. Está na base da visão mecanicista do universo.

[9]   Relativo a pampsiquismo, pensamento filosófico que acredita que tudo tem natureza psíquica, uma alma

[10] Corrente segundo a qual a semiótica engloba todas as disciplinas, considerando que tudo é, de alguma forma, um signo

de significados. Como a experiência compartilhada funda nossa opinião sobre o real, a comunicação é a propriedade mais nobre do signo. Sem a comunicação, viveríamos em bolhas isoladas de solilóquios[11] individuais sem qualquer sentido. Na arquitetura semiótica peirceana, a comunicação garante a possibilidade da elaboração de significados gerais, que sintetizam as cognições particulares em conceitos e metaconceitos mais amplos, produzindo uma inteligência coletiva fundada na lógica da significação, e não na psicologia dos indivíduos particulares. Nesse contexto pragmaticista, o real seria o objeto imediatamente percebido como representado na opinião final de uma comunidade ideal. Essa comunidade deveria agregar todas as formas possíveis de ação mental inteligente, inclusive aquelas eventualmente agindo em outras regiões ou eras de nosso universo, ou mesmo de outros universos concebíveis. Como essa comunidade é um ideal normativo jamais verificado historicamente, a verdade é sempre inexoravelmente falível - embora sua busca continuada e socialmente conduzida aqui e agora (*hic et nunc*), pelos seres humanos vivos de nossa época, ofereça-nos a esperança de poder avançar alguns passos no caminho da verdade. A lição de humildade a ser aprendida é que não somos os protagonistas exclusivos, mas participantes dessa busca infindável, e que a falibilidade de nossas concepções é um componente inexorável de toda epistemologia científica.

Por essa postura filosófica original, e por vezes até idiossincrática, Peirce enfrentou um ostracismo por parte da elite científica norte-americana que acabou determinando seu isolamento intelectual e, após sua morte em 1914, acarretou algumas décadas de quase total oblívio até que sua contribuição para os campos da matemática, da lógica formal, da filosofia e, claro, da semiótica como teoria do uso dos signos para representar e comunicar, começasse a produzir interesse entre pensadores insatisfeitos com os rumos da filosofia analítica e das abordagens excessivamente psicológicas que passaram a dominar o ambiente da cultura ocidental. Desde meados do século 20, porém, tem sido crescente o interesse pelo pensamento peirceano justamente porque ele permite resgatar perspectivas dispensadas talvez com excessiva pressa pelos cientistas na virada do século 19 para o 20.

Com o advento das novas tecnologias digitais aplicadas à esfera da comunicação social, de seu impacto nas ciências cognitivas e na busca por inteligência artificial e o design de interfaces que permitem a

---

[11] Um **solilóquio** é uma reflexão que se realiza em voz alta e, regra geral, de forma solitária

realidade virtualmente aumentada, descobrimos agora que os conceitos de representação, signo, semiose, informação, mente, cognição e comunicação sugeridos por Peirce dentro do requadro de sua filosofia pragmática oferecem um arcabouço conceitual muito mais fértil para entender esses novos fenômenos da cibercultura do que a pletora estéril de definições analíticas ou hipóteses psicológicas que contaminam muitas teorias que se batem por compreender a complexidade do mundo em que mergulhamos com uma irremediável deficiência epistemológica. Embora os conceitos desenvolvidos por Peirce sejam tão provisórios e falíveis como os de qualquer outra hipótese compreensiva, é inegável a nós que eles se mostram muito mais afins aos fenômenos da comunicação pervasiva em redes digitais do que os conceitos que fundamentaram o paradigma comunicacional tradicional. Vamos, abaixo, apresentar brevemente outros três conceitos-chave do pensamento peirceano, e indicar sua relevância para os estudos contemporâneos de comunicação.

O QUE É O SIGNO?

Se semiótica é a teoria ou doutrina geral dos signos, o objeto de estudo da semiótica enquanto disciplina própria é a semiose, ou a ação dos signos. O signo é uma entidade relacional cognoscível e capaz de gerar significação. Como entidade relacional, é composta por correlatos. Como a semiótica peirceana é triádica (em contradistinção à semiótica diádica de Saussure e dos estruturalistas que se seguiram a ele), temos a presença de três correlatos: algo precisa ser o signo em si mesmo (primeiro correlato), algo deve ser o objeto que o signo professa representar (segundo correlato), e algo deve ser produzido, ou criado, como consequência da representação que o signo faz de seu objeto, que é o interpretante do signo (terceiro correlato). Esses três correlatos estão indissociavelmente presentes na semiose, e nada que não os contenha pode ser considerado como signo. Quando estudamos o signo em suas tipologias possíveis, classificações e sintaxes combinatórias, estamos no domínio da gramática. Quando estudamos o signo em sua relação com o objeto, entramos no domínio próprio da lógica. E quando estudamos o signo em sua dimensão pragmática propriamente dita, ou seja, na dimensão dos efeitos gerais concebíveis (interpretantes) pela aceitação do signo por uma comunidade, estamos no domínio da retórica ou, mais geralmente, da comunicação. É nessa última dimensão que podemos afirmar que a semiose, por ser geradora de interpretantes a partir de representações organizadas sintaticamente, é essencialmente um sinônimo de comunicação. Temos, portanto, que toda ação do signo é comunicativa: o papel do signo é comunicar a forma de seu objeto ao representá-lo, e essa comunicação gera um interpretante lógico como consequência. Se alguém grita "Fogo!", por exemplo, temos um conjunto de signos envolvidos no processo de comunicação: a palavra "fogo" é um *símbolo*, como já vimos. O grito é mais do que isso: é uma proposição, na medida em que informa sobre algo acontecendo na realidade perceptível. A informação só é possível porque o grito ocorre num local e tempo definidos, o que indica a conexão espaço-temporal com o símbolo que representa o fogo. A chamar a atenção dos passantes, o grito é um índice da presença de fogo no local e no momento de sua ocorrência. No entanto, o que o símbolo "fogo" comunica é uma imagem composta resultante das experiências que a comunidade dos intérpretes compartilha do objeto fogo, inclusive a de tragédias provocadas pela presença do fogo e a da necessidade de fugir diante do perigo do fogo. Essa imagem composta é um ícone, que incorpora a informação que a proposição comunica. A reação dos intérpretes que ouvem o grito "Fogo!" é o interpretante dinâmico que fecha uma etapa da semiose enquanto abre outras possibilidades de interpretação continuada, que se levadas indefinidamente tenderiam ao estabelecimento de um hábito mental comunitário que poderia ser identificado com o interpretante *ultimal*, ou significado perfeito do símbolo "fogo". Voltamos, aqui, à questão da verdade como sendo o resultado de um processo virtualmente infinito, dependente de uma semiose também virtualmente infinita. A semiose, portanto, pode ser descrita por uma bateria de componentes lógicos oferecidos pela gramática, ao mesmo tempo em que oferece a possibilidade do juízo sobre a verdade dos símbolos envolvidos, e nos permite compreender a dimensão pragmática do uso dos símbolos (e também dos índices e ícones associados a eles) para a comunicação. Não vamos aqui apresentar toda a tipologia e possibilidades classificatórias da semiótica peirceana, o que nos levaria aos meandros de sua complexa lógica, mas queremos ressaltar justamente a contribuição que a perspectiva semiótica tem para o pensamento comunicacional contemporâneo ao escapar da pesquisa superficial associada ao surgimento de novos meios, como é o caso das novas mídias digitais, e se concentrar na essência do processo de comunicação social.

O QUE É VIRTUAL?

Peirce foi um grande estudioso dos filósofos escolásticos medievais, em especial Guilherme de Occam e Duns Escotus, que ele considerava entre os mais sutis e profundos metafísicos da história da filosofia. Foi a partir dos escolásticos que Peirce elaborou uma definição para o verbete "Virtual", publicada em 1902 no Dicionário de Filosofia e Psicologia de Baldwin. Em essência, Peirce escreve, "um X virtual (onde X é um nome comum) é algo, não um X, que tem a eficiência (virtus) de um X"[12] (CP. 6.732)[13]. Essa curta definição encapsula, na verdade, muito do que tentamos explicar acima sobre a metafísica científica que Peirce procurou desenvolver em sua semiótica. O virtual não se opõe necessariamente ao real. Na verdade, a essência de um objeto virtual é a de possuir uma uberdade[14] produtiva de efeitos que se aproxima do objeto real, embora seja sempre imperfeita em relação a ele. Ao real podemos contrapor o potencial, pois o que está in potentia aguarda sua atualização e, portanto, não se realiza enquanto não for atualizado. Ao real também podemos contrapor o existente, pois o existente é sempre determinado espaço-temporalmente, carrega consigo o que os escolásticos chamavam de *haecceitas*[15], enquanto o real é sempre um geral e, portanto, sempre em alguma medida vago e indeterminado. O virtual certamente não é um existente. É uma contradição em termos dizer que algo tem uma "existência virtual". No entanto, nada nos impede, do ponto de vista semiótico, de afirmar que algo possui uma "realidade virtual", a não ser o fato de que o uso conjunto dessas duas palavras possa ser redundante. Explico: como o real é, para a visão pragmaticista de Peirce, aquilo que seria representado na opinião final futura de uma comunidade ideal, toda afirmação sobre a realidade está envolvida por essa condição futura e, portanto, pode apenas ser a expressão atual de sua virtualidade implícita. Se eu vejo o fogo ardendo diante de mim, tenho em minha mente um fenômeno perceptivo. Ora, minha ideia de que estou diante do fogo tem um *virtus*

---

[12] "No original: A virtual X (where X is a common noun) is something, not an X, which has the efficiency (virtus) of an X." Na citação, CP significa Collected Papers. O primeiro número indica o volume. Os demais números à direita do ponto indicam o parágrafo.

[13] O acrônimo CP quer dizer Collected papers. Para localizar o trecho original da referência CP 6.732, deve-se tomar o volume 6 e procurar o parágrafo 732.

[14] Uberdade (de úbere), para Peirce, é a propriedade produtiva dos juízos hipotéticos. Veja mais em: http://www.commens.org/dictionary/term/uberty.

[15] Na filosofia Duns Escoto, *haecceitas* é uma propriedade não qualitativa substância: a "coisidade".

(vir a ser) que precisa ser confirmado pela comunidade das pessoas com as quais compartilho minhas experiências. Afinal, posso estar sonhando, posso estar alucinando, ou talvez o que estou vendo não seja fogo realmente, mas um efeito cênico que simula o fogo e que engana minha percepção. Claro que eu posso ganhar confiança sobre a verdade de minha ideia sobre a presença do fogo fazendo experimentos: checando se é quente, se queima, se tem uma existência que continua e permanece, generalizando-se em minhas cognições. Eu também posso perguntar para as pessoas ao meu redor se estão vendo fogo, ou observar como reagem diante do que eu considero fogo e pesar se essas reações são condizentes com as reações de pessoas que estão diante do fogo. É assim que ganho confiança, muitas vezes de forma não consciente ou racionalmente elaborada, sobre a realidade daquilo que se apresenta como fenômeno para minha experiência particular. O mesmo ocorre com todo e qualquer signo que professa representar seu objeto. A representação professada é apenas virtual, e está condicionada à confirmação lógica e social (experimentos que fazemos para confirmar nossas hipóteses científicas, ou entrevistas que fazemos para colher informação sobre um fato jornalístico, por exemplo). Como nossas mentes particulares são produtos de representações, toda mente é essencialmente virtual. Nossa própria identidade psicológica depende dessa rede de relações semióticas e comunitárias, pelas quais produzimos hábitos mentais, condutas, reações emocionais, sentimentos etc. que definem nossa personalidade e reforçam a unidade sintética das nossas experiências cognitivas naquilo que chamamos de "eu" ou "ego". A concepção peirceana de virtualidade expõe a fratura no paradigma funcionalista reducionista que procura simular a inteligência artificialmente a partir da computação de dados digitais, pois nenhuma das soluções apresentadas até agora nos permite supor que a singularidade prevista por Ray Kurzweil esteja minimamente próxima de se realizar a partir do aumento da capacidade de memória e de computação de máquinas de Turing. Ao mesmo tempo, indica o potencial uso estratégico dos computadores para o aumento de nossa inteligência e para a criação de virtualidade em todas as dimensões que a concepção peirceana de mente nos permite. Nesse sentido, a contribuição de Peirce para a discussão sobre a realidade virtual não só antecipa as opiniões de Pierre Levy como propõe uma estrutura lógica e metafísica que, se bem compreendida e implementada pelos ciberneticistas e cientistas cognitivos, pode efetivamente exponenciar nossa capacidade de produzir semiose e ampliar o que hoje compreendemos ser a semiosfera: a redoma de significação compartilhada formada pelo conjunto de todos os processos de produção de sentido usados pela humanidade. O *scholar* peirceano Peter Skagestaad resume assim a noção de virtualidade expressa na filosofia de Peirce:

Peirce não apenas articulou o conceito escotista de virtualidade; ele também a fez a peça central de sua doutrina semiótica da mente, conhecimento e linguagem. Além disso, ele vislumbrou uma potencial crítica à inteligência artificial, e formulou uma concepção alternativa para o papel cognitivo das máquinas. Essa concepção do raciocínio humano, sendo a manipulação de signos internos e externos, envolve essencialmente o uso de maquinário, incluindo maquinário *hard* tais como pena e tinteiro, e maquinário *soft* tais como alfabetos e notações lógicas e matemáticas. Nas ideias de Peirce, portanto, nós encontramos o mais promissor requadro filosófico disponível para a compreensão e avanço do projeto de aumento do intelecto humano por meio do desenvolvimento e uso de tecnologias virtuais. [16]

O QUE É INFORMAÇÃO?

O conceito de informação elaborado por Peirce é bastante diverso da teoria matemática proposta por Claude Shannon na metade do século 20, embora uma semelhança importante deva ser destacada de pronto: em ambas, a informação se relaciona com redução da incerteza sobre a ocorrência de eventos. Ou seja, ambas permitem explicar a noção de informação ligada ao senso comum, como quando lemos uma notícia de jornal ou alguém nos informa sobre o caminho que devemos seguir para chegar a um local. No entanto, enquanto Shannon baseou sua definição a partir da teoria da probabilidade e das contribuições da termodinâmica, em especial as equações de Botzmann sobre a entropia de um sistema, Peirce desenvolveu seu conceito de informação a partir principalmente da tradição lógica sobre as duas quantidades relacionadas aos termos: extensão e compreensão (também conhecidas como amplitude e profundidade). A compreensão de um termo é o conjunto de atributos (qualidades, características) que ele conota. A extensão é o conjunto de objetos que o termo é capaz de denotar. Desde pelo menos os tratados dos lógicos de Port Royal, acreditava-se que quando aumentamos a compreensão de um termo, diminuíamos sua extensão – e vice-versa.

---

[16] Texto disponível online: https://www.bu.edu/wcp/Papers/Cogn/CognSkag.htm

Haveria, portanto, uma relação de proporcionalidade inversa entre as duas quantidades. Para definir o que é uma laranja, por exemplo, posso elencar atributos que esse termo conota em sua definição usualmente aceita: fruta, tropical, cítrica, suculenta, alaranjada, arredondada. Esse conjunto de termos conotativos expressa nosso estado de conhecimento sobre essa fruta, o senso comum. A extensão do termo laranja, por sua vez, engloba todos os objetos que podemos indicar como sendo laranjas: aquelas ainda por colher, as colhidas, as que repousam sobre fruteiras etc. Pela lei da proporcionalidade inversa, se aumentarmos a quantidade de compreensão adicionando o predicado "baiana", por exemplo, reduziremos a extensão desse termo (agora "laranja baiana") ao grupo de objetos que podem ser denotados por ele, o que é consideravelmente menor do que apenas "laranja". Porém, se excluirmos o atributo "arredondada", a compreensão ora diminuída ("fruta, tropical, cítrica, suculenta, alaranjada") passa a englobar também a extensão de tangerinas e mexericas – aumentando imensamente a quantidade de objetos denotáveis.

Até aqui estamos no campo da lógica simbolística que se desenvolveu a partir dos estudos da silogística de Aristóteles. Peirce entendeu, porém, que as duas quantidades lógicas tradicionais não davam conta de fenômenos como a descoberta, a formulação de hipóteses criativas, o aumento de conhecimento e o desenvolvimento da cultura a partir da comunicação – processos que só podem ser entendidos se introduzirmos uma terceira quantidade: a informação. Vamos a ela. Se ficarmos no exemplo do termo "laranja", um dia podemos descobrir um conjunto de novos objetos que poderiam ser denotados por ele (uma nova espécie de laranjas até então desconhecida, por exemplo), o que geraria um aumento de sua extensão, mas sem que houvesse a redução inversamente proporcional de sua compreensão. Por outro lado, ao descobrimos que laranjas têm vitamina C, aumentamos a quantidade da compreensão do termo sem que tenha havido qualquer redução na sua extensão. Do ponto de vista lógico, portanto, a informação é um aumento seja da extensão ou da compreensão sem que haja uma redução do correspondente. Aprofundando seus estudos, Peirce entendeu que a classe de signo necessária para que a informação seja expressa é a proposição (também chamado de signo dicente, ou dicisigno, justamente porque é o signo que diz algo sobre alguma coisa para alguém).

Uma proposição se dá pela união do sujeito com o predicado, sendo que o sujeito é aquilo que é denotado por um termo e o predicado é aquilo que é conotado por outro. Se eu digo "Esta laranja é doce", o termo "Esta laranja" denota o sujeito, e o termo "é doce" conota o predicado. Essa proposição informa sobre uma qualidade da laranja indicada pelo demonstrativo "esta". Ao fazer isso, aumenta a extensão do termo predicativo (é doce) enquanto aumenta a compreensão do termo que funciona como sujeito ("esta laranja"). De fato, ao ser asserida, a proposição agora inclui a laranja indicada na extensão de termo "doce", enquanto inclui a qualidade "doce" na compreensão da laranja indicada. Peirce enuncia assim o efeito da informação: "Se nos aprendemos que S é P, então, como uma regra geral, a profundidade de S é acrescida sem qualquer decréscimo de amplitude, e a amplitude de P é acrescida sem qualquer decréscimo de profundidade"[17] (CP 2.420).[18]

Quando ampliadas e generalizadas na retórica universal, essas relações entre as três quantidades lógicas mostram grande poder explicativo sobre fenômenos da comunicação na contemporaneidade. Quando queremos informar a um smartphone o aplicativo que desejamos iniciar, normalmente tocamos com o dedo indicador num ícone disposto na tela virtual do aparelho. Ora, o toque como indicador funciona como um termo denotativo (sujeito), enquanto o ícone tocado expressa as propriedades ou atributos daquilo que foi selecionado (predicado). A informação é produzida porque o toque na tela do smartphone aumenta a extensão da classe dos aplicativos escolhidos (predicado), enquanto aumenta a compreensão do toque que nosso dedo faz na tela (sujeito). Embora isso possa parecer uma novidade, o que estamos descrevendo aqui não é diferente, do ponto de vista formal, do gesto que um homem primitivo, morador de uma caverna, faz ao apontar seu dedo para a "janela" da caverna para informar aos seus companheiros de caverna que um predador ronda a entrada do abrigo, por exemplo. Analisados sob a perspectiva da gramática dos signos, que procura descrever minuciosamente as classes de signos envolvidas na semiose, esses exemplos revelam que a comunicação de informação exige a participação de três classes de signos: um ícone deve incorporar a informação a ser comunicada, funcionando como um predicado; um índice deve chamar a atenção para os objetos e fatos concretos envolvidos, funcionando como sujeito; e um símbolo

---

[17] No original: "If we learn that S is P, then, as a general rule, the depth of S is increased without any decrease of breadth, and the breadth of P is increased without any decrease of depth."

[18] O acrônimo CP quer dizer Collected papers. Para localizar o trecho original da referência CP 2.420, deve-se tomar o volume 2 e procurar o parágrafo 420.

deve fornecer o hábito, ou fundamento geral, para a transmissão da informação do sujeito numa regra geral de ação pragmática. Por sua vez, esse símbolo não precisa estar encarnado em seres vivos e muito menos em mentes humanas. Um algoritmo computacional (um programa) é uma regra de ação automática que informa à máquina universal de Turing o que deve ser feito e, portanto, age mentalmente e semioticamente.

O fato de uma máquina de Turing não possuir consciência nada tem a ver com sua capacidade de funcionar como um agente semiótico. A consciência é um atributo de seres vivos capazes de cognição a partir da síntese de predicados que brotam das sensações e se generalizam na forma de sentimentos que, do ponto de vista lógico, definem estados emocionais específicos de seres vivos particulares, balizando seus raciocínios e condutas em contextos igualmente específicos. A consciência é sempre incorporada e contextualizada. Nada disso é necessário para a ação mental, que pode ocorrer em qualquer tipo de plataforma física, ou mesmo em redes físicas de circuitos integrados rizomaticamente[19], como é a rede mundial de computadores a que chamamos web. E tampouco é preciso um contexto restrito a um corpo cognitivo, como é o caso da consciência. A semiose se espraia na realidade numa rede de relações que podem ter contextos macroscópicos, senão cósmicos.

CONSIDERAÇÕES FINAIS

Os conceitos-chave da semiótica peirceana apresentados acima (mente, signo, virtual, informação) são, no nosso entender, cruciais para compreendermos o universo digital, o compartilhamento de informação em comunidades virtuais, a produção de sentido conectada a mentes coletivas, e a formas gerais de conduta que emergem como possibilidade a serem (ou não) atualizadas em comportamentos efetivos pelos participantes dos processos de interação sob a perspectiva da semiótica. A semiose, ou ação do signo, é o metaconceito que integra os demais conceitos sob a perspectiva da comunicação entendida como retórica universal. A noção lógica de mente elaborada por Peirce modula o antropomorfismo e centralidade da cultura humana nos processos de significação, abrindo nossos olhos para os processos de semiose que perpassam as várias dimensões do real, e que podem ser instanciados

---

[19] Na biologia, rizoma é uma forma de enraizamento típico das gramíneas: um sistema aberto de conexões que não possui centralidade.

em máquinas automáticas. No momento em que nos preparamos para interagir com objetos virtuais que aumentam nossa experiência de realidade, que conectamos objetos físicos cotidianos (carros, geladeiras, gôndolas de supermercado) aos hábitos que fundamentam nossas crenças e balizam nossas condutas, a semiótica peirceana se apresenta como uma epistemologia fértil para o estudo e entendimento dessas novas camadas da cultura humana. Ao mesmo tempo, ela oferece os elementos necessários para uma crítica justificada aos projetos de inteligência artificial que focam esforços na simulação de semioses genuínas a partir de hardwares e informação digital que não admitem a causação final. Nesse último aspecto, um novo paradigma de pesquisa ainda está para ser descortinado a partir do entendimento da semiótica de Peirce.

REFERÊNCIAS

SKAGESTAAD, P. "Peirce, Virtuality, and Semiotic". Paidea. Site: https://www.bu.edu/wcp/Papers/Cogn/CognSkag.htm. Acesso: setembro/2016.

PEIRCE, C. S. In: HARTSHORNE, C; WEISS, P. (Org. vs 1-6). (Org. vs 7–8). **Collected papers of Charles S. Peirce** (CP). Cambridge, MA: Harvard University Press, 1931-1958.

PEIRCE, C. S. In: BURKS, A. (Org. vs 7–8). **Collected papers of Charles S. Peirce** (CP). Cambridge, MA: Harvard University Press, 1931-1958.

ROMANINI, V. A cifra que se revela: alguns apontamentos biográficos e bibliográficos para tornar mais clara a importância de Peirce para a moderna pesquisa em Comunicação. **Caligrama**, São Paulo, v.1, n.2, 2005. Disponível em:< http://www.revistas.usp.br/caligrama/article/view/64198>. Acesso em 01 out. 2016.

AS TECNOLOGIAS MERGULHAM A COMUNICAÇÃO EM UMA CEREBRALIDADE ARTIFICIAL

S.Squirra*

> Estamos na aurora de um formidável desenvolvimento da cerebralidade artificial em redes e, nesse sentido, estamos também no alvorecer de uma nova idade do conhecimento
> Edgar Morin (2011, p. 123)

RESUMO

O homem convive e extrai sentidos das tecnologias incessantemente, desde que o primeiro fiapo de racionalidade atravessou seu cérebro em expansão. Assim, uma continua assimilação tecnológica vem alterando suas lógicas e processamentos mentais, sobretudo pela iteração experimentada na simbiose de corpos, máquinas e utensílios. Neste texto, intentamos mostrar que a consistente evolução digital dos últimos anos aponta para uma profunda hibridização do homem com equipamentos de toda ordem, fato que alterou seus sentidos de espaço, tempo, sociabilidade etc., dinamizando seus valores culturais, profissionais e de inserção social. Uma explosão cognitiva se avizinha, pois na neurociência, por exemplo, pesquisadores realizam a transmissão da comunicação por comandos unicamente mentais, onde cérebros humanos dialogam com máquinas e estas já elaboram sentidos que são reenviados às mentes humanas. Como já aconteceu no passado, imaginamos se este processo poderá se instalar na comunicação, momento no qual os conteúdos seriam acessados com comandos mentais humanos, descartando a familiar mediação dos aparelhos nos processos da comunicação de massa da atualidade. O acompanhamento insistente das descobertas indicam que a evolução é soberba e isto deverá se efetivar mais cedo do que se espera. É o que pretendemos demonstrar.

PALAVRAS-CHAVE

Cibercomunicação; Interação homem-máquina; comunicação mental

---

* Doutor em Comunicação pela ECA/USP, é docente do Programa de Pós-graduação da Umesp e líder do ComTec, Grupo de Pesquisa sobre Comunicação e Tecnologias Digitais (www.comtec.pro.br). E-mail: ssquirra@gmail.com

INTRODUÇÃO

Partimos do princípio de que a comunicação é, antes de tudo, um processo neuro-biológico. Assim, ao observar segmentos científicos como a neurociência, recortamos tanto os processos morfológicos quanto os epistêmicos que acoplam e hibridizam mentalmente máquinas com seres, assumindo ser esta parte estruturante da comunicação. Focamos os canais da sensibilidade humana e as possibilidades de assimilação da mente dos recursos interativos e dialogais profusamente presentes na comunicação mediada por interfaces digitais do momento, agora largamente móveis e o tempo todo conectadas.

Tais temas são estudados em alguns territórios científicos, onde especialistas os denominam como CMC (Computer mediated communication), HCI (Human-computer interactivity), entre outros. Para tanto, adotamos alguns destes princípios assumindo aprioristicamente que, de fato, as múltiplas formas da comunicação se concretizam nos imensos processos sinápticos que acontecem no cérebro. Isto, pois os significados do mundo exterior são captados através dos sentidos humanos que, estimulados, canalizam as informações para este importante órgão. Dessa forma, ao incorporar referências investigativas da neurociência, por analogia reversa, assumimos que as sinapses podem ser entendidas como processos comunicativos, uma vez que as células trocam informações através de efervescente trânsito de sinais, neste caso, químicos e elétricos.

De fato, este é um procedimento complexo, já que que o processo se configura em conexões de processamento, transmissão e recepção de informação (KURZWEIL, 2007, p.148, 169), o que nos leva para a razão epistemológica da comunicação. Dessa forma, com olhar transversal inferimos que a comunicação pode ser enquadrada como um processo neurológico, uma vez que se efetiva nos canais nervosos de 'entrada' que estimulam sensores (visão, ouvido, fala, pele etc.) que transportam os significados para imediata decodificação na mente. Emissor, canal, receptor. Codificação, transporte, decodificação. Estas concepções processuais são altamente familiares para os comunicadores, uma vez que a comunicação, entre outras angulações, é estruturada em observação, construção, envio e assimilação de conteúdos, com o uso de linguagens, narrativas, equipamentos etc. Mas recentemente esta consensuada percepção recebeu forte impacto, pois apontando o futuro da interação homem-máquina, o neurocientista Miguel Nicolelis inseriu uma dissonância interessante ao afirmar que "a comunicação não será mediada pela linguagem, que deixará de ser o único ou o principal canal de comunicação", concluindo que "teremos uma verdadeira rede cerebral" (INTEGRAÇÃO... 2011, p. A20). Pela inusitada afirmação e pela dimensão de fala deste pesquisador, entendemos que tal possibilidade abre caminhos para uma comunicação essencialmente cerebral, perspectiva que poderá mudar alguns dos processos da comunicação humana.

O HOMEM E A SIMBIOSE COM AS MÁQUINAS

Estimulada por inovações tecnológicas intensas, há longo tempo a experiência psíquica humana vem sofrendo alterações expressivas em volume e adensamento, especificamente quando o ser mergulhou em realidade que espelha vida em plenitudes tecnológicas (agora digitais) e onde os sentidos da existência social e da individualidade são mediados por conexões elétricas intensas e infindáveis. Na atualidade, praticamente tudo se efetiva em redes e em aparatos conectados onde, não só presencialmente, seres interagem com equipamentos a partir de comandos hápticos desferidos pelas pontas dos dedos, por gestos físicos, comandos vocais, piscar de olhos, fazendo com que a internet em "todas as coisas"[1] seja realidade incontestável (QUEIROZ, 2014). Inescapavelmente, o homem se encontra imerso em espécie de *caldo virtual* densamente mediado por tecnologias que se tornaram imperceptíveis, alterando identidades nas direções tanto da sua singularidade quanto de seu pertencimento coletivo. Assim, na profusão tecnológica da atualidade a existência se concretiza em infindáveis telas (interfaces visuais contínuas), o que alterou o espaço (o real se mesclou ao virtual), modificou a espacialidade (sensação de 'onipresença'), eliminou distâncias (o conceito de Mundo Plano de Friedman, 2005), desconstruiu a marcha do tempo (consumo, lazer, educação e trabalho à distância e sem horários), inserindo o homem em fluídica dimensão que reconfigura todos os seus sentidos e, sobretudo, o seu cérebro.

Isto instala uma intensa reelaboração cognitiva humana, pois se observa uma inegável, infatigável e simbiótica hibridização do homem com equipamentos de toda ordem. Este é um ponto de destaque, pois se estruturou uma robusta dependência que cimentou intercâmbios entre máquinas e mentes, levando a humanidade para uma nova e coletiva

---

[1] Aqui ampliamos o conceito de "internet das coisas" (IoT, *Internet of things*) amplamente definido e conhecido.

experiência sensitiva que, de fato, materializa uma *internet de pessoas*. Isto já é presente, uma vez que concretamente a sociedade está mergulhada em conectividades ampliadas e mediadas por tecnologias, numa espécie de *malha de neurônios*, confirmando o que Nicolelis definiu pouco atrás. Esta inédita dimensão comunicativa dinamizou os intercâmbios humanos, pois construiu as estruturas que hibridizam mentes, espíritos e sentimentos com lógicas, técnicas e culturas, redimensionando o acesso e difusão do conhecimento.

Pela robustez e abrangências das tecnologizações da atualidade, as transformações têm chamado a atenção de muitos pesquisadores de cognições, territórios e formações os mais variados, pois destacam que as alterações são profundas e revelam ser imprescindíveis estudos baseados em transversalidades científicas. Em tais iniciativas convergem pesquisadores de diferentes matizes teóricas, o que provocou cunharem, inclusive, o termo *ciência da alma*, pois sabe-se que as máquinas replicam as lógicas do cérebro, onde existem dimensões cognitivas a ser compreendidas. Diferente das máquinas, o cérebro ainda é uma incógnita e estudá-lo ajudará no entendimento sutilizado das relações dos humanos com os equipamentos, justo nas trocas de sentidos mediadas por interfaces que levam à construção de adereços móveis que se acoplam ao organismo humano e executam comandos mentais de seres com deficiências físicas. Como descrito por Giuliana Miranda: "usando apenas seus pensamentos, uma mulher tetraplégica conseguiu controlar um braço-robô com aquela que é considerada a prótese de mão mais avançada já desenvolvida e testada" (2012, p.C5). A mesma jornalista aponta que "a exploração das interfaces cérebro-máquina têm provocado uma verdadeira corrida entre neurocientistas de todo o mundo" (2012, p.C5). Estas descobertas são úteis para a comunicação, pois sinalizam as possibilidades de acesso e consumo de conteúdos audiovisuais sem as interfaces da atualidade, justificando as óticas analíticas interdisciplinares aqui praticadas.

PROCESSOS EVOLUTIVOS ADENSADOS

A evolução humana é persistente e hoje o universo digital atinge expressivo conjunto social, consumindo a maior parte do seu tempo e atividades. Todavia, nem todos estão tranquilos com as benesses desta realidade, fazendo com que a radical imersão na virtualidade cause desconfortos em alguns pensadores, como é o caso de José Saramago.

Este escritor discorda dos benefícios da vida digital conectada vendo nela o fator do distanciamento do homem de suas razões e essências existenciais. Nesta direção, afirmou que a "era das cavernas é a era atual, pois a imagem virtual obscurece a imagem autêntica" (PARA...,1998, p. 49). Honesto e ousado, o ganhador do Nobel de literatura adicionou corolário importante ao reconhecer que "ler um livro é uma viagem virtual, mais importante do que viagens reais. Hoje em dia, há uma cegueira de se querer ver tudo sem se ver nada" (1998, p.4.9). Importante o apontamento deste intelectual de que "a leitura de um livro configura-se como uma experiência virtual, sendo que fato semelhante acontece ao assistir a um filme" (1998, p.4.9). Tal princípio está presente no texto *A leitura de Imagens* quando afirmei que

> O processo de apreensão das informações oriundas do espaço em que vivemos se dá de forma múltipla, com elaborações várias, nas quais as representações pictórico/iconográficas compõem parte significativa do processo de aquisição de conhecimento. E de expressão: a informação visual é o mais antigo registro da história humana. Hoje, alfabetizado ou iletrado, o homem é constantemente bombardeado por uma enorme quantidade de informações visuais que atingem seus olhos constantemente (SQUIRRA, 2000, p. 107)

Discorrendo sobre o tema, no mesmo texto reconheci que é

> redundante afirmar que vemos com imagens. [...] já que nossos olhos, considerados a nossa principal 'porta' de tomada de contato com o mundo exterior, 'escaneiam' o mundo, codificando seus elementos, sejam eles, conhecidos ou não. Não só através dos olhos, já que todos os nossos sentidos criam imagens (2000, p.108).

Argumentei ainda que não somente 'vemos com imagens', mas também "na comunicação [..] falamos com imagens. Na oralidade, comunicamos com a descrição de imagens", pois "metafórica ou literalmente, o diálogo é uma tentativa do emissor de transmitir ao receptor como ele 've' determinadas coisas" (2000, p. 109). E mais adiante, afirmei que "imaginamos com imagens" ao discorrer que "a palavra imaginação quer dizer construir com (ou produzir) imagens, [...] e pode-se afirmar que construímos continuamente um museu de imagens em nossas cabeças, com uma multiplicidade estonteante de significantes visuais" (SQUIRRA, 2000, p.112). Importante aqui destacar que todos estes processos acontecem na mente humana, objeto central do presente texto.

A argumentação de Saramago incita a reflexão, pois migramos do tempo de escassa informação para realidade digital atual plenamente conectada com volumes assustadores de possibilidades de acesso aos dados e informações. Muitos autores (DERTOUZOS,1997; CANTON, 2001; BARAN, 1995; MATTELART 2002 etc.) advogam que a "sobrecarga" informativa dos dias atuais (conceito de *overloaded of information*"), representa o extremo contrário da experiência vivida no passado onde, na sociedade analógica, o conhecimento era racionado, elitizado e dificultoso. Deve-se reconhecer que, de fato, a proliferação de tecnologias que permitem o acesso a miríade de bases informativas passou a representar, em determinado momento, uma das características identitárias do homem contemporâneo. E esta realidade estimula muitas dimensões humanas, pois como disse Arthur Clarke "uma tecnologia suficientemente avançada torna-se indistinguível da magia" (in KURZWEIL, 2007, p. 34). Neste cenário, neste momento, no coletivo ou isolado, tecno-aditado ou avesso às tecnologias, advogamos que o ser humano vê sua experiência vivencial ser redimensionada, o que expande suas possibilidades de ação, cultura e interação, alargando as zonas de seu pertencimento. Tal processo se dá em consequência das dimensões dos processos da comunicação que o ser pratica entre si - e espalha no seu entorno existencial, pois agora estes são entendidos como prossumidores (TOFFLER, 1992; TAPSCOTT, 2007) – e com os aparelhos, que transportam os conteúdos informativos audiovisuais. Estas peculiaridades vêm conquistando a atenção dos pesquisadores.

Conscientes de que pouco se sabe sobre as ações das imagens nas mentes das pessoas, em evento organizado pela Academia de Artes e Ciências Cinematográficas de Hollywood em setembro de 2014, pesquisadores do segmento da neurociência e psicólogos se uniram a cineastas no evento *Filmes no seu cérebro*, colocando em debate "as implicações cognitivas e perceptivas das películas" (A NEUROCIÊNCIA ..., 2014). De fato, os pesquisadores procuravam diagnosticar os processos de captação da atenção dos espectadores, visando entender como os alvos criativos definidos pelo diretor (um criador de mensagens cognitivo-sensoriais) atingem os universos cognitivo-emocionais daqueles que assistem a seus filmes, consolidando apreensões específicas. Esta é uma iniciativa importante para os segmentos da comunicação, uma vez que pouco se sabe sobre o processo de captação fisiológica e as formas da assimilação de conteúdos pelos consumidores de produtos comunicativos (como rádio, televisão, material impresso etc.). Nessa direção, aliás, trilham os estudos que investigam como os olhos humanos (*Eye tracking*) funcionam ao confrontar conteúdos informacionais que as distintas plataformas de conteúdos (telas de TV, páginas de jornal etc.) disponibilizam. E também, as investigações feitas com supercomputadores "neuronais" (MORIN, 2011, p. 123), que podem estudar em tempo real o córtex visual, a parte sensorial mais importante do ser humano, quando este está sendo exposto às diferentes mensagens. Ou ainda, as pesquisas no campo definido como "Computação afetiva", que adotam os pressupostos da Inteligência Artificial para entender os estados de humor e o espírito humano no contato com informações (WORTHAM, 2013).

PROCESSOS MENTAIS DIALÓGICOS

Focamos na dialogicidade, pois este é o processo estruturante da comunicação entre seres humanos e entre estes e os equipamentos. Dessa forma, tornou-se fundamental estudar as variáveis que incidem sobre o homem metropolizado contemporâneo, agora um ser profundamente conectado em multiplicidade de aparelhos, condição que provoca alterações sensoriais significativas em volume e densidades. Compulsoriamente, os sentidos da existência social e da individualidade são continuamente mediados por dispositivos em conexões elétricas robustas e infindáveis e se concretizam em sistemas comunicativos e nos aplicativos digitais, em redes o tempo todo interligadas e onde, virtualmente, os seres interagem a partir de comandos hápticos fazendo aflorar uma realidade na qual tornou-se perene uma Internet "em todas as coisas", um alargamento conceitual do termo "internet das coisas"[2]. Dessa forma, não é exagero afirmar que uma realidade de simbioses tecnológicas se tornou concreta e dominante, pois é crescente a possibilidade de inserção de *chips* em todos os bens de consumo e de acesso, adicionando um predicado importante: tal alargamento conectivo estende os sentidos humanos para uma inédita dimensão cognitiva, que é mobilizadora, inclusiva, cultural e também espiritualizada. E, para aqueles que imaginam ser exagero inserir *chips* em geladeiras, carros, casas etc., empresas trabalham em projetos de inteligência artificial com todo tipo de objetos, como isqueiros, mamadeiras, coleiras de cachorro, instalando definitivamente uma rede o tempo todo conectada (SERRANO, DARAVA, 2014).

---

[2] No original: *Internet of things*

Na mesma direção, o cientista Silvio Meira afirma que "estamos vivendo uma era onde todos os objetos serão capazes de capturar, receber, transmitir, armazenar, processar e mostrar informações e, se for o caso, agir em contexto em função dos dados que detém" (QUEIROZ, 2014). A realidade tecnológica estendeu os sentidos humanos para uma inédita dimensão física e cognitiva e abriu caminho na relação do homem consigo próprio, pois este deverá libertar-se das atividades mecanizadas, dedicando tempo para a cultura e na compreensão das razões da existência. Isto abre espaço para o mesmo adentrar as questões da espiritualidade, conceito presente em vários cientistas reconhecidos, como Einstein, Leibnitz e Norbert Wiener. No livro *Cibernética e Sociedade* (1954), Wiener lembra que "a mais interessante das primeiras explicações científicas da continuidade da alma é a de Leibnitz, que concebe a alma como pertencente a uma classe mais vasta de substâncias espirituais permanentes, a que deu o nome de mônadas" (1954, p.98). Este conceito é muito desafiador, tendo sido abordado por Amit Goswami na obra *A Física da alma* (2008) estando também presente em *Método 4 – As ideias* de Edgar Morin (2011). Aliás, neste tema Morin discorre largamente sobre o que ele denominou de "espírito/cérebro", para quem "a cultura está nos espíritos, vive nos espíritos, os quais estão na cultura, vivem na cultura" (2011, p. 22)

VIRTUALIDADES MENTAIS CONTÍNUAS

A sociedade está imersa em dimensão virtual mediada por tecnologias perenes, plenamente integrada ao entorno da existência. De forma inequívoca, tais expansões materiais vêm alterando as identidades psíquicas humanas, permitindo que mentes possam se conectar com mentes, como afirma Ray Kurzweil para quem, perto de 2030 "a tecnologia vai permitir comunicação sem fio entre um cérebro e outro" (2005, p.316)[3], adicionando pouco à frente que "é importante salientar que bem antes do final da primeira metade do século XXI, vão predominar formas de pensamento não biológico" (2005, p.316)[4]. Fundamental apontar que este caminho integra processo evolutivo sutil, contínuo

---

[3] Original: *The technology will also provide wireless communication from one brain to another*

[4] Original: *It is important to point out that well before the end of the first half of the twenty--first century thinking via nonbiological substrates will preominate*

e seguramente inevitável, pois a dialogicidade cotidiana acontece nas interações comunicativas que ocorrem sem cessar e a simbiose homem-máquinas deverá crescer substancialmente nas próximas décadas. A multiplicidade midiática arrebata os sentidos humanos na exigência de comandos apropriados e em imersões racionais na lógica instrumental dos aparelhos. O físico Marcelo Gleiser lembra que a "realidade resulta da forma integrada de incontáveis estímulos coletados pelos cinco sentidos, captados do mundo exterior e transportados para nossas cabeças pelo sistema nervoso", adicionando que "eu sou e você é uma rede eletroquímica autossustentável" (2011, p.C9). Lembramos que as redes, tecnologizadas ou não sempre foram estruturantes da vida e essenciais para a sobrevivência humana, fazendo despontar a evidência de que, com a multiplicação tecnológica atual o ser humano pode estar integrando uma imperceptível rede tecnocerebral coletiva. Na atualidade, o imenso sistema de conexões estaria viabilizando uma internet "de mentes" indo além da internet "de e das coisas". Isto, pois como Kurzweil afirma "em poucas décadas a inteligência da máquina irá superar a inteligência humana [...] as implicações incluem a fusão da inteligência biológica e não biológica, software humano e ultra altos níveis de inteligência que se expandem no universo na velocidade da luz (2001)[5]. Tal pressuposto insere o conceito de *transhumanismo*, onde seres humanos atingirão nível específico de desenvolvimento propiciado pela evolução tecnológica e robótica, no contínuo "avanço da nossa relação simbiótica com aparelhos e instrumentos", como diz Marcelo Gleiser (2014). Indo nesta direção, o neurocientista Robert J. Sternberg lembra Alan Turing que afirmou: "em pouco tempo seria difícil distinguir a comunicação das máquinas da dos seres humanos" (2010, p.9) e define Ciência cognitiva como um "campo multidisciplinar que se utiliza de ideias e métodos da Psicologia Cognitiva, da Psicobiologia, da IA (Inteligência Artificial), da Filosofia, da Linguística e da Antropologia", destacando que estudam como "o processamento da informação que ocorre no nível celular", concluindo que os "neurônios tendem a se organizar em forma de redes que se interligam, trocando informações e promovendo vários tipos de processamento de informação" (2010, p.30). No livro *A teia da vida*, Fritjof Capra adianta que "a concepção de rede foi a chave para os recentes avanços na compreensão científica não apenas dos ecossistemas, mas também da própria natureza da vida"

---

[5] Original: *"Within a few decades, machine intelligence will surpass human intelligence ...The implications include the merger of biological and nonbiological intelligence, immortal software-based humans, and ultra-high levels of intelligence that expand outward in the universe at the speed of light*

(1996, p.45). Tais postulados integram os estudos da Cibernética, conceito que estrutura seus pressupostos nas comparações do funcionamento dos organismos e das máquinas[6], especialmente quando Norbert Wiener afirma que "é certamente verdade que o sistema social é uma organização semelhante ao indivíduo, que é mantido coeso por meio de um sistema de comunicação" (1954, p.63).

Autor de livros instigantes, o cientista Ray Kurzweil prevê que o homem vai se fundir com a tecnologia constituindo o que chamou de *transhumano* (citado antes), hibridizando inteligências biológica e não--biológica. Em entrevista ao jornalista Ricardo Anderáos, Kurzweil afirmou que "haverá uma rede invisível de computadores profundamente integrados no ambiente, em nossos corpos e dentro do nosso próprio cérebro", prevendo que "será difícil saber onde acabam os seres humanos e começam as máquinas" (2006, p. L10). Corroborando tal entendimento, na matéria *Um sensor no cérebro,* a Revista Fapesp espelha reportagem da revista científica *Cell* de 16 de julho de 2015, descrevendo que "uma nanossonda mais fina que um fio de cabelo que emitia luz e substâncias químicas permitiu a pesquisadores dos Estados Unidos controlar o comportamento de camundongos por meio de um comando sem fio, a partir de um computador" (2015, p. 13). A integração de seres humanos, máquinas e redes é relatada por Michael Chorost. No livro *World Wide Mind: The coming integration of humanity, machines and the internet*[7] este pesquisador descreve o processo de inserção de dispositivos em si próprio e defende a ousada ideia de se "instalar computadores intracerebrais em todos", cenário no qual a internet "seria parte integral do ser humano e seu uso seria tão natural quanto o de nossas próprias mãos" (in HAL-PERN, 2011, p. L6). Quase 30 anos atrás, no livro *O cérebro binário* David Ritchie falou em um 'bio-chip' com o qual nos "plugaríamos à memória de um computador tão facilmente como calçamos sapatos. Nossa mente seria preenchida pelas informações armazenadas no computador e poderíamos virar especialistas em qualquer coisa instantaneamente" (in HAL-PERN, 2011, p. L6). Ainda na dimensão de simbioses orgânico-máquinas, no texto *A busca contínua pelo chip cerebral*[8], Philippe Lambinet relata que se almeja descobrir "chips de computador que funcionem como o cérebro – abrindo um leque de possibilidades que vão da inteligência

---

[6] A Cibernética é a ciência que estuda as comunicações e os sistemas de controle não só nos organismos vivos, mas também nas máquinas

[7] Tradução: Rede mundial de cérebros: a integração vindoura entre humanidade, máquinas e internet

[8] Original: *The ongoing quest for the 'brain' chip*

artificial à habilidade de simular personalidades artificiais completas" (2015)[9]. No artigo, Lambinet relata a história do esforço científico de construir um chip que tenha princípios de processamento e racionalidades semelhantes às do cérebro humano e aponta que em "agosto de 2014, a IBM anunciou o *TrueNorth*, um chip neuromórfico com 1 milhão de neurônios e 256 milhões de sinapses programáveis" (2015)[10]. O autor conclui que este tipo de chip é

> uma tecnologia que pode ser ensinada (sim isso mesmo, não programada, ensinada) a reconhecer praticamente qualquer coisa desde um rosto até uma linha de código e, em seguida, em apenas alguns microssegundos, recuperar o que foi ensinado nos enormes volumes de dados, integrando com muita facilidade com quase todos os aparelhos eletrônicos modernos (2015, grifo no original)"[11].

É exatamente assim que funciona o cérebro humano. Na linha investigativa que leva às máquinas sensíveis ao estado de humor dos humanos, no artigo *The next front of wearables*, Erez Podoly refere-se à uma *"internet of me"* dado o enorme volume de coisas digitais intraconectadas que circundam cada ser (2015). Na mesma direção, no texto *Máquinas têm sentimento?*, a jornalista Renata Leal relata que a cientista Rosalind Picard estuda as "formas de atribuir habilidades emocionais ao computador para que a máquina tenha capacidade de responder de forma inteligente às emoções humanas" (2011, p. 57-61). E investigações assemelhadas estão sendo realizadas no Brasil, como descreve Dinorah Ereno no texto *Emoções catalogadas*. Esta jornalista fala da parceria da USP/São Carlos com a UFSCar, no sentido de "captar expressões faciais" com equipamentos que "poderão identificar as emoções do usuário, interpretá-las em tempo real e reagir de modo inteligente, sugerindo ações para alterar, por exemplo, um estado emocional indesejado ou reforçar um desejado" (2015, p. 62). As possibilidades das máquinas "afetivas' são imensas, pois estas entendem os estados de humor humanos ao medir os batimentos cardíacos, a pressão arterial, a condutividade

---

[9] Original: *computer chips that work like the brain – opening up a wealth of possibilities from artificial intelligence to the ability to simulate whole artificial personalities*

[10] Original: *in August 2014, IBM announced TrueNorth, a neuromorphic chip with 1,000,000 neurons and 256 million programable synapses*

[11] Original: *A technology that can be taught (yes that's right, not programmed, taught) to recognize just about anything from a face to a line of code and then recognize what it's been taught anywhere in enormous volumes of data, in just a few microseconds and can ber integrated with almost any modern electronics very easily*

elétrica da pele das pessoas etc. Estes são conhecimentos muito úteis para, por exemplo, entender a "simpatia" das pessoas quando estas se deparam com pessoas, produtos, quando enfrentam situação de estresse imprevista, nas contrariedades variadas e em importantes áreas como a medicina, educação etc., e no marketing. As alterações físico-biológicas internas sutilmente emitidas pelo corpo humano e captadas pelas máquinas sinalizam o grau emotivo de aceitação, de repulsa etc. quando exposto a diferentes situações. Destacamos que estes são assuntos muito importantes para a comunicação, uma vez que esta requer identificação cognitiva entre emissor e receptor.

A sociedade está imersa em densidade tecnológica inédita condição iniciada com a Revolução Industrial, conforme já definiram alguns autores, como Toffler (1980); Gama (1986) e Bell (1989) entre tantos. Tal processo inseriu as condições para a tecnosfera, conforme explicitado no texto *A circularidade do conhecimento* de Lucrécia D'Alessio Ferrara (in MACHADO, 2007). Nesta reflexão, Ferrara fala do escritor Jorge Luis Borges que abordou o conceito esfera, termo que originou outros como barisfera (núcleo metálico terrestre), litosfera (camada de rochas do globo), hidrosfera (camada de água), biosfera (evolução biológica) e atmosfera (camada do ar). E ainda: antroposfera (o ser humano), ecosfera (existência da vida), iconosfera (representação visual), blogosfera (comunidades virtuais), infosfera (entidades informacionais) e ciberesfera (conhecimento), onde desponta o de esfera pública proposto por Habermas no livro *Mudança estrutural da esfera pública* (HABERMAS, 2014). Milton Santos também abordou tal questão e após definir tecnosfera adiciona psicosfera como "o mundo das ideias, crenças, paixões e lugar da produção de um sentido, também faz parte da produção deste ambiente, desse entorno da vida, fornecendo regras à racionalidade ou estimulando o imaginário" (SANTOS, 2008, p.256). Tais reflexões endereçam a ideosfera (evolução dos pensamentos, teorias e ideias) que recorta a "evolução mimética, aquela elaborada e residente no interior das mentes, com a seleção natural de pensamentos, teorias e ideias" (WIKIPEDIA, 2014). Estas concepções nos estimulam na direção de refletir sobre as inúmeras transformações que enfrenta a comunicação na contemporaneidade. E todos nos levam a um termo em especial: a noosfera.

A ERA DAS MENTES DA NOOSFERA

Entendemos a noosfera como estágio sequencial da tecnosfera, se apresentando como fruto da evolução cognitiva humana, sentido que se exponenciou com a força massiva da midiosfera (suportes midiáticos), como estudado por João Artur Izzo (2009). O termo noosfera apareceu nas reflexões do paleontólogo, filósofo e jesuíta francês Pierre Teilhard de Chardin que, centrado na teoria de Vernadsky, criou o neologismo e definiu a noosfera como a "esfera do pensamento humano". Chardin entendeu o termo como o 4o. degrau da evolução humana, vindo em sequência à geosfera, a biosfera e a tecnosfera. Para Chardin, tudo começou com a cosmogênese (criação do universo), que com o surgimento da vida, adveio a biogênese (esfera da vida). Na sequência, e com o surgimento da consciência humana, ao unir corpo e espírito, chega-se à noogênese, situação na qual o homem migra para as realidades mentais. Na magistral obra *O fenômeno humano* (elaborada nos anos 1920 e publicada somente em 1955) Chardin afirma que se trata de "uma camada nova, a 'camada pensante' que após ter germinado nos fins do terciário, se expande desde então por cima do mundo das Plantas e dos Animais: fora e acima da Biosfera, uma Noosfera" (2006, p. 197 grifos no original). Para Chardin, nesta dimensão "a Terra 'muda de pele'. Melhor ainda, encontra a sua alma" (2006, p. 197, grifos no original). Objetivamente, quase um século atrás, Chardin sinalizou a entrada da humanidade na dimensão mental, avançando mais um ciclo na evolução humana.

Tal tema interessou muito a Edgar Morin que acredita que "a noosfera não é apenas o meio condutor/mensageiro do conhecimento humano. Produz, também, o efeito de um nevoeiro, de tela entre o mundo cultural, que avança cercado de nuvens, e o mundo da vida" (2001, p.143). Concretamente, Morin aponta para o estágio da inteligência coletiva, característica que entendemos emerge com os sistemas complexos, virtuais e globalizados da atualidade. Para Morin as "coisas do espírito" (tradições, mitos, ideologias etc.) possuem autonomia, se reproduzem, se reconstituem, se reelaboram, e "as ideias são dotadas de vida própria porque dispõem, como os vírus, de um meio (cultural/cerebral) favorável da capacidade de auto-nutrição e de auto-reprodução" (Morin, 2001, p.138). Estes são conceitos muito úteis aos estudiosos da comunicação, uma vez que na atualidade as hibridizações tecnológicas se expandiram em todas as direções, fazendo com que a vivência se concretize em interações individuais e sobretudo mentais. Inevitavelmente, tal realidade alterou a experiência humana inserindo o ser em dimensão que se reconfigura insistentemente, o que compõe nível inusitado para o ato de assistir televisão, escutar rádio, ler jornais e periódicos, dialogar em telefones, realizar compras, trocar correspondências, se relacionar amorosamente, etc.

Os resgates científicos aqui apresentados nos estimulam a indagar se envolta nas tecnologias do presente a humanidade estaria imergindo em simbioses tecnológicas tão intensas e profundas que estas poderiam vir a se hibridizar aos seus processos cognitivos originais. Ou, passo seguinte e uma vez integradas à estrutura psíquica humana, imaginar se estas alargariam as características biológicas humanas alcançando dimensões transcendentais, condição que ampliaria a forma de comunicação do ser para com seus semelhantes e com instrumentos. E, mais importante, se a partir de tais recursos se avizinharia uma malha estruturada em dialogicidades mentais, estabelecendo um estágio complementar às redes reconhecidas como "tradicionais". Se estas premissas se concretizam, a humanidade adentrará radical hibridização homem-máquina, condição na qual seriam partilhados processos comunicativos robustos entre mentes e máquinas, numa dimensão que poderia ser definida como técnico-bio-espiritual, como pensam autores como Kurzweil, Guswami, entre outros.

Falamos de possibilidades concretas e não de suposições, uma vez que já existem implantes corpóreos sendo testados, plenamente conectados, estabelecendo malhas tecnológicas que ligam as mentes às máquinas da mesma forma das conexões *wi-fi* a que se tem acesso no presente, mas sem o toque em telas ou mediadores de sinais, como teclados, controles remotos etc., ou ainda sem a voz e os gestos humanos. Reiteramos: só com o pensamento. Dessa forma, reforçamos que o processo bidirecional de trânsito de conteúdos mentais é concreto, uma vez que a elaboração de mensagens no pensamento (do emissor) demanda condizente decodificação quando estas aterrissam na mente do receptor. Neste modelo, a mensagem cerebral condiciona os enunciados que, "mediados" pelas tecnologias, são enviados para a mente do receptor, em processo que poderia ser entendido como telepatia digital. Por estranho, lembramos que a telepatia não é um termo vago, pois está presente em estudos científicos em outros segmentos do saber, como a Física Quântica, a Filosofia, Antropologia, Neurologia etc., estando ainda nos estudos sobre paranormalidade, e na Psicofísica, onde cientistas tentam desvendar como se forma a consciência humana. No livro *Decodificando o Universo*, Seife adverte que não é fácil criar uma teoria para a telepatia, pois não se sabe que "mecanismos permitiriam que as mentes das pessoas se conectassem umas às outras" para em seguida afirmar que "a mecânica quântica parece oferecer um caminho: o emaranhamento" (2010, p.246) sendo que o autor discorre em longa discussão sobre os princípios da Teoria da Relatividade e da Teoria Quântica, assunto também abordado por Goswami (2008). No texto *A telepatia através da internet está prestes a se tornar realidade*, a cientista Leslie Horn relatou que seus estudos "demonstraram com sucesso uma interface cérebro-a-cérebro [...] sendo suficiente para presumir que a telepatia poderá sair do mundo da ficção científica" (2014). Objetivamente, a pesquisadora almeja que um cérebro possa enviar conteúdos diretamente para outro, no que depreendemos que não se trata da transmissão de linhas de comandos, mas sim do envio e recepção de mensagens com significados precisos e complexos.

Ancorado nas fontes aqui relacionadas e nos resultados de investigações científicas, indagamos se, ao transportar as evoluções da neurociência para a comunicação, não seria possível as pessoas acessarem mentalmente os meios de comunicação de massa, em situação na qual a mediação física destas não mais seria necessária. Ou como definiu Golden Krishna no livro *The best interface is no interface* (2015), a melhor interface é a não interface. Lembramos que isto alterará radicalmente a essência do processo comunicativo, que é centrado em plataformas e aplicativos materiais para que os processos da comunicação se efetivem. Lembramos que a síntese da comunicação consiste em codificar e enviar significados entre seres humanos, em processo intermediado por aparelhos que materializam conteúdos (folha de jornal, tela da TV, equipamento de rádio, etc.).

CONCLUSÕES

Apesar das limitações que ainda se apresentam, percebemos que a evolução tecnológica com sistemas de processamento e transmissão ultra-potentes sinaliza transformações radicais em todas as formas de contato de humanos com as máquinas, mas também dos humanos com humanos, mesmo que ainda com a mediação dos anteparos e aplicativos conectados. Estudando as descobertas aqui descritas é possível antever que estes serão cenários plausíveis, mesmo que ainda representem hipóteses. Entretanto, estas tendências evolutivas concretas poderão configurar uma radical mudança nas bases da comunicação humana, pois tais inovações seguramente eliminarão as interfaces que ainda hoje têm que intermediar os processos de envio e trocas de significados, sejam estes entre os homens, entre estes e os equipamentos ou entre as máquinas. Mas, sobretudo, entre as máquinas e os homens realizando o desejado *feedback* que os processos comunicativos permitem.

Dessa forma, é razoável prever que, em se tornando reais, estas atingirão de vez, a própria essência da atividade comunicacional atual, onde estão as empresas midiáticas que comercializam conteúdos informativos. Neste novo cenário, as empresas deverão se tornar fornecedoras de conteúdos virtuais alocados nas "nuvens" como fazem as empresas de informática. No caso das emissoras de televisão, transformações gigantescas já se instalaram na arte de produzir e consumir programas televisivos, pois a grade de programação e os intervalos comerciais serão eliminados. Os conteúdos da televisão (termo que se tornou desgastado com a realidade plenamente conectada) agora já estão na rede e à disposição de todos, o tempo todo (SQUIRRA, 2013).

Comandos midiáticos essencialmente realizados através do pensamento requerem novas formas narrativas, novas linguagens, novos processos de interação e novas plataformas comunicativas. Tudo isto intriga e estimula, uma vez que revela que o homem atravessa um momento ímpar na sua relação com as máquinas, sobretudo aquelas da comunicação de massa. A velocidade da vida moderna requer interações mais rápidas e simples, em multiplicidades de exposição de conteúdos antes não experimentadas. Nesta seara conceitual, entendemos que as tecnologias que viabilizam uma internet ubíqua e em todas as coisas abre caminho para a instalação de uma comunicação móvel, contínua, silenciosa e individual. Migramos do tempo das tecnologias lineares para a noosfera, a era das tecnologias mentais.

REFERÊNCIAS

A NEUROCIÊNCIA DO CINEMA: COMO NOSSO CÉREBRO REAGE AOS FILMES QUE VEMOS. 01 set.2014. Disponível em: http://gizmodo.uol.com.br/neurociencia-cinema/. Acessado em:12.12.2015

ALVES, R. Pegar para ver. Folha de S.Paulo, Sinapse, 28.06.2005, p.22

ANDERÁOS, R. **O profeta das máquinas espirituais**. Folha de S.Paulo/Link. 13.11.2006, p. L10

BARAN, 1995;

CANTON, J. **Technofutures**. São Paulo: BestSeller, 2001

CAPRA, F. **A teia da vida**. São Paulo: Cultrix. 1996

CARR, N. **The library of utopia**. Technology Review, May-Jun, 2012, p. 54-60

CHARDIN, T. **O fenômeno humano**. São Paulo: Cultrix, 2006

DERTOUZOS, M. **O que será**. São Paulo: Cia das Letras, 1997

ERENO, D. **Emoções catalogadas**. Revista Pesquisa Fapesp, Janeiro de 2015, p.62-63

GHEDIN. R. **A neurociência no cinema: como nosso cérebro reage aos filmes que vemos**. Disponível em: http://gizmodo.uol.com.br/neurociencia-cinema/. Acessado em: 22.01.2016

GLEISER, M. **Bem-vindo ao trans-humanismo**. 2014. Disponível em: http://www1.folha. uol.com.br/colunas/marcelogleiser/2014/06/1466640-bem-vindo-ao-trans-humanismo. shtml. Acesso em: 18.12.2014.

GLEISER, M. **O cérebro determina o que é real**? Folha de S.Paulo /Ciência, 13.11.2011, p.C9

GOSWAMI, A. **A física da alma**. S.Paulo: Aleph, 2008.

HALPERN, S. **Cérebro: no controle ou controlado**. OESP/Link/ The New York Review of Books, 20.06.2011, p. L6

HORN, L. **A telepatia através da internet está prestes a se tornar realidade**. Disponível em: http://m.gizmodo.uol.com.br/telepatia-pela-internet. Acessado em 7 de novembro de 2014.

INTEGRAÇÃO ENTRE CÉREBRO E MAQUINAS VAI INFLUENCIAR EVOLUÇÃO. O Estado de S.Paulo, caderno Vida, 09 de Janeiro de 2011, p. A20

KRISHNA, G. **The best interface is no interface**. New York: NewRiders, 2015

KURZWEIL, R. **The singularity is near**. New York: Penguin Books, 2005

KURZWEIL, R. **A era das máquinas espirituais**. São Paulo: Aleph, 2007

KURZWEIL, R. **The law of accelerating returns**. 2001. Disponível em: http://www.kur-zweilai.net/the-law-of-accelerating-returns. Acessado em: 22.01.2016

LEAL, R. **Máquinas têm sentimento**? Revista Info, Abril 2011, p. 57-61

LAMBINET, P. **The ongoing quest for the 'brain chip'**. Disponível em http://techcrunch. com/2015/01/31/the-ongoing-quest-for-the-brain-chip/. Acessado em 02.02.2016

MACHADO, I. (org.). **Semiótica da cultura e semiosfera**. São Paulo: Anablume, 2007.

MATTELART, A. **A historia da Sociedade da Informação**. São Paulo: Loyola, 2002;

MIRANDA, G. **Mulher controla mão-robô com a mente**. Folha de S.Paulo, caderno Saúde+Ciência, 17 de dezembro de 2012, p. C5

MORIN, E. **Método 4, As ideias**. Porto Alegre: Sulina, 2011

PARA SARAMAGO, ERA VIRTUAL É COMO A ÉPOCA DAS CAVERNAS. Folha de S.Paulo, caderno Ilustrada, 17.10.1998, p. A9

PODOLY, E. **The next front of wearable** 20. Disponível em: http://techcrunch.com/2015/01/28/the-next-front-of-wearables/. Acessado em: 11.01.2016

QUEIROZ, R. **Internet das coisas: uma nova era**. Meio&Mensagem, 28.07.2014, p.5

SANTOS, M. **A natureza do espaço**. São Paulo: Edusp, 2008.

SEIFE, C. **Decodificando o universo**. Rio de Janeiro: Rocco, 2010

SERRANO, F., DARAVA, V. **Tudo conectado**. São Paulo, Revista Info, Agosto de 2014, p. 58 – 67

SQUIRRA, S. **A leitura de imagens**. In Sociedade midiática – Significação, mediações e exclusão, organizado por D. Lopes e E. Trivinho, Editora Universitária Leopoldianum, Santos, 2000, v.1, p.105-127

SQUIRRA, S. **O futuro da TV na fusão tecnológica que tudo altera**. Revista de Rádio Difusão da SET-Sociedade de Engenharia de TV, vol.7, no.7, 2013, p. 21-27. Disponível em: http://www.set.org.br/revistaderadiodifusao/7/. Acessado em: 21.01.2016

STERNBERG, R. **Psicologia cognitiva**. São Paulo: Cengage Learning, 2010

TAPSCOTT, D. WILLIAMS, A. **Wikinomics**. Rio de Janeiro: Nova Fronteira, 2007

TOFFLER, A. **A terceira onda**. Rio de Janeiro: Record, 1992

UM SENSOR NO CÉREBRO. Revista de Pesquisa Fapesp 234, Agosto de 2015, p.13

WIENER, N. **Cibernética e sociedade**. São Paulo: Cultrix, 1954.

WORLD BRAIN. Wikipedia. Disponível em://en.wikipedia.org/wiki/World_Brain. Acessado em 17.01.2016

WORTHAM, J. **Computação afetiva mira emoções**. Folha de S.Paulo / New York Times, 18 jun.2013. Disponível em http://observatoriodaimprensa.com.br/e-noticias/_ed752_computacao_afetiva_mira_emocoes/. Acessado em 22.01.2016

MÉTODOS DIGITAIS: A INTERNET E AS REDES COMO INSTRUMENTOS DE PESQUISA

Marcio Carneiro*

RESUMO

No presente trabalho discutem-se algumas possibilidades que a internet e as redes passaram a oferecer para a pesquisa em Ciências Sociais, incluindo a Comunicação, através do uso intensivo de recursos computacionais e técnicas diretamente ligadas às características dos objetos originalmente criados pelos processos de digitais. Segundo o pensamento de Manovich e Rogers, diferente de outras modalidades anteriores que foram portadas ou adaptadas para o ambiente das redes, os métodos digitais tem foco na lógica da máquina e na relação que estabelece com a estruturação de sentido produzida pelo humano nas mídias contemporâneas. A proposição de uma epistemologia especializada que incorpora, entre outros métodos, a análise de redes sociais (SNA – *Social Network Analysis*), a modelagem baseada em agentes (*ABM – Agent Based Modeling*), bem como as soluções via desenvolvimento de códigos específicos para coletar, analisar ou ainda facilitar a visualização de dados é explorada no texto utilizando três exemplos: uma pesquisa a partir do acesso à API do *Twitter*, um experimento de narrativas automatizadas e o acesso à memória digital do site *web.archive.org* conhecido como *WaybackMachine* .

PALAVRAS-CHAVE

Métodos Digitais, Epistemologia, Python, ARS, MBA

1. INTRODUÇÃO

O impacto dos processos de digitalização em grande parte da produção de sentido humana tem hoje seus efeitos estudados em diversas

---

* É professor adjunto da Universidade Federal do Maranhão e bolsista de produtividade DT-II do CNPq. Doutor em Tecnologias da Inteligência e Design Digital pela PUC-SP com estágio pós doutoral na UNB na linha de pesquisa Teorias e Tecnologias da Comunicação. Coordenador do LABCOM - Laboratório de Convergência de Mídias e Líder do Grupo de Pesquisa Tecnologia e Narrativas Digitais. Email: mcszen@gmail.com

frentes. Entre elas, poderíamos citar: a) o surgimento de novos modelos de negócio e de uma economia onde há excesso de informação e a atenção das pessoas transforma-se em ativo extremamente valorizado; b) a série de mudanças comportamentais impulsionadas por novas formas de sociabilidade e interação; c) os desdobramentos em termos de relações de poder e participação cívica a partir de uma esfera pública expandida e mais complexa, povoada por um número bem maior de atores com agendas e interesses diversos.

Diante das possibilidades de angulações e de um ainda pouco explorado sentido de aceleração no ritmo das mudanças em andamento é ainda tímido o processo de atualização do ferramental teórico e metodológico no campo da Comunicação para enfrentar os novos problemas que estamos nos propondo a estudar atualmente.

Tal fato, em parte, deve-se à lógica particular do desenvolvimento científico que precisa sempre de mais tempo de depuração para estabelecer suas bases, em tese, mais sólidas e provenientes da maturação das ideias, da validação da prova e da crítica entre pares.

Outro aspecto mais específico é a própria origem histórica de muito do que se fez em Comunicação a partir do conhecimento e experiências de áreas como a Sociologia, a Psicologia, a Antropologia e a Economia que, definitivamente, até por sua anterioridade, impactaram bastante as principais tradições ou perspectivas teóricas estabelecidas no nosso campo. Essa ligação, embora fundamental, de certa forma parece hoje também acrescentar um grau a mais de dificuldade na proposição de um pensamento gestado originalmente em questões ligadas às mídias digitais.

Seria improdutivo argumentar contra o fundamental papel que todas essas inter-relações e origens aportaram à Comunicação, bem como sua função estruturadora de grande parte do que é feito em pesquisa na área até hoje. Entretanto, é possível pensar nas possibilidades de reconfiguração e expansão do campo a partir de novas conexões, por exemplo, com a Ciência da Computação e a Neurociência, com os estudos da interação homem-máquina (IHM), ou ainda com a Filosofia da Tecnologia.

Além disso, o pensamento comunicacional do ambiente digital reforçou iniciativas internas como a *Media Ecology* oriunda da tradição dos estudos com ênfase nos meios, anteriores inclusive ao advento da popularização dos computadores.

> Cada definição de Comunicação está fundada numa metáfora. A Comunicação já foi vista sucessivamente como canal, instrumento, flecha, projétil, conflito, contrato, orquestra, espiral e rede. [...] Neste texto faremos uma aposta muito clara pela

metáfora do ecossistema, ou seja a Comunicação entendida como um conjunto de intercâmbios, hibridações e mediações dentro de um entorno onde confluem tecnologias, discursos e culturas (SCOLARI, 2008, p.26)[1].

A linhagem teórica estabelecida por Innis, McLuhan (2007), Postman, Ong, Meyrowitz e mais recentemente por Bolter e Grusin (2000) e ainda Scolari (2008), para citar apenas alguns, teve muitos dos seus trabalhos revisitados diante das transformações contemporâneas e da necessidade de não mais apenas serem alvo de constatação, mas sim de terem seus desdobramentos e consequências múltiplas avaliados de forma científica.

Falando sobre as pesquisas ligadas à internet, Rogers (2013) estabelece uma diferença fundamental entre objetos, conteúdos, equipamentos e ambientes nativamente digitais e aqueles que foram digitalizados, ou seja, que, com outras origens, foram portados ou migraram para o digital usando os termos de Vilches (2003).

Um jornal impresso pode ter seu conteúdo transposto[2] para um site, como também o áudio de um programa tradicional de rádio pode ser convertido para um arquivo MP3 e acessado online na página da emissora na internet. Já um *tweet* é um objeto originalmente criado numa plataforma digital e apesar de poder ser facilmente convertido para um meio material (com a impressão do seu texto numa folha de papel, por exemplo) não terá de início um equivalente analógico até que essa conversão aconteça[3].

---

[1] Tradução do autor.

[2] A ideia de transposição de conteúdos é explorada no webjornalismo por Mielnickzuk (2001) e outros.

[3] Apesar de ser um tópico que foge ao escopo desse texto, é importante observar que, apesar do processo de digitalização ser aparentemente muito mais frequente e intenso nos dias de hoje do que o caminho inverso, qualquer conteúdo midiático digital vai ser percebido pelo aparelho sensório humano através de uma "desdigitalização", ou seja, para ouvir o áudio mp3, os fones ou caixas de som terão que converter a energia elétrica do circuito digital em energia sonora ou cinética, para que suas membranas de vibração possam posteriormente estimular o tímpano humano, que por sua vez encaminhará essas vibrações para serem decodificadas no cérebro. Nesse caso as conversões em formas energéticas diferentes vão tentar preservar a ordem, a sintaxe interna da música ou mensagem sonora que está sendo transmitida, lidando com os efeitos da redundância e entropia relativos a esse processo. Como um texto introdutório a essa angulação no estudo de fenômenos passíveis de análise pela teoria da informação ver Epstein (1986).

Transpondo esse raciocínio para o trabalho de pesquisa, Rogers também separa os métodos eminentemente digitais dos que ele denomina de virtuais, ou seja, que tem sua origem em outros campos e têm sido adaptados para a internet e as redes sociais. A netnografia ou etnografia virtual, os questionários aplicados via *email*, as entrevistas mediadas pelo computador e pelas redes são algumas dessas formas adaptadas, diferentes, por exemplo, da mineração e raspagem de dados (*data mining e scraping*), do acesso direto às APIs[4] das plataformas de mídia social, da utilização de métricas com o *Page Rank*[5] ou de ferramentas como Open Refine[6] para respectivamente coletar, classificar e organizar dados. A proposta pretende "reorientar o campo da pesquisa relacionada com a internet estudando e adaptando o que chamo de métodos do meio, ou talvez de forma simplificada, métodos inseridos nos objetos digitais (ROGERS, 2013)"[7].

Assim, o presente texto é o recorte de um projeto que se propõe a: aprofundar a compreensão dos problemas gerados pelo processo de digitalização; utilizar e aprimorar ferramentas, técnicas e metodologias que considerem as características específicas dos objetos digitais (o que detalharemos a seguir como uma ontologia específica); avaliar as implicações do digital nas fases de coleta, análise e divulgação de dados de forma a integrar um caminho teórico para avaliar esses problemas, o que se constituiria numa epistemologia especializada para a Comunicação Digital.

2. POR UMA EPISTEMIOLOGIA ESPECÍFICA DO DIGITAL

Vargas (1994), ao desenvolver seu pensamento sobre uma filosofia da tecnologia, propõe a ideia de que em diferentes períodos da humanidade estabeleceu-se uma conexão entre crenças, ciências e metafísica, esta última pensada na concepção de Ortega y Gasset. Escreve Vargas (1994, p. 27), "pois que a metafísica é entendida por Ortega como o tratado teórico sobre a raiz da realidade, sobre a qual os homens, em cada

---

[4] Uma API – *Application Programming Interface* (Interface de Programação de Aplicações) é o conjunto de rotinas, padrões e instruções de programação que permite que os desenvolvedores criem aplicações que possam acessar e interagir com determinado serviço na internet, inclusive extraindo dados dele.

[5] PageRank é uma métrica ligada à Teoria de Redes que identifica centralidade ou importância a partir das conexões entre os elementos da rede, sendo uma das estratégias utilizadas pelo Google para ranquear resultados de busca.

[6] Mais detalhes sobre a solução Open Refine em www.openrefine.org .

[7] Tradução do autor

cultura e em cada época, edificam seu mundo".

Assim, com os gregos, a partir do questionamento fundamental sobre a natureza das coisas e a crença de que por trás das aparências do mundo havia algo permanente, verdadeiro e eterno que eles denominavam de *physis*, surgem a metafísica de Aristóteles, a *physica* e a matemática gregas, com a aritmética e a geometria.

> Quando os objetos matemáticos puderam se estabelecer como objetos racionais, revelou-se, através deles, a possibilidade de inteligir as ideias platônicas ou as substâncias aristotélicas como entidades eternas, imutáveis e permanentes, fontes de toda realidade lógica e inteligível. Assim o caminho da ciência matemática conduziu, na Grécia, à Metafísica (VARGAS, 1994, p. 30).

Na idade média a eternidade da *physis* natural é reconfigurada no ocidente a partir da disseminação do cristianismo e da crença na divindade única, criadora do mundo. Em Santo Agostinho a busca da verdade e a busca por Deus tornam-se a mesma coisa e na teologia de São Tomás de Aquino a razão e a fé andam juntas já que a primeira vai sustentar e confirmar os enunciados da segunda, sendo a lógica, agora, a ferramenta para essa tarefa.

Com o Renascimento e nos anos que se seguiram, mais uma vez uma grande mudança aconteceu. A confiança ilimitada apenas na razão humana e na lógica como formas de conhecimento do mundo e da verdade perderam força. A geografia, as grandes viagens e a observação mais atenta dos fatos naturais começaram a expor dúvidas e diferenças entre as antigas crenças e o que era encontrado através da experimentação, não ainda formatada no sentido atual, mas já considerando a natureza como uma instância capaz de fornecer aos interessados segredos e descobertas, mesmo que ainda, através do poder da Igreja, esses fossem um reflexo da criação divina.

Com Galileu muda-se o critério de validação do conhecimento, que deixa de ser feito pela fé e passa a ser resultado da comprovação experimental de algo que antes era apenas conjectura racional. Mesmo sendo condenado em 1633 pelo Santo Ofício, seu pensamento já representava a visão de um mundo natural concebido como uma máquina em movimento. A metafísica de Descartes irá propor uma solução conciliatória onde a experimentação nascente, a crença no Deus criador, a razão e a ética pudessem coexistir.

As ideias de força, trabalho e energia trouxeram a metafísica de

Leibniz e a concepção de uma natureza destituída de alma, afastada de Deus e que, por ser inóspita e hostil, precisaria ser dominada; ideias que Newton irá consolidar com sua Física, dando início ao que entendemos hoje como ciência moderna.

Usando as palavras de Vargas (1994) poderíamos então pensar sobre a "raiz da realidade" que os homens contemporâneos usam para edificar seu mundo? Em que acreditam, como percebem o ambiente em que estão e que forças os movem nos dias de hoje? Diante da enorme lista de possibilidades, talvez seja viável indicar que um mundo hiperconectado, regido pelos velozes fluxos de informação que trafegam em redes digitais, impactando ciência, economia, política, cultura, crenças e comportamento humano, seria um dos itens dessa complexa metafísica do século XXI.

O conceito de sociedade informacional de Castells de certa forma corrobora essa visão. "Uma revolução tecnológica concentrada nas tecnologias da informação começou a remodelar a base material da sociedade em ritmo acelerado (CASTELLS, 2009, p. 39)".

Um aspecto interessante sobre essa linha de pensamento traduz-se no fato de que a transformação material de que nos fala o autor está intimamente ligada ao advento dos processos de digitalização, pelos quais grande parte da produção de sentido humana, antes dependente dos suportes materiais para seu registro, torna-se agora uma enorme massa de informação numérica, traduzida em sequencias de 0 (zero) e 1 (um), processadas de forma automatizada e, por muitas vezes, totalmente transparente ao entendimento comum, fluindo ao nosso redor, sem que saibamos direito o que realmente está acontecendo.

Seguindo a construção dessa metafísica do mundo digital contemporâneo é necessário um esforço adicional para compreensão dos seus elementos constituintes, dos entes que sustentam sua existência, bem como nas formas e métodos para que possamos estuda-los e entende-los. Ao digital caberiam, portanto, ainda que de forma restrita ou especializada, uma ontologia e uma epistemologia, capazes de ajudar-nos na descrição do mundo que nos rodeia.

A utilização de uma abordagem ontológica para enfrentar problemas que envolvem situações complexas é sugerida por Vieira (2008) quando diz que

> [...] a complexidade exige que possamos entender e modelar a interação entre coisas e processos de natureza muitas vezes bem diversas, sob pena de não captação do que há de fundamental nesses sistemas. É a Ontologia que pode facilitar isso, com seu

enfoque em busca do geral e do completo (VIEIRA, 2008, p. 25).

O próprio termo "ontologia" precisa ser aqui melhor explicado, mesmo que de forma resumida e apontando mais especificamente para a aplicação que daremos a ele nesse texto.

A raiz "ont(o) , do grego ón óntos, ser , ente , indivíduo, que se documenta em vocábulos formados na linguagem científica internacional a partir do século XIX" (CUNHA,1986, p. 561) implica um interesse pela "exposição ordenada dos caracteres fundamentais do ser que a experiência revela de modo repetido e constante " (ABBAGNANO, 2007, p. 848) .

Assim, Vieira afirma que "uma das vantagens da prática ontológica é que, ao lidarmos com traços muito gerais das coisas, podemos utilizar os mesmos para fazer comparações e conexões inter e transdisciplinares" (VIEIRA, 2008, p. 26).

O trabalho de Manovich (2001) no intuito de descrever as características dos objetos digitais, dentro da discussão que trava sobre a dificuldade teórica em delimitar novas e velhas mídias, nos parece oferecer, ainda que o autor não use esses termos diretamente, uma proposta que nos aproximaria de uma ontologia dos entes digitais.

Para Manovich (2001), os objetos digitais apresentam cinco traços ou características que podem ou não estar presentes simultaneamente em sua existência, a saber: descrição numérica, modularidade, automação, variabilidade e transcodificação.

A descrição numérica indica, como já citamos, que os objetos digitais constituem-se no final das contas de sequencias de números, podendo, por isso, sofrer muitas das transformações que se aplicam a essa categoria, entre elas a possibilidade de replicação idêntica, desde que a nova sequencia mantenha a estrutura e a ordem original da primeira. A transformação na indústria das gravadoras, definitivamente impactada pelo consumo da música digital, é apenas um dos possíveis exemplos das consequências da descrição numérica que poderíamos citar.

A modularidade nos termos de Manovich descreve os objetos digitais como compostos de partes que podem ser arranjadas de diversas formas, sem que cada parte ou módulo, perca sua identidade original. Ao visitarmos a página de um site na internet não estamos vendo a imagem de um único elemento completo, mas sim o resultado da construção feita pelo *browser*[8] a partir de diversas partículas de informação, os pequenos arquivos enviados pelo servidor onde o site está hospedado. Essas são

---

[8] *Browser* é uma categoria de software que age como um cliente de internet solicitando conteúdo aos servidores da rede e organizando os elementos recebidos nas páginas que visitamos em nossa navegação pela *web*.

agrupadas e estruturadas pela ordem descrita no código da programação HTML (*HiperText Markup Language*) que define onde e de que jeito cada texto, foto, título, vídeo, ou o que mais a página possua, vão estar.

A partir dessas duas primeiras características, as duas seguintes estabelecem-se como consequências. Se posso aplicar operações ou transformações matemáticas sobre esses objetos e posso recombiná-los em diversas configurações, porque são compostos de forma modular, posso também programar essas ações e automatizar parte delas, para que possam ser realizadas de forma transparente, sem que o usuário sequer perceba o que está acontecendo. A automação permite que, ao apertar a tecla *ENTER* do computador, uma grande quantidade de linhas de código de programação seja executada e algo novo aconteça na tela, sem que seja necessário ser programador ou entender que processos estão por trás dessa ação.

Para Manovich as diversas possibilidades de combinação entre esses elementos faz com que eles também reajam de forma diferente a partir de contextos ou situações distintas. A ideia de interatividade seria para o autor uma forma de expressão da variabilidade dos objetos digitais, adaptáveis, programáveis e recombináveis oferecendo aos usuários novas formas de contato e fruição. A não linearidade das narrativas construídas a partir de hiperlinks ou a imersão que um game oferece são bons exemplos do que o autor entende como variabilidade.

Por fim, a quinta característica será a que nos vai oferecer a base para dar sequência ao tema que nos propomos abordar. Em termos simples, através do que ele denomina de transcodificação, cada objeto digital é constituído de duas camadas ou *layers*, uma utilizada para carregar o sentido a ser interpretado e processado pelos humanos, a camada da representação, que nos oferece o material para que possamos lidar com tal objeto. Entretanto, pela transcodificação, existe ainda uma segunda camada, que também descreve ou traz informações sobre esse objeto só que para o processamento maquínico, automatizado, o *layer* dos dados estruturados que os computadores entendem e que é usado para fazer esse objeto trafegar pelas redes digitais.

Figura 1: Imagem do site do LABCOM/UFMA (www.labcomufma.com) com seu respectivo código HTML aparente.
Fonte: Do autor

Na imagem de uma página de um site na internet podemos identificar a presença dessas duas camadas. Na parte de cima, temos a página como estamos acostumados a ver e na parte de baixo, explicitamos parte do código HTML que a descreve, organiza e constrói. Os dois *layers* de Manovich estão sempre presentes, andam juntos e impactam um ao outro, influenciando-se mutuamente, mesmo quando não percebemos isso. Uma simples alteração no código fará com que a página apresente de imediato um novo aspecto, como na característica da atualização constante que atribuímos ao webjornalismo. No sentido inverso, a necessidade de inclusão de um gráfico, para ilustrar melhor a matéria do mesmo site jornalístico, vai exigir uma nova alteração do código para que possa suportá-lo.

Que impactos tal proposta ontológica teria quando a pesquisa envolve temas e objetos que tenham vinculações diretas com o digital?

A resposta de Rogers (2013) indica que, mesmo portando métodos tradicionais para o emprego em pesquisas ligadas ao digital podemos, em algumas situações, estar utilizando um ferramental inadequado, por não considerar os aspectos específicos desses objetos, ou ainda, poderíamos acrescentar, estar em condição desconfortável para inferir ou avançar em conclusões mais sólidas, já que estamos processando apenas parte da informação que nos é disponibilizada.

A ideia de métodos do meio, ou seja, métodos que exploram a lógica interna inerente aos objetos digitais, ou nos termos que estamos propondo, que consideram sua ontologia específica, permitem novas abordagens e formas mais eficientes de enfrentar dificuldades implícitas em algumas temáticas contemporâneas.

> Por exemplo, varredura e extração de dados, inteligência coletiva e classificações baseadas em redes sociais, ainda que de diferentes gêneros e espécies, são todas técnicas baseadas na internet para coleta e organização de dados. *Page Rank* e algoritmos similares são meios de ordenação e classificação. Nuvens de palavras e outras formas comuns de visualização explicitam relevância e ressonância. Como poderíamos aprender com eles e outros métodos *online* para reaplica-los? O propósito não seria tanto contribuir para o refinamento e construção de um motor de buscas melhor, uma tarefa que deve ser deixada para a Ciência da Computação e áreas afins. Ao invés disso o propósito seria utiliza-los e entender como eles tratam *hiperlinks, hits, likes, tags, datestamps* e outros objetos nativamente digitais. Pensando nesses mecanismos e nos objetos com os quais eles conseguem lidar, os métodos digitais, como uma prática de pesquisa, contribuem para o desenvolvimento de uma metodologia do próprio meio (ROGERS, 2013).[9]

A proposta de Rogers vai ao encontro do percurso que ora propomos partindo de uma visão do mundo contemporâneo onde o digital apresenta uma centralidade crescente, composto por entes com características específicas e, por isso, demandando também uma adequação ou extensão metodológica capaz de colaborar no esforço de pesquisas cujos objetos de alguma forma têm essa característica.

A necessidade de iniciativas nessa linha pode ser justificada também por algumas condições verificáveis relacionadas à produção de informação a partir das redes: volume, variedade, velocidade. Não à toa esses termos estão associadas a outro conceito contemporâneo, o de *big data*, que de forma simplificada poderia ser definido como o conjunto de métodos, ferramentas e processos destinados a lidar com a verdadeira enxurrada informacional com a qual nos deparamos hoje, tema que Gleick (2013) descreve numa perspectiva histórica e técnica.

Para o método científico um desafio adicional está ligado às estratégias de amostragem. À medida que temos fenômenos que acontecem com grande velocidade, variedade e volume, como os comentários no Twitter sobre determinado tema ou evento, por exemplo, até que ponto poderemos estabelecer amostras demasiado pequenas e ainda conseguir inferir algo com validade razoável?

---

[9]   Tradução do autor

É óbvio que cada pesquisa tem suas características particulares e em muitas delas o trabalho com amostras reduzidas é plenamente viável. Contudo à medida que o universo de estudo se expande, em termos relativos, tais amostras representam percentuais cada vez menores e, talvez, menos significativos.

Segundo dados do Twitter amplamente repercutidos na mídia[10], o debate no SBT entre os candidatos à Presidência da República no segundo turno, que aconteceu no dia 16 de outubro de 2014, teve mais de 550 mil publicações na plataforma e pico de 9.535 *tweets* por minuto (TPMs) quando, no final do programa, a candidata Dilma Rousseff passou mal e foi ajudada por uma repórter.

Em uma situação assim, o que seria possível extrair dessa massa de conteúdo com análises que considerassem 10, 100, 1.000 ou 10.000 *tweets*? E como fazer isso no caso das amostras maiores?

São situações assim que exigem a incorporação de métodos que considerem as características inerentes aos objetos digitais, entre elas a transcodificação nos termos de Manovich. Como veremos a seguir, uma alternativa viável, para casos onde os dados são gerados dentro de uma plataforma de mídias sociais como o Twitter, é o contato direto com os servidores que a sustentam ou, em termos técnicos, a utilização da sua API (*Application Programming Interface*) para realizar consultas e extração de informação a partir do *layer* da máquina.

3. A CURVA EPISTÊMICA E SEU DESLOCAMENTO

A inclusão dos métodos digitais no ferramental disponível para o pesquisador da Comunicação pode ajudar a enfrentar um problema que, com a situação de volume, variedade e velocidade, foi agravado e tem sua representação sugerida através do que denominamos aqui de curva epistêmica.

O gráfico abaixo relaciona duas variáveis ligadas aos resultados advindos de pesquisas científicas na área de Ciências Sociais: profundidade e inferenciabilidade, ou seja, a capacidade de fazer inferências a partir dos dados e análises que se tem.

Ao operar com abordagens qualitativas, que dão ênfase ao *layer* do sentido e da significação humana, é possível conseguir um elevado grau de profundidade e especificidade já que o pesquisador tem conta-

[10] http://oglobo.globo.com/brasil/debate-entre-presidenciaveis-gera-mais-de-550-mil-
-tweets-14280643

to direto com o nível dos indivíduos, entrevistando-os, observando em profundidade seu comportamento e coletando, a partir de suas opiniões e visão de mundo, os dados para análise.

O contraponto dessa forma de pesquisa é justamente a dificuldade de estabelecer padrões mais gerais. Em muitos casos as estratégias de amostragem não são probabilísticas e, por isso, oferecem potencial reduzido de gerar inferências.

Longe estamos aqui de fazer críticas a essa forma de pesquisa que em muitas situações é amplamente justificável, e até, em alguns casos, a única alternativa viável. Mesmo assim a restrição existe e nos ambientes digitais pode ser agravada, gerando um distanciamento entre resultados e procedimentos científicos, levando às vezes ao caminho de um questionável ensaismo como exemplifica Machado (2012).

As abordagens quantitativas que utilizam procedimentos estatísticos e estratégias de amostragem probabilísticas oferecem, ao contrário, maior potencial de extração de inferências e suporte mais sólido à identificação de padrões e tendências diante de universos maiores. Ao mesmo tempo, sofrem da falta de aprofundamento na compreensão do nível individual tendo seus resultados criticados justamente por reduzirem a complexidade humana a modelos extremamente simplórios.

De novo, cada pesquisa tem seus objetivos e para atingi-los percorre o caminho que cada pesquisador considera mais viável e efetivo para alcança-los. Entretanto, considerando o ambiente digital e suas características, nossa proposta epistemológica baseada numa ontologia específica dos objetos estudados pretende minimizar as consequências das duas abordagens expostas à medida que, com os métodos digitais, pretende olhar para as duas camadas de que são constituídos, extraindo dados de ambas, dentro do possível, e ainda considerando as inter--relações que estabelecem entre si.

Profundidade

Profundidade

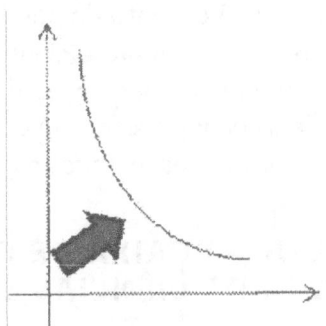

Inferenciabilidade

Inferenciabilidade

Gráfico 1: Deslocamento da curva epistêmica considerando os eixos da profundidade na apreensão dos objetos de estudo em relação ao potencial de fazer inferências embasadas sobre eles. Fonte: do autor.

O deslocamento da curva epistêmica com a inclusão dos métodos digitais que permitem a coleta de dados do *layer* da máquina oferece ao pesquisador a possibilidade de operar com amostras maiores e ainda ter um potencial de aprofundamento considerável. Um exemplo seria coletar grandes massas de *tweets* e ainda poder analisar o conteúdo das mensagens através de ferramentas de específicas como o NLTK – *Natural Language Toolkit*[11].

Profundidade

Profundidade

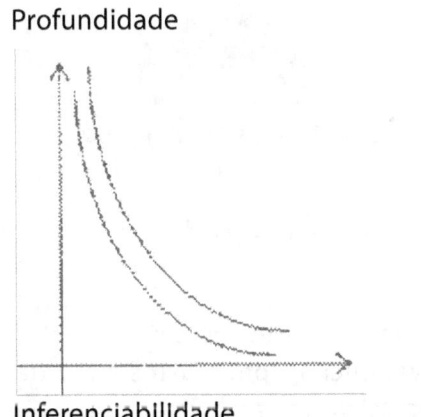

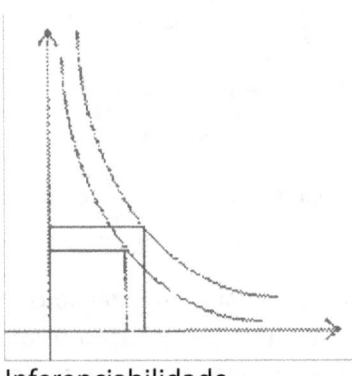

Inferenciabilidade

Inferenciabilidade

Gráfico 2: Considerando os quadrados no segundo gráfico como o potencial de conhecimento a ser extraído das pesquisas, é possível ver como o deslocamento da curva epistêmica, em tese, aumenta sua área e consequentemente a qualidade de seus resultados que combinam profundidade e inferenciabilidade numa relação mais efetiva, minimizando sua proporcionalidade inversa. Fonte: do autor.

---

[11] http://www.nltk.org/

Se considerarmos na figura acima da direita que o ponto médio de cada curva é o ponto de equilíbrio entre nosso potencial de fazer inferências com sustentação científica mantendo ainda um razoável nível de profundidade na percepção dos objetos estudados, o deslocamento da curva epistêmica nos mostra que o potencial de geração de conhecimento com a adoção dos métodos digitais faz crescer, em tese, essa possibilidade.

4. A NOVA CAIXA DE FERRAMENTAS DO PESQUISADOR DE CIÊNCIAS SOCIAIS

A diversidade de novas ferramentas hoje disponíveis para o pesquisador de Ciências Sociais não poderia ser totalmente coberta nesse texto. Por isso, decidimos destacar algumas delas considerando sua abrangência e aplicabilidade. Como já foi dito anteriormente, uma série de técnicas como a mineração de dados, a extração direta de informações a partir das APIs das plataformas de mídias sociais, o desenvolvimento de códigos customizados para coleta e análise de material são apenas algumas possibilidades.

Tais soluções oferecem uma espécie de escala de utilização como representada no gráfico abaixo:

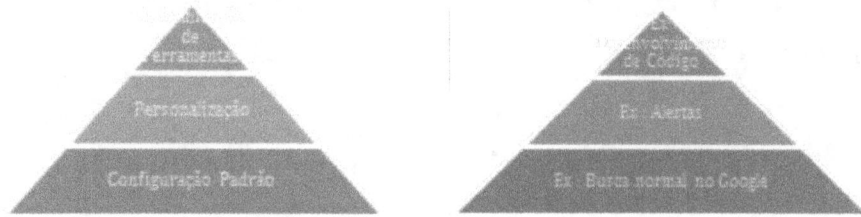

Gráfico 3: Representação da escala de utilização dos métodos digitais.
Fonte: do autor.

Tal escala vai da utilização de ferramentas e técnicas já existentes em sua configuração padrão num nível inicial, com ajustes a fim de personaliza-las, para atender nossas necessidades específicas, num nível médio, ou ainda, num nível mais alto, através da criação de soluções baseadas em programação e desenvolvimento de código.

Na pirâmide ao lado exemplificamos a escala numa situação de coleta de dados que utiliza a busca do Google, inicialmente com sua interface normal, depois a partir de uma solução com maior poder de personalização como os alertas[12] e por fim através de um código específico para coletar e armazenar esses dados.

Desse modo, definimos métodos digitais como o conjunto de ferramentas , processos e abordagens de pesquisa que consideram a ontologia dos objetos digitais e as estruturas de redes por onde circulam, utilizando-se de recursos computacionais intensivos para coleta e análise de dados.

É importante dizer que a proposta dos métodos digitais não impede de forma alguma sua adoção em parceria com outros procedimentos ou abordagens tradicionais, sendo traduzida na maioria das vezes como um conjunto adicional de recursos à disposição do pesquisador.

Rogers (2013) lista algumas categorias ou questões que potencialmente são objetos a serem abordados pelos métodos digitais. Entre eles podemos citar:

- os links e as suas relações de conexão
- os sites como arquivos como no exemplo citado no item 4.3 abaixo.
- a lógica da busca como processo de pesquisa,
- as esferas formadas pelo conjunto de sites (web esfera), blogs (blogosfera) e notícias (*news* esfera) e suas interconexões,
- estudos da internet nacional em questões como censura, limitações de acesso e outras,
- cultura participativa e plataformas de mídias sociais como em Santos (2013)
- questões gerais ligadas a situações de volume, velocidade e variedade na produção ou circulação de informações, como na identificação de padrões em grandes massas de dados como em Moretti (2007).

Além dos casos de customização de ferramentas que descreveremos a seguir, de forma resumida, trataremos de duas metodologias mais estruturadas, que não tem sua utilização exclusivamente nas Ciências Sociais, mas que têm sido utilizadas por alguns pesquisadores da Comunicação na tentativa de enfrentar novas questões de pesquisa ligadas ao ambiente digital. São elas a análise de redes sociais (ARS) e a modelagem baseada em agentes (MBA) também conhecida por ABM do inglês – *agent based modeling*.

---

[12] https://www.google.com/alerts

4.1. ARS - Análise de Redes Sociais
(Social Network Analisys)

Segundo Barabási (2009), Leonhard Euler, matemático suíço, foi um dos precursores do que hoje chamamos de Teoria das Redes. Ao resolver o problema das pontes de *Königsberg* que desafiava as pessoas a descobrir se era possível achar uma rota onde só se passasse apenas uma vez por todas elas, Euler transformou o desenho das pontes numa representação feita apenas por pontos (nós) e ligações (*edges*) entre eles e criou o que hoje chamamos de grafo, ou seja, a representação visual de uma rede.

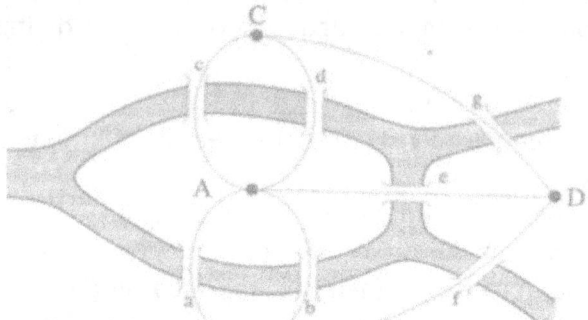

Figura 2: Representação das pontes de Königsberg e o grafo de Euler simplificando o desenho. Fonte: Barabási (2009).

Em tese, um conceito bastante aceito é de que uma rede é qualquer conjunto de elementos no qual alguns deles estão conectados em pares através de links (EASLEY E KLEINBERG, 2010) ou de forma mais simples, uma coleção de pontos unidos em pares por linhas (NEWMAN, 2010).

É justamente essa definição tão geral que permite aplicar o conhecimento que vem se desenvolvendo sobre redes a fenômenos diversos como cadeias alimentares, rotas de companhias aéreas, neurônios ou o mercado de ações global.

A internet é o exemplo mais famoso das redes e o fato desse ambiente ser o principal suporte para a comunicação digital do mundo contemporâneo, indica que podemos usar grafos e a abordagem de redes para estuda-la sendo, por exemplo, no caso das plataformas de redes sociais[13], as pessoas que constituem a rede, seus nós, nodos ou vértices e as relações que estabelecem entre si, as conexões, *links* ou *edges*. O padrão de conexões de um dado sistema pode ser representado como

---

[13] Plataformas de mídias sociais são "ferramentas online que dão suporte à interação social entre usuários" (HANSEN, SHNEIDERMAN, SMITH, 2011, p.30). Tradução do autor.

uma rede, os componentes do sistema sendo os nós e as conexões as ligações entre eles. Pensando assim não seria surpresa (apesar de que em alguns campos essa percepção é recente) a estrutura dessas redes, seu padrão característico de interações, ter um grande efeito sobre o comportamento do sistema. As conexões em uma rede social afetam como as pessoas aprendem, formam opiniões, se informam, como também afetam outros fenômenos menos óbvios como a disseminação de doenças. (NEWMAN, 2010, p.2)

A essência da metodologia ARS baseia-se na presunção de que a estrutura das conexões de uma rede interfere no comportamento do sistema formado pelos elementos que a compõem. Esse olhar específico diferencia de forma clara os estudos utilizando essa abordagem.

Nas Ciências Sociais, em muitos trabalhos, assume-se que as pessoas agem e tomam decisões de forma individualística, sem observar o comportamento de outros atores, considerando basicamente os atributos individuais e não os diversos contextos de interação em que estamos inseridos.

Na ARS, ao contrário, é destacado o aspecto da influência recíproca entre os atores que estão conectados por algum tipo de relação para que se possa entender o comportamento de cada um. "Central para a agenda teórica e metodológica da ARS é identificar, medir e testar hipóteses sobre as formas de estruturação e conteúdo das relações entre atores" (KNOKE, YANG, 2008, p. 4)

Muitos autores concordam que o trabalho do psiquiatra Jacob Moreno, considerado o fundador do campo denominado Sociometria, foi fundamental para o desenvolvimento da ARS. Segundo Prell (2012), utilizando grafos que chamava de sociogramas, Moreno começou a fazer o mapeamento de relações sociais simples nos anos 30, trabalho que ele consolidou cerca de 20 anos depois em seu livro *"Who Shall Survive"* de 1954.

Apesar de seus esforços, o fato de realizar toda a construção dos sociogramas, bem como sua análise, sem qualquer recurso computacional, limitou muito a aplicação das ideias de Moreno e sua linha de trabalho no período inicial. Foi com a chegada dos computadores que a ARS reemergiu nos anos 60 e 70, nos padrões que conhecemos hoje, a partir do desenvolvimento de pesquisadores ligados ao departamento de Sociologia de Harvard que estabeleceram os conceitos iniciais da metodologia bem como suas métricas de análise.

Figura 2: Exemplo de visualização de rede social gerada pela ferramenta NodeXL[14]
Fonte: do autor.

4.2. MBA – Modelagem Baseada em Agentes
(*Agent-Based Modeling*)

"Formalmente, modelagem baseada em agentes é um método computacional que permite ao pesquisador criar, analisar e experimentar modelos que são compostos por agentes que interagem em um ambiente" (GILBERT, 2008, p. 2).

Existem duas modalidades básicas de pesquisa social.

Na primeira coletamos informações, entre outras formas, através de entrevistas, observação ou utilização de dados secundários e, a partir delas, conduzimos nossas análises, tentando compreender o que estamos estudando e, eventualmente, construindo uma explicação com maior ou menor generalidade sobre nosso objeto, resultando talvez em novos conceitos ou teorias.

Na segunda, partimos de algum conhecimento teórico sobre nosso problema, construímos um modelo e, com ele, simulamos a dinâmica social que pretendemos analisar utilizando os resultados encontrados, entre outras finalidades, para validar as premissas teóricas que usamos no início do processo ou reformata-las com base no que achamos. A modelagem baseada em agentes (MBA) segue esse último caminho.

Poderíamos dizer que MBA é um método de simulação computacional que a partir de ferramentas específicas permite a modelagem de um mundo, um microcosmo, que tenta representar o sistema social que pretendemos estudar, povoado por representantes dos atores sociais que

---

[14] Ver mais em http://nodexl.codeplex.com/ .

nos interessam, os agentes.

Uma das principais vantagens dessa metodologia está relacionada às dificuldades já reconhecidas na execução de experimentos científicos envolvendo pessoas ou sistemas sociais. A complexidade envolvida no objeto humano põe em risco os resultados de muitas iniciativas que simplesmente não conseguem conduzir seus procedimentos dentro de parâmetros considerados rigorosos o suficiente para dar validade e força às inferências e resultados encontrados.

Isso sem falar nas questões éticas, no tempo para conseguir autorização dos conselhos dedicados a avaliar propostas de pesquisa envolvendo pessoas e nas dificuldades intrínsecas de controle sobre um experimento onde a complexidade e a subjetividade são fatores preponderantes.

A ideia de modelo também deve ser aqui melhor entendida.

A ciência social computacional, que se desenvolveu a partir dos anos 90 com mais intensidade, tem se utilizado do procedimento de construir modelos, representações simplificadas dos sistemas sociais a estudar, para com eles explorar de forma mais eficiente sua complexidade e processos internos.

É preciso inicialmente afirmar que tal processo de modelagem implica numa simplificação do complexo objeto proposto, o que, mesmo assim, não deixa de oferecer possibilidades de análise do problema; e tal procedimento não se trata de uma exceção.

> A conquista conceitual da realidade começa, o que parece paradoxal, por idealizações. Extraem-se os traços comuns de indivíduos ostensivamente diferentes, agrupando-os em espécies (classes de equivalência). Fala-se assim do cobre e do homo sapiens. É o nascimento do objeto-modelo ou modelo conceitual de uma coisa ou de um fato. [...] E se um dado modelo não oferece todos os detalhes que interessam, poder-se-á em princípio complicá-lo. A formação de cada modelo começa por simplificações, mas a sucessão histórica dos modelos é um progresso de complexidade. (BUNGE, 2008, p.14)

Um dos melhores exemplos de modelo seria o mapa rodoviário que, apesar de não ser uma espécie de fotografia reduzida da área real que representa, tem sua utilidade, mesmo a partir das severas simplificações que impõe às estradas, cidades e regiões.

O uso de modelos em Ciências Sociais é anterior aos computadores mas foi com a chegada dos grandes lotes de dados das ações governamentais, como os censos, bem como a exponencial produção de informações gerada pela internet e, mais recentemente, as plataformas de mídias sociais, que a modelagem com base computacional começou a ganhar relevância entre as possibilidades metodológicas a disposição dos pesquisadores.

4.3. Experimentos de Customização de Código

A seguir descreveremos de forma reduzida três trabalhos de pesquisa por nós desenvolvidos onde a ideia de métodos digitais foi utilizada em sua escala de aplicação mais intensa para operacionalizar ou complementar as etapas de coleta e análise de dados.

4.3.1. Avaliando uma métrica de intensidade

Tópico: Plataformas de Redes Sociais e conexão com suas APIs para coleta de dados em grande volume

O trabalho tinha por objetivo avaliar a hipótese da plataforma *Twitter* ser considerada um sistema de produção de notícias, onde usuários se comportariam como produtores de conteúdo e audiência, constituindo uma rede onde informação e atenção trafegam simultaneamente a partir das relações de interesse e filiação criadas pelas categorias de seguidos e seguidores. Para isso decidiu-se buscar no sistema algo que fosse semelhante aos clássicos conceitos de valores-notícia ou critérios de noticiabilidade. O experimento modelado fez medições da métrica *tweets* por minuto (TPM) considerada como uma variável capaz de representar o interesse dos emissores por determinados fatos ou temáticas e dai motivá-los a escrever sobre eles, como jornalistas que consideram tais critérios também de forma intuitiva para decidir o que vão publicar. Foi desenvolvido um código em linguagem Python, denominado *Social Tracker* (ST) para coletar e analisar *posts* durante a transmissão do desfile das escolas de samba do Carnaval do Rio de Janeiro de 2013 e verificar a variação dos TPMs de acordo com o que estava acontecendo na transmissão. Mais detalhes em Santos (2013).

4.3.2. Software pode escrever textos jornalísticos?

Tópico: Inteligência artificial e simulação

O experimento propôs-se a testar de forma prática a possibilidade já levantada por Lages (1997) e expandida por Arce (2009), sobre a pro-

"completed_in": 0.048,
"max_id": 303248101462908928,
"max_id_str": "303248101462908928",
"next_page": "?page=2&max_id=303248101462908928&q=SocialY2OTracker&rpp=100",
"page": 1,
"query": "Social+Tracker",
"refresh_url": "?since_id=303248101462908928&q=SocialY2OTracker",
"results": [
  {
    "created_at": "Mon, 17 Feb 2013 21:02:34 +0000",
    "from_user": "Gorbach",
    "from_user_id": 199559725,
    "from_user_id_str": "199559725",
    "from_user_name": "MGB",
    "geo": null,
    "id": 303248101462908928,
    "id_str": "303248101462908928",
    "iso_language_code": "pt",
    "metadata": {
      "result_type": "recent"
    },
    "profile_image_url": "http://a0.twimg.com/profile_images/1980124491/1abC00ARe16S0tFinal2_normal.JPG",
    "profile_image_url_https": "https://si0.twimg.com/profile_images/1980124491/1abC00ARe16itura1final2_normal.JPG",
    "source": "<a href="http://twitter.com/">web</a>",
    "text": "Teste para a ferramenta Social Tracker desenvolvida pelo LABCOM para acompanhar do conteúdo do Twitter.",
    "to_user": null,
    "to_user_id": 0,
    "to_user_id_str": "0",
    "to_user_name": null

Figura 3: Imagem da resposta da API do Twitter recuperada por ST. Fonte: Santos (2013)

dução de textos jornalísticos através de processos automatizados, ambos, entretanto, trabalhos eminentemente teóricos. Tal procedimento que já é praticado por pelo menos duas empresas americanas de inteligência artificial (*Narrative Science* e *Automated Insights*) serviu de base para o desenvolvimento de um protótipo simplificado de código capaz de escrever *leads* sobre os resultados do Campeonato Brasileiro de Futebol da Série A de 2013 a partir da extração automatizada dos dados sobre os resultados dos jogos publicados no portal Terra. A ferramenta extraia apenas os gols das partidas e utilizava as regras do próprio campeonato para inferir outras informações sobre a situação dos times e, a partir da concatenação de listas de palavras, escrever pequenos textos para publicação como demonstrado em Santos (2014).

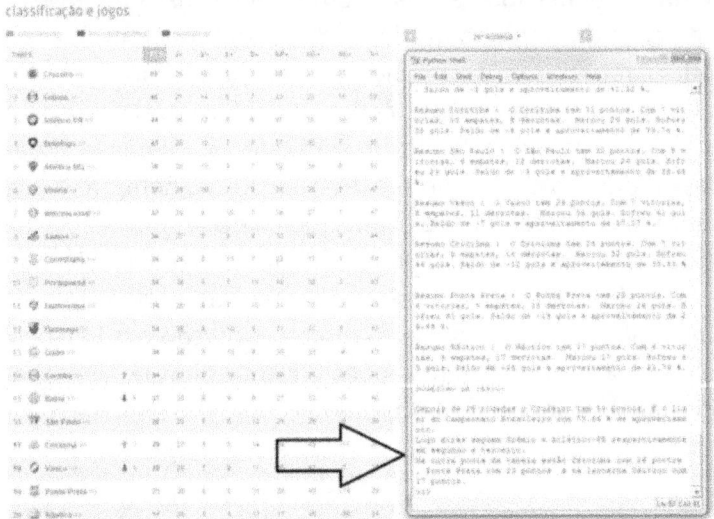

Figura 4: Tela do software com o lead construído a partir das informações lidas sobre o campeonato em determinada rodada.
Fonte: Santos (2014)

4.3.3. Extraindo dados da base de arquivos
(*Internet Archive*)

Tópico: Sites como arquivo e raspagem de dados via código

A pesquisa de caráter aplicado ainda em andamento pretende desenvolver soluções de código para coletar informações de forma automatizada em arquivos digitais estruturados em bases de dados acessíveis pela internet, para utilização por pesquisadores de história da mídia e de outras áreas. No atual estágio utilizamos o trabalho do grupo de pesquisadores organizados por Palácios que desenvolveu um conjunto de ferramentas para avaliação da qualidade de produtos ciberjonalísticos. Nossa meta é aumentar efetividade da proposta através da expansão dos conjuntos amostrais e redução do tempo dedicado para a fase de coleta. A aplicação das ferramentas de análise de qualidade implica na coleta de dados dos sites jornalísticos objetos de pesquisa. Explora-se assim a possibilidade de automação parcial dessa coleta, a partir da aplicação de ferramentas de código customizado, construídas em linguagem de programação Python, que utilizam a sintaxe específica do HTML (*Hiper-Text Markup Language*) para localizar e extrair elementos de interesse como links e imagens. Utilizamos como exemplo a ferramenta de análise de hipertextualidade de Barbosa e Mielniczuk onde se torna possível listar e classificar os links disponíveis em determinada página. A coleta automatizada de dados, também conhecida como raspagem (*scraping*) ou mineração é um recurso cada vez mais comum no jornalismo investigativo e pode, no caso do trabalho acadêmico, ser utilizada tanto para a execução de rotinas repetitivas, permitindo ao pesquisador mais tempo para as tarefas de maior complexidade, como para identificar padrões e tendências em grandes volumes de informação que, em algumas situações, podem passar despercebidos no processo exclusivamente manual. Nosso experimento inicial acessa o site conhecido como *WaybackMachine* ou *Internet Archive*[15] que constitui-se de uma biblioteca digital de sites de internet. Atualmente já é possível acessar as versões das páginas iniciais arquivadas no repositório e partir delas analisar a evolução das versões, a intensidade e regularidade das alterações e também as palavras ou termos mais utilizados ao longo do tempo.

---

[15] https://archive.org/

Figura 5: Tela do Internet Archive com a marcação das versões arquivadas (399 entre 1997 e 2014) do site da UFMA em suas respectivas datas no ano de 2007 que podem ser extraídas via código. Fonte: Internet Archive (2014)

Figura 6: Print do arquivo com a lista de links extraídos automaticamente para as páginas arquivadas. Fonte: Elaborado pelo autor.

CONSIDERAÇÕES FINAIS

A proposta dos métodos digitais e suas diversas modalidades de aplicação, longe de estabelecer um conflito com as formas tradicionais utilizadas no desenho de pesquisas da Comunicação, em nosso entendimento, vêm acrescentar ao conjunto de recursos disponíveis novas ferramentas capazes de traduzir as especificidades dos objetos que se constituem a partir da lógica binária e que em profusão povoam as redes telemáticas contemporâneas.

A disposição de estuda-los considerando suas características específicas, principalmente no que se refere ao seu potencial de carregar não só o sentido para a interpretação humana mas também as instruções e a sintaxe entendidas pelas máquinas, pode abrir oportunidades para o desenvolvimento da pesquisa em nossa área, integrando novas angulações e abordagens às já existentes.

O deslocamento da curva epistêmica que propomos no texto representa uma direção geral, aplicável dentro do possível, e talvez capaz de oferecer um eixo mais sólido a muitas discussões que hoje ainda carecem da objetividade e rigor que se esperam do trabalho denominado científico.

A escala de aplicação de tais ferramentas, que implica em um amplo gradiente de possibilidades de utilização, não obriga nenhum pesquisador a aprender a programar, mas aponta para um caminho onde a formação de equipes multidisciplinares e a compreensão técnica das características dos meios de comunicação, principalmente a internet, pode trazer fundamental diferença nos horizontes a serem vislumbrados.

A presença dos objetos digitais no mundo pode estar constituindo a anomalia de que nos fala Kuhn (2009), potencialmente capaz de gerar uma ampla revisão dos métodos e pressupostos teóricos em que nos baseamos hoje para executar o nosso trabalho. Não necessariamente destruindo o que se tem, mas permitindo que novas espécies epistêmicas, híbridas ou totalmente novas, também possam surgir e prosperar.

REFERÊNCIAS

ABBAGNANO, Nicola. **Dicionário de Filosofia**. São Paulo: Martins Fontes, 2007.

ARCE, Tacyana. O lead automatizado: uma possibilidade de tratamento da informação para o jornalismo impresso diário. **Revista Exacta**, Belo Horizonte, v. 2, n. 3, 2009.

BARABÁSI, A. László. **Linked (Conectado)**. A nova ciência dos networks. São Paulo: Leopardo, 2009.

BOLTER, Jay; GRUSIN, Richard. **Remediation**. Understanding New Media. Cambridge: The MIT Press, 2000.

BONACICH, Phillip; LU, Phillip. **Introduction to mathematical sociology**. New Jersey: Princeton University Press, 2012.

BUNGE, Mario. **Teoria e Realidade**. São Paulo: Perspectiva, 2008.

CASTELLS, Manuel. **A sociedade em rede**. São Paulo: Paz e Terra, 1999.

CUNHA, Antonio G. **Dicionário Etmológico da Lingua Portuguesa**. Rio de Janeiro: Lexikon Editora Digital, 2007.

EASLEY, David; KLEINBERG, Jon. **Networks, Crowds and Markets**. Reasoning about a highly connected world. Nova York: Cambridge University Press, 2010.

EPSTEIN, Isaac. **Teoria da Informação.** São Paulo: Ática, 1986.

GLEICK, James. **A informação.** Uma história, uma teoria, uma enxurrada. São Paulo, Companhia das Letras, 2013.

LAGE, Nilson. **O lead clássico como base para a automação do discurso informativo.** In: CONGRESSO BRASILEIRO DE PESQUISADORES DA COMUNICAÇÃO INTERCOM, 20., 1997, Santos. Anais... Santos, SP. 1997.

KNOKE, David; YANG, Song. **Social Network Analysis.** 2ª Ed. Londres: Sage, 2008.

KUHN, Thomas. **A estrutura das revoluções científicas.** 9ª Ed. São Paulo: Perspectiva, 2009.

MACHADO, Elias. As limitações metodológicas nas pesquisas em Jornalismo. Um estudo dos trabalhos apresentados no GT de Jornalismo da Associação Nacional de Pós Graduação em Comunicação (COMPÓS, 2000-2005). **Anais do 10º Encontro Nacional de Pesquisadores em Jornalismo.** Curitiba, 2012. Disponível em <http://soac.unb.br/index.php/ENPJor/XENPJOR/paper/view/2146>. Acesso em 26 jan. 2015.

MACLUHAN, Marshall. **Os meios de comunicação como extensões do homem**. Trad. Décio Pignatari. São Paulo: Cultrix, 2007.

MIELNICZUK, Luciana. Características e implicações do jornalismo na web. 2001. Disponível em: <http://200.18.45.42/professores/chmoraes/comunicacao-digital/13-2001_mielniczuk_caracteristicasimplicacoes.pdf>. Acesso em: 8 set. 2010.

MORETTI, Franco. **Graphs, maps, trees.** Abstract models for literary history. New York, Verso, 2007.

NEWMAN, M. E. **Networks** – An introduction. Nova York: Oxford University Press, 2010.

PRELL, Christina. **Social Network Analysis** – history, theory & methodology. Los Angeles: Sage, 2012.

ROGERS, Richard. **Digital Methods.** Cambridge: Mit Press, 2013. E-book.

SCOLARI, Carlos. **Hipermediaciones** - Elementos para una Teoría da Comunicación Digital Interactiva. Barcelona: Gedisa Editorial, 2008.

SIMON, Herbert A. The architecture of complexity. In: **Proceedings of the American Philosophical Society**. Vol. 106, nº 6. Dez, 1962.

VIEIRA, Jorge de A. **Ontologia**. Formas de Conhecimento: Arte e Ciência. Uma visão a partir da complexidade. Fortaleza : Expressão Gráfica e Editora, 2008.

SANTOS, Márcio. Conversando com uma API: um estudo exploratório sobre TV social a partir da relação entre o twitter e a programação da televisão. **Revista Geminis**, ano 4 n. 1, p. 89-107, São Carlos. 2013. Disponível em: <www.revistageminis.ufscar.br/index.php/geminis/article/view/129/101>. Acesso em: 20 abr. 2013.

SANTOS, Márcio. Textos gerados por software. Surge um novo gênero jornalístico. **Anais XXXVII Congresso Brasileiro de Ciências da Comunicação.** Foz do Iguaçu, 2014. Disponível em: <http://www.labcomufma.com/biblioteca-digital>. Acesso em 26 jan. 2014.

VILCHES, Lorenzo. **A migração digital.** São Paulo: Loyola, 2003.

PRESERVAÇÃO DIGITAL DE CONTEÚDO AUDIOVISUAL

Fabio de Sales Guerra Tsuzuki*

RESUMO

A digitalização é a forma mais evoluída de preservar conteúdos midiáticos. Como a evolução é constante, pesquisadores e a indústria investigam as melhores tecnologias para preservar o conteúdo produzido em formato digital pelas emissoras de TV pelo maior tempo possível. O uso da tecnologia digital tem impulsionado o desenvolvimento de muitas áreas de conhecimento, onde o segmento de arquivamento digital está começando a se consolidar. Apesar do setor de arquivamento digital de programas televisivos estar ainda no início, somado ao fato das tecnologias próprias serem algo ainda bastante recente, tal segmento tem impulsionado o desenvolvimento de muitas áreas de conhecimento. Aqui analisamos o processo de digitalização como uma maneira de preservar a memória da produção das emissoras de TV, investigando como este processo pode ser assegurado, pois ao ser registrado por meio de películas ou mídias magnéticas este repositório constitui-se num acervo transitório. No esforço da preservação dos patrimônios culturais audiovisuais da humanidade e por mais evoluídas que sejam as tecnologias do presente, as plataformas e os aplicativos tecnológicos ainda têm limitações físicas, representando este o foco do nosso trabalho.

PALAVRAS-CHAVE

Memória audiovisual; Plataformas e aplicativos digitais; Preservacão das memórias audiovisuais

* Engenheiro eletrônico, mestre em engenharia pela Escola Politécnica da Universidade de São Paulo, doutor em engenharia pela Universidade de Tóquio. Sócio fundador da Media Portal Soluções Ltda, coordenando o desenvolvimento de soluções para Media Asset Management e arquivamento digital. Email: fabio.tsuzuki@mediaportal.com.br

A MANUTENÇÃO DA MEMÓRIA AUDIOVISUAL

Inúmeras tecnologias digitais têm sido largamente empregadas na preservação do Patrimônio Cultural Imaterial da humanidade. Registrado por meio de películas ou mídias magnéticas os importantes repositórios produzidos pelas empresas midiáticas vêm sendo estocados em ricos bancos de dados e constitui um acervo inestimável[1]. Pesquisadores têm trabalhado ativamente nos processos de identificação e preservação dos patrimônios culturais humanos e além dos registros em películas e meios magnéticos existe um esforço em manter vivas as memórias das pessoas que detêm (ou tiveram) os conhecimentos referentes aos mesmos[2]. Nesse sentido, a preservação da memória audiovisual deve ser tratada como um conjunto de técnicas para guardar os conteúdos de forma que possam ser consultados no futuro. Uma definição precisa pode ser encontrada na ABPA, Associação Brasileira de Preservação Audiovisual, que estuda as técnicas de preservação que devem ser aplicadas no suporte físico audiovisual.

Tradicionalmente, as técnicas de preservação têm sido aplicadas no suporte físico utilizado para sua primeira distribuição. Este é o caso de livros, quadros, ilustrações, e se olharmos para o nosso passado mais distante é o caso das pinturas em cavernas. Mas, ao focar a história humana, Linda Tadic (2012) aborda o tema da preservação de obras desde aquelas existentes em cavernas, apontando que o meio para distribuição de conteúdo em formato digital está se consolidando e, assim, uma vez digitalizado um conteúdo, ele pode rapidamente ser distribuído para um grande número de pessoas. Nesse contexto, a internet tem um importante papel no processo de distribuição, sendo necessário apontar que, por estarem em construção, as técnicas de preservação em formato digital ainda não estão solidamente estabelecidas.

TECNOLOGIA DIGITAL EM CINEMA E TELEVISÃO

O segmento da indústria da televisão é um importante produtor e distribuidor de conteúdo audiovisual, no qual o uso da tecnologia digital vem se dando em etapas sucessivas. A aplicação de tecnologia digital na área de engenharia foi iniciada pelos sistemas de exibição de conteúdo audiovisual (os servidores de vídeo), depois passou para os sistemas de

---

[1] UNESCO – *Identifying and Inventorying Intangible Cultural Heritage* <u>URL</u>
[2] UNESCO – *Convention for the Safeguarding of the Intangible Cultural Heritage* – Outubro de 2003 URL

edição e produção. Agora, os sistemas de distribuição estão se tornando digitais, transição que ocorre simultaneamente com a troca do padrão *SD (Standard Definition)* para o padrão *HD (High Definition)*[3], cenário onde os processos de arquivamento de conteúdo estão sendo a última fronteira de integração da tecnologia digital.

As áreas de captação, produção, exibição e distribuição de conteúdos na TV são atividades relacionadas com a geração de receitas e, assim, a adoção das melhores práticas e das melhores técnicas sempre foi priorizada. Existem poucas empresas que conseguiram integrar as atividades de arquivamento e documentação com as outras áreas de forma simples e eficiente. Um grande motivador para que possa existir essa integração é a credibilidade, qualidade essencial para elaboração de notícias e documentários.

Rita Marques, gerente do Cedoc (Centro de Documentação) da TV Globo, fez uma apresentação bastante didática, na abertura do evento regional FIAT/IFTA ocorrido no Brasil em 2016[4]. Em sua apresentação, ela demonstrou como a credibilidade é construída por meio do uso das imagens de acervo, bastando constatar a quantidade de imagens de acervo que são utilizadas nos noticiários. Ainda na abertura do mesmo evento, Raymundo Barros, Diretor de Tecnologia da TV Globo, informou que houve uma reorganização dos departamentos da emissora e que o Cedoc está sendo visto como uma área estratégica com potencial de se tornar uma importante área de negócios, que necessita de tecnologias de ponta para se desenvolver. Por isso, o Cedoc da TV Globo passou a ser subordinado à área de tecnologia, apresentando reflexos em toda rede afiliada. A própria cultura do Cedoc tem sido disseminada pela TV Globo e observa-se que a rede afiliada tem adotado as mesmas práticas de documentação. Com esta nova organização é possível entender que todos os Cedocs estarão consumindo mais tecnologias e serão mais integrados com as operações diárias para desenvolver as suas atividades.

Os sistemas para arquivar conteúdos em formato digital são bastante complexos, o que reforça a necessidade de amadurecimento por parte das empresas para integrá-los com as atividades já em operação. No entanto, muitas organizações têm mantido as atividades de arquivamento digital usando técnicas e processos obsoletos, o que impossibilita

---

[3] Presidência da República – Casa Civil – Decreto número 5.820, 29 de Junho de 2006 URL
[4] FIAT/IFTA – Programação do Seminário Regional América do Sul - Preservar o Conteúdo
    Audiovisual para o futuro: Sistemas MAM, Metadados e Curadoria Digital – Programação
    do Evento – 5 e 6 Maio 2016 URL

uma boa integração com os modernos sistemas que foram implantados para captação, exibição, pós-produção, edição e distribuição.

O mesmo problema de organização do acervo digital pode ser observado em outra indústria, a do cinema. A questão é de fácil entendimento após a leitura do "Manifesto contra a farra digital" elaborado por Fernando Meireles[5], onde este conceituado diretor desabafa sobre as dificuldades em trabalhar com as tecnologias digitais na produção de cinema, argumentando que nesta área existe um choque cultural, pois o emprego delas é bem diferente do uso da película.

Supostamente, a produção deveria ter um custo menor, mas o que se observa é que, com as facilidades de captação, o volume de material que chega para o ambiente de montagem e pós-produção é monstruoso, demandando um grande trabalho de organização dos arquivos digitais. Muitas vezes, os arquivos nem estão prontos para serem utilizados na montagem devido a uma displicência nas filmagens, como problemas de figurino, continuísmo, iluminação, enquadramento. Muitas dessas dificuldades são corrigidas na pós-produção. Fernando Meireles afirma: *"O custo de uma produção continua o mesmo, apenas mudou de lugar".*

O uso de tecnologias digitais tem criado novos postos de trabalho, como o *logger*, função responsável por organizar digitalmente o material que é gerado no *set*, separando as melhores tomadas de acordo com as instruções da equipe de direção. A atividade do *logger* pode ser entendida como um trabalho de arquivista no aspecto de organizar e estruturar as imagens, mas a finalidade neste caso é a produção de conteúdo audiovisual.

Outro local onde houve uma integração dessa natureza pode ser observado na área de esportes da TV Globo. Hoje, os arquivistas fazem a decupagem dos jogos de futebol ao vivo, permitindo uma rápida identificação dos lances e melhores momentos por toda a corporação, por meio dos padrões de decupagem estabelecidos pela equipe do Cedoc (Centro de Documentação). Esta nova atuação do arquivista reforça o entendimento de que o trabalho de *logger* pode ser dado para um arquivista.

Normalmente os arquivistas atuam no fim da linha de um fluxo de trabalho de produção audiovisual, pois trabalham na documentação e preservação desse conteúdo. Com a introdução de tecnologias digitais, os sistemas ficaram mais complexos e integrados e a distinção entre postos de trabalho está ficando menos definida. Os processos vêm exigindo

---

5   Meireles, Fernando – *O manifesto digital* – O Globo – 4 de Julho de 2010 <u>URL</u>

uma melhor descrição dos conteúdos audiovisuais, que está além da necessidade de documentar para garantir uma recuperação no futuro, mas documentar para tornar os processos de produção mais simples, velozes e menos custosos.

O uso das tecnologias digitais possibilita que as atividades de organização do acervo sejam feitas de forma integrada ao processo de produção, o que gera ganhos operacionais para as empresas. Trata-se de uma ruptura no modelo linear de trabalho onde cada departamento fazia a sua tarefa e a fita de vídeo é que integrava todos os departamentos. Os ambientes digitais são dinâmicos, colaborativos, permitem uma grande flexibilidade e uma nova estruturação das atividades.

DISPOSITIVOS FÍSICOS PARA ARQUIVAMENTO DIGITAL

Os primeiros projetos para arquivamento digital, projetados na virada do ano 2000, foram baseados nas fitas *DST* desenvolvidos pela *AMPEX*[6]. Os circuitos que controlavam as robóticas nessa época eram pneumáticos. Essas fitas foram apresentadas em 1992 ao mercado e, até 2000, foram a tecnologia de ponta para arquivamento. O uso de sistemas robotizados em televisão foi iniciado com os *betacarts* (os primeiros também projetados pela *Ampex*) e, posteriormente, aprimorados pela *Sony*. Esses *betacarts* automatizavam o manuseio das fitas de vídeo que correntemente são chamadas de analógicas. Desde então, houve um grande avanço tecnológico que permitiu a popularização do uso de fitas magnéticas e dos sistemas robotizados que manuseiam essas fitas, que tradicionalmente eram usadas em sistemas de *backup* para arquivamento digital. A família de fitas magnéticas *LTO*[7] foi apresentada em 2000, mas somente após a consolidação dessa nova tecnologia, quando foi apresentada a geração *LTO*-2, em 2003, é que ela passou a ser aplicada em sistemas de arquivamento digital. A tecnologia *LTO*, diferentemente das outras tecnologias baseadas em fitas magnéticas, é aberta e suportada por um consórcio de empresas. Não é propriedade de um único

---

[6] No original: *Data Storage Technology. Disponível em https://en.wikipedia.org/wiki/Data_Storage_Technology*

[7] No original: *Linear Tape Open*. Disponível em https://en.wikipedia.org/wiki/Linear_Tape-Open

fornecedor, como o caso das tecnologias *DST (AMPEX), SAIT (SONY)*[8] e *DLT (Quantum)*[9]. A família *LTO* já está na geração *LTO-7*.

Recentemente, a *Sony*, em parceria com a *Panasonic*, apresentou a segunda geração de mídias para arquivamento digital baseada em discos óticos *(Optical Disc Archive – ODA)*[10][11]. Trata-se da primeira tecnologia efetivamente desenvolvida para arquivamento digital. As tecnologias *LTO* e *ODA* têm se mostrado bastante apropriadas para fins de arquivamento digital e apresentam características muito distintas. As fitas *LTO-7* têm uma capacidade de armazenamento de 6*TB* e capacidade de transferência de 300MB/s. A coercitividade magnética garante uma retenção da informação por 30 anos, mas devido a necessidade de compatibilizar com os *drives* de leitura e gravação disponíveis no mercado, é necessário fazer uma cópia para a geração mais atualizada antes desses 30 anos. Como exemplo, pode ser citado um projeto que iniciou o arquivamento digital usando fitas da família *LTO-2* em 2003. Em 2012 foi feito o *upgrade* dos *drives* para a geração *LTO-4*. Nesse momento, o sistema continua lendo as fitas já gravadas da geração *LTO-2* e passa a gravar na geração *LTO-4*. O *drive* é capaz de ler mídias de até duas gerações anteriores e de escrever em mídias de até uma geração anterior. Até 2018 os *drives LTO-4* ainda estarão disponíveis no mercado. Este parece ser o *timing* ideal para adquirir novos *drives*, provavelmente da geração *LTO-8* e iniciar o processo de migração das mídias das gerações *LTO-2* e *LTO-4* para a geração *LTO-8*, mais atual e disponível no momento da migração. Observando este exemplo, o processo de migração pode ser iniciado 15 anos após a primeira aquisição.

Naturalmente, o processo de migração é necessário, mas ele pode ser feito nas novas tecnologias como, por exemplo, migrar de *LTO* para *ODA (Optical Disc Archive)*. A migração para *ODA* é particularmente interessante, pois a nova geração tem as seguintes características: capacidades de armazenamento de 3.3*TB*, de gravação de 125*MB/s* e de leitura de 250*MB/s*. Além disso, a garantia de retenção da informação é de 100 anos e não existe necessidade de migração devido à obsolescência dos

---

[8] No original: *Advanced Intelligent Tape* Disponível em https://en.wikipedia.org/wiki/Linear_Tape-Open

[9] No original: *Digital Linear Tape* Disponível em https://en.wikipedia.org/wiki/Digital_Linear_Tape

[10] No original: *Optical Disc Archive* URL Disponível em: https://en.wikipedia.org/wiki/Optical_Disc_Archive

[11] No original: *Optical Disc Archive Generation 2* – White Paper – Abril de 2016 URL Disponível em https://pro.sony.com/bbsccms/assets/files/cat/datastorage/brochures/ODA_Gen2_WhitePaper_F.pdf

drives. Um novo exemplo apresentado com a tecnologia *LTO* é que, apesar da garantia para a retenção da informação ser de 30 anos, a migração deve ocorrer em torno de 15 anos devido à obsolescência dos *drives*. Os fabricantes da tecnologia *ODA* têm garantido que as novas gerações de *drives* continuam lendo todas as gerações anteriores. Dessa forma, a migração deve ser necessária apenas quando chegar próximo dos 100 anos de retenção, o que corresponde ao tempo de obsolescência da mídia.

Apesar de termos feito um pequeno panorama de 15 anos de evolução, é possível observar um grande avanço tecnológico, inclusive com o surgimento da primeira tecnologia essencialmente desenvolvida para arquivamento digital. Esse mesmo fenômeno deve ser repetido nos próximos 15 anos e, assim, os conceitos estabelecidos devem ser revisados a cada ciclo, para decidir qual deverá ser a melhor tecnologia para o arquivamento digital.

ARQUIVAMENTO DIGITAL DE VÍDEOS

O arquivamento digital de vídeos tem a finalidade de salvar um dado arquivo de vídeo em formato digital e permitir a sua rápida recuperação a qualquer momento. Arquivamento digital é uma nova área de trabalho e necessita de uma atuação multidisciplinar. Ela tem se desenvolvido por diversas razões, desde a necessidade de preservar o registro de uma cultura imaterial em formato audiovisual até o registro de conteúdos de difícil preservação que estão sendo transformados em conteúdo digital.

Inicialmente, as atividades de arquivamento digital foram desenvolvidas juntamente com as atividades de *backup*. A atividade de *backup* é executada com a finalidade de proteção contra um desastre, por exemplo, um incêndio, uma inundação, uma pane nos servidores. Caso ocorra algum problema, o *backup* oferece a garantia de retomada da operação a partir do instante em que ele foi executado. As atividades de *backup* são consagradas e dominadas no âmbito de infraestruturas de TI, tanto que os primeiros sistemas de arquivamento digital de vídeos foram implementados com infraestruturas e sistemas normalmente utilizados para *backup*. O *backup* é replicação dos conteúdos existentes em uma dada infraestrutura de forma que todo esse material possa ser rapidamente replicado e a operação seja retomada em caso de desastre. Um arquivo de vídeo que foi removido por engano hoje, pode ser recuperado no *ba-*

ckup feito no dia anterior. Esta operação de recuperação não é simples e quanto mais tempo passar e mais antigo for o conteúdo a ser recuperado, mais complexa será a operação de recuperação. Por razões como essa, as atividades de arquivamento começaram a se diferenciar das atividades de *backup*. O arquivamento digital envolve a necessidade de sistemas de informática operados por pessoas com competência para decidir se um conteúdo deve ou não ser preservado para a posteridade e como documentar esse conteúdo para facilitar a sua recuperação.

Com o tempo esses sistemas evoluíram e um novo conjunto de funcionalidades passou a ser necessário: *proxy* de baixa resolução, gestão dos metadados associados ao vídeo, dicionários controlados, *thesaurus* e *engines* poderosos para pesquisa, etc. Estas novas funcionalidades fazem parte das ferramentas que gerenciam o arquivamento digital de vídeo e são designadas por sistemas de *MAM – Media Asset Management,* ou sistemas de *DAM – Digital Asset Management.*

A área de arquivamento digital de vídeos tem se expandido e está se tornando o núcleo de um sistema orquestrador de gestão de troca e conversão de arquivos digitais de vídeo. Esse fenômeno é bastante natural e ocorre porque o acervo gerenciado que contém os conteúdos oficiais, certificados e validados pela empresa, é o acervo corporativo com os ativos digitais da empresa. Com esta evolução, novas tecnologias têm sido integradas aos sistemas de gestão de arquivamento digital, como a transcrição automática de voz para texto e análise inteligente de conteúdo. A atividade de maior relevância ainda é decidir o que arquivar para a posteridade e deve ser executada por uma pessoa experiente e treinada.

FIAT/IFTA – EVENTO REGIONAL 2016

No inicio de maio de 2016, a *FIAT/IFTA (Fédération Internationale des Archives de Télévision / International Federation of Television Archives)* [12] promoveu um evento regional no Brasil com o patrocínio da TV Globo. A FIAT/IFTA é a principal associação de profissionais no mundo e reúne todos que se dedicam à preservação e exploração de arquivos de televisão. A preservação em formato digital e os sistemas necessários para apoiar essas atividades têm sido amplamente discutidos em seus congressos. No Brasil, a plateia do evento foi constituída por gestores de

---

[12] FIAT/IFTA – Programação do Seminário Regional América do Sul - Preservar o Conteúdo Audiovisual para o futuro: Sistemas MAM, Metadados e Curadoria Digital – Programação do Evento – 5 e 6 Maio 2016 <u>URL</u>

tecnologias, gerentes de engenharia, gerentes de TI e gestores dos acervos[13], efetivamente uma plateia mista que demonstra que as atividades de arquivamento audiovisual já estão no universo digital e necessitam de grande apoio tecnológico.

Os sistemas que apoiam as atividades de preservação são chamados pela indústria de *Broadcast* por *MAM, Media Asset Management.* Outras indústrias têm chamado esses sistemas de *DAM, Digital Asset Management*[14]. A principal diferença entre as duas designações deve ser entendida como a disponibilização de recursos para manipulação de vídeo pelos sistemas *MAM*. Nesse evento regional que ocorreu no Brasil foram discutidos todos esses temas. Muitas empresas apresentaram projetos de arquivamento (tabela 1), que foram selecionados pelo comitê da FIAT/IFTA e representam excelentes iniciativas brasileiras para preservação de conteúdo audiovisual. A primeira coluna apresenta o nome da empresa; a segunda, o nome do desenvolvedor do sistema de MAM adotado; a terceira, a versão de projeto que está em operação e a última, a tecnologia adotada para realizar o arquivamento digital dos conteúdos produzidos.

Empresa	MAM	Versão	Arquivamento
TV Globo	Dalet	1	ODA
TV Bandeirantes	Vizrt	1	LTO
TV Cultura	Media Portal	2	LTO
EPTV Campinas	Media Portal	1	LTO
Globosat	Vizrt	2	LTO
TV Gazeta – Espírito Santo	B4M	2	LTO
PUC Goiás	Media Portal	1	LTO
Rede Amazônica	Media Space	2	LTO

Tabela 1: Projetos de arquivamento digital
Fonte: *o autor – ordem de apresentação no evento*[15]

A versão de projeto indica se é o primeiro projeto de MAM ou o segundo. Grandes empresas estão identificando a necessidade de terem mais de um projeto de *MAM*. Existe o *MAM* corporativo que permite uma integração global da corporação. Alguns departamentos, principalmente aqueles relacionados com os fluxos de produção e distribuição de

---

[13] Future-Proofing AV Content: Bridging the Gaps in MAM, Metadata and Digital Curation URL
[14] Wikipedia – *Digital Asset Management* URL
[15] FIAT/IFTA – Programação do Seminário Regional América do Sul - Preservar o Conteúdo Audiovisual para o futuro: Sistemas MAM, Metadados e Curadoria Digital – Programação do Evento – 5 e 6 Maio 2016 URL

conteúdo, têm necessidades muito mais específicas relacionadas com a gestão do acervo audiovisual. Assim, é natural que alguns departamentos tenham a sua solução de *MAM*, distinta da solução corporativa, permitindo uma maior autonomia que um sistema corporativo não oferece.

Por meio deste quadro é possível observar uma grande predominância de projetos que adotam *LTO*. Conforme já foi visto, ela é uma tecnologia baseada em padrões abertos e é bastante consolidada. A tecnologia *ODA* é a primeira tecnologia efetivamente desenvolvida para arquivamento digital. Mais recente, ela é adotada por uma grande empresa e merece ser considerada em projetos de arquivamento digital.

Apesar dos projetos terem um grande foco no arquivamento digital, todos apresentam ganhos por meio de uma maior colaboração entre diferentes departamentos. As soluções de *MAM* criam um canal de comunicação corporativo, permitem que qualquer pessoa da corporação possa fazer consultas sobre o acervo gerenciado e requisitar conteúdos de acervo sem necessidade de uma intermediação de profissionais do Cedoc. Tradicionalmente os Cedocs organizam e estruturam os acervos e as pesquisas que são requisitadas pelos jornalistas são feitas para a equipe do Centro de Documentação. O Cedoc realiza a pesquisa sobre o acervo e entrega o resultado para os jornalistas. Com a introdução das soluções de *MAM* essa intermediação está desaparecendo e os jornalistas, como qualquer outro funcionário da corporação, estão tendo acesso direto ao acervo. Esta mudança aparentemente simples produz grandes efeitos nos processos de produção audiovisual. Se este processo não for organizado, o volume de trabalho será muito maior. Algumas empresas já estão adotando as soluções de *MAM* para apoiar outros processos, como pós-produção, edição, exibição e distribuição de conteúdos. Outro fato representativo que pode ser observado na tabela 1 é a predominância de projetos com a solução *Media* Portal.

Media Portal

Media Portal é uma empresa brasileira dedicada ao desenvolvimento de soluções para gestão de acervos e arquivamento digital. Trata-se da única empresa brasileira atuando nessa área desde 2008. A preferência por esta solução pode ser explicada porque o sistema é desenvolvido por uma empresa nacional. Esse fator é bastante relevante, pois as soluções de *MAM* precisam ser customizadas e estabelecem fluxos de trabalho dedicados. Cada empresa tem particularidades nas customizações e no fluxo de trabalho, que podem ser melhor explicadas para pessoas que conhecem e vivenciam a cultura local. O uso das soluções de *MAM* faz parte do trabalho diário de uma televisão, desta forma o atendimento para a resolução de problemas é outro ponto relevante. Atendimento em português no horário comercial é um grande diferencial. As empresas internacionais que não estiverem prontas para atender da mesma forma estão em desvantagem.

A principal característica que uma solução de *MAM* precisa ter é a gestão de ativos digitais, os ativos audiovisuais (*assets*). Um ativo digital deve ser compreendido pelo arquivo de maior resolução possível e seus metadados. A partir do arquivo de alta resolução, as soluções de *MAM* são capazes de gerar *proxies* (representações) de menor resolução para consulta imediata e ainda elaborar conversões permitindo que um dado conteúdo possa ser entregue onde quer que seja no formato mais apropriado. Um exemplo é a conversão de um arquivo usado em cinema com altíssima resolução (padrão 4K) para o padrão *HD* para ser exibido em *broadcast* pela televisão aberta.

Os metadados são definidos de forma a permitir uma efetiva gestão do acervo. Existem metadados que identificam os itens de acervo e também existem metadados que descrevem o conteúdo, como a transcrição do que é falado para texto. Adicionalmente, existem metadados que descrevem a história e o estágio de elaboração de cada item. As soluções de MAM precisam ser bastante flexíveis para incorporar todos esses conjuntos de metadados. Alguns deles precisam estar integrados a um dicionário de palavras, que são compostos de dois grandes grupos de palavras: um com nomes próprios, chamado de dicionário de identidades e o outro chamado de *thesauro*. O dicionário de identidades não tem limite e pode atingir milhões de identidades dependendo do tamanho do acervo ao qual ele é aplicado. Por outro lado, um bom *thesauro* elaborado para apoiar a gestão de material jornalístico deve ter em torno de 20.000 palavras, não importando muito o tamanho do acervo. O *Media Portal* disponibiliza os dois dicionários e ainda possibilita a associação de palavras desses dois dicionários para realizar uma indexação. Como nestes exemplos apresentados a seguir:

1. Santos é uma identidade que precisa ser qualificada: CIDADE, PORTO, TIME DE FUTEBOL etc.

Outro exemplo interessante é:

2. Luís Inácio Lula da Silva que é uma identidade pode ser qualificado por: OPERÁRIO, SINDICALISTA, PRESIDENTE DA REPÚBLICA.

Nesse último exemplo todos os qualificadores referem-se a uma mesma identidade, enquanto, no caso anterior, a qualificação ajuda na distinção das identidades.

Pequenos acervos não necessitam de técnicas aprimoradas de indexação, pois um título bem elaborado já é suficiente. Acervos de tamanho médio já precisam de campos específicos de metadados para facilitar a catalogação e o uso de técnicas baseadas em dicionário controlado começam a fazer diferença nas pesquisas mais específicas. Para grandes acervos a aplicação destas técnicas é essencial, pois permitem elaborar pesquisas que retornem os itens que realmente fazem sentido. Por se tratar de uma aplicação corporativa, as soluções de *MAM* também precisam estar integradas com as aplicações que gerenciam as credenciais dos funcionários da corporação. São aplicações que gerenciam o *login* e a senha dos funcionários, bem como o acesso aos recursos que são disponibilizados a cada funcionário. O sistema de *MAM* é tratado como mais um recurso na corporação. Tipicamente existem 4 perfis de uso para sistemas *MAM*: administradores, supervisores, operadores e pesquisadores.

Os operadores têm diferentes funções: editor de vídeo, responsável pela exibição, pelo arquivamento etc. Estes são papéis de operadores que manipulam os arquivos de vídeo. Ainda tem os papéis dos responsáveis em elaborar a descrição do item arquivado. Esse papel é de responsabilidade de um arquivista ou bibliotecário. A principal função desses operadores é preencher a ficha de metadados e fazer a correta descrição de cada ativo digital. Já foi descrito que esse trabalho também pode ser feito no instante de captura do conteúdo (material ao vivo), mas tradicionalmente tem sido feito no instante de arquivamento dos ativos digitais. Por meio desse trabalho de documentação qualquer item pode ser recuperado por meio de uma boa estratégia de pesquisa, que consiste em preencher os campos de busca de forma mais próxima de como o item desejado foi documentado. A padronização de nomes próprios facilita bastante a recuperação bem como a padronização de como fazer uma boa descrição.

O ORQUESTRADOR DE FLUXOS DE ARQUIVOS

As atividades referentes ao arquivamento de um vídeo em mídia *LTO* e à recuperação de um vídeo a partir da mídia onde foi arquivado são designadas, de forma resumida, como fluxos de processamento de arquivos. Os processos de arquivamento e recuperação dos vídeos podem ocorrer em outras mídias como *ODA, RDX*[16] e novas tecnologias que poderão ser disponibilizadas para a finalidade de arquivamento digital.

O processo de conversão, que produz um *proxy* de menor resolução que possibilita a visualização imediata do vídeo, também é uma atividade que precisa estar integrada aos fluxos de processamento de arquivos. Os sistemas de *MAM* apresentam uma interface de operação ideal para executar o acionamento dos fluxos de processamento de arquivos. Atividades como *"ingest* de um novo vídeo", "recuperação de um vídeo", "entrega de um vídeo", são descrições de fluxos. A entrega de um vídeo, por exemplo, pode compreender várias etapas: (1) recuperar o vídeo do dispositivo de arquivamento, como uma fita *LTO*, (2) fazer uma conversão e (3) entregar o vídeo convertido no local desejado.

Quando existe um grande acervo sendo gerenciado, uma grande quantidade de usuários e uma grande infraestrutura disponível para executar o trabalho de gestão, percebe-se que há necessidade de ter um sistema orquestrador que administre a execução das operações conforme as requisições são feitas pelos usuários, mas de acordo com os recursos de infraestrutura disponíveis. Por exemplo, uma robótica com 4 *drives* pode executar até 4 operações em paralelo de arquivamento ou recuperação. O tráfego de arquivos é limitado principalmente pela banda disponível entre a origem e o destino e a conversão de vídeo é limitada principalmente pela capacidade de processamento disponível (*CPU Power*). Algumas aplicações de conversão têm usado o poder de processamento baseado em *GPU (Graphics Processing Unit)* e por essa razão apresentam ganhos expressivos em desempenho. Os orquestradores devem ser capazes de modelar a capacidade computacional e otimizar a execução da carga operacional conforme regras de prioridade: recuperações são mais prioritárias que arquivamento, conteúdo de jornal tem maior prioridade que conteúdo pós-produzido, dentre outras regras.

Sistemas de *MAM* que operam integrados com orquestradores de fluxo aceleram as tomadas de decisões estratégicas. É importante destacar que cada fluxo tem uma finalidade e as finalidades realmente

---

[16] Wikipedia – *RDX Technology* <u>URL</u>

relevantes são as que devem ser sistematizadas em fluxos. Desta forma, um determinado fluxo pode ter sua prioridade alterada por questões de audiência e consumo de conteúdo. Este é um bom exemplo demonstrando que os orquestradores serão uma das principais ferramentas para gestão dos arquivos de vídeo.

TV CULTURA

A TV Cultura iniciou o projeto de *MAM* e arquivamento digital devido à necessidade de migrar os vídeos armazenados nas fitas *quadruplex*[17]. Essas fitas estavam deteriorando (os *VTs quadruplex* que ainda estão em operação são muito escassos) e, assim, existia uma urgência em migrar o conteúdo dessas fitas. São fitas da década de 60 até início da década de 70, que estavam no limite de sua vida útil e exigiam um exaustivo processo de limpeza. Os operadores dessas relíquias são profissionais que foram formados quando essa mesma tecnologia estava no auge. Mesmo os recursos humanos com conhecimento da tecnologia eram escassos.

Foto: *VT Ampex* reproduzindo uma fita *quadruplex* – TV Cultura – créditos: autor

[17] Wikipedia – *Quadruplex Videotape* URL

Os trabalhos de digitalização foram iniciados em meados de 2000. Os arquivos digitalizados estavam sendo salvos em fitas da família *SAIT (Super Advanced Intelligent Tape)*. Essas fitas estavam em sua primeira geração e têm uma capacidade de armazenamento de 500*GB* e taxa de transferência de 30*MB/s*.

Geração				
Propriedades	SAIT-1	SAIT-2	SAIT-3	SAIT-4
Data de lançamento	2003	2006	cancelled	cancelled
Capacidade nativa de armazenamento	500 GB	800 GB	2000 GB	4000 GB
Taxa de transferência máxima (MB/s)	30	45	120	240
Comprimento da fita	600 m	640 m		
Espessura da fita		8.6 µm		

Tabela 2: Evolução das fitas SAIT
Fonte: Wikipedia – *Advanced Intelligent Tape* URL

Nessa época já estava disponível a segunda geração da família *LTO* que tem uma capacidade de armazenamento de 200*GB* e taxa de transferência de 40*MB/s*. A família *LTO* já apresentava uma vantagem técnica em termos de desempenho na taxa de transferência e também era uma tecnologia suportada por um consórcio de empresas. Assim, a tecnologia *SAIT*, suportada apenas pela *Sony*, teve o seu desenvolvimento interrompido logo após 2006, pois seu plano de negócios foi cancelado quando a geração 3 da família *LTO* foi apresentada ao mercado e os clientes que usavam a tecnologia *SAIT* começaram a fazer uma migração para a tecnologia *LTO*. *(Veja tabela 3)*

Geração							
Propriedades	LTO-1	LTO-2	LTO-3	LTO-4	LTO-5	LTO-6	LTO-7
Data de lançamento	2000	2003	2005	2007	2010	2012	2015
Capacidade nativa de armazenamento	100 GB	200 GB	400 GB	800 GB	1.5 TB	2.5 TB	6.0 TB
Taxa de transferência máxima (MB/s)	20	40	80	120	140	160	300
Compressão	ALDC	ALDC	ALDC	ALDC	ALDC	LTO-DC	
Capacidade WORM	Não	Não	Sim	Sim	Sim	Sim	Sim
Capacidade de encriptação	Não	Não	Não	Sim	Sim	Sim	Sim
Particionamento	Não	Não	Não	Não	Não	Não	Sim
Espessura da fita	8,9 µm	8,9 µm	8,0 µm	6,6 µm	6,4 µm	6,1 µm	5,6 µm
Comprimento da fita	609 m	609 m	680 m	820 m	846 m	846 m	960m
Trilhas	384	512	704	896	1280	2176	3584
Elementos de escrita	8	8	16	16	16	16	32
Voltas por banda	12	16	11	14	20	34	28
Densidade linear (bits/mm)	4880	7398	9638	13250	15142	15143	19094
Codificação	RLL	PRML	PRML	PRML	PRML	NPML	
Memória integrada	4 KB	4 KB	4 KB	8 KB	8 KB	16 KB	
End-to-end passes para completar a fita	48	64	44	56	80	136	112
Durabilidade da fita (*end-to-end passes*)	9600	16000	16000	11200	16000		

Tabela 3: Evolução das fitas LTO
Fonte: Wikipedia – Linear Tape Open URL

Nessa época, em abril de 2007, a TV Cultura iniciou o uso da tecnologia *LTO* integrada com o sistema de *MAM Media* Portal para o arquivamento dos vídeos que estavam sendo digitalizados a partir das fitas *quadruplex*. Desta forma, ela passou a ter um acervo em tecnologia *SAIT* (constituído por 123 fitas) e outro acervo em tecnologia *LTO*.

O *Media* Portal teve uma infraestrutura que integrou a tecnologia *LTO* contando com um *storage NAS* fabricado pela *Tandberg Data*, modelo *InteliNAS* com capacidade nominal de armazenamento de 6*TB*, robótica fabricada pela *Qualstar,* modelo *TLS*-8000 com 132 *slots* e 3 drives *LTO*-3. O acervo de fitas *LTO*-3, formado por esse sistema, é constituído por 884 fitas.

Parte desse acervo é composta pelos vídeos que foram digitalizados a partir das fitas *quadruplex*. Outra grande parte tem vídeos produzidos e exibidos nesse período. Em outubro de 2008 a TV Cultura integrou um grande *storage Hitachi* com capacidade nominal de 34*TB*. Esse *storage* foi disponibilizado para apoiar as atividades de produções e ajudou na consolidação dos processos de modernização da infraestrutura da TV Cultura.

Em 2 de dezembro de 2007 as transmissões foram iniciadas no padrão *HD*[18], após algum tempo passou a ter 4 canais em operação[19]: TV Cultura, TV Univesp, Multicultura e TV Rá Tim Bum. Todo processo já era digital e conforme a infraestrutura foi ampliada os processos baseados em um fluxo de trabalho digital foram sendo consolidados. Em 2007, com o início das transmissões digitais, a TV Cultura foi a primeira emissora de TV a ter todo o processo de trabalho baseado em tecnologia digital, desde a captação, edição, exibição e arquivamento de vídeos. Exatamente por essa razão o sistema de arquivamento digital projetado para apoiar as atividades de digitalização passou a ser usado para arquivamento da produção diária. Não fazia sentido continuar arquivando as fitas analógicas. Os arquivos em padrão *HD* eram muito maiores do que os arquivos em padrão *SD* e, por essa razão, o consumo de fitas para arquivamento em padrão *LTO* aumentou consideravelmente. O sistema de arquivamento estava subdimensionado para essa nova realidade de forma que os servidores operavam em 100% de capacidade e qualquer problema que ocorresse refletiria negativamente na operação do dia a dia. A imagem de uma represa completamente cheia, bastando uma pequena chuva para começar a transbordar refletia bem essa realidade, mas também ocorriam chuvas mais fortes que ameaçavam romper a barragem.

---

[18] Wikipedia – *TV Cultura* URL

[19] Ministério das Comunicações - *Ministério autoriza multiprogramação da TV Cultura* – 5 de Maio de 2009 URL

O investimento em *storage* para infraestrutura continuou e, em junho de 2011, a infraestrutura dedicada para arquivamento digital foi ampliada com novos servidores e um grande *storage EMC Dell* com capacidade nominal de 30*TB*. Uma nova robótica também foi integrada ao sistema, fabricado pela *Qualstar*, modelo *XLS*-8000, com 165 *slots* e 4 *drives* LTO-5. Além desse *storage*, a TV Cultura adquiriu, em 2009, um sistema de edição colaborativo desenvolvido pela *Grass Valley*, que se chamava Aurora. Na época, esse sistema integrava um *storage* com capacidade útil de 280*TB*. Também foi integrado um segundo *storage EMC Dell* com capacidade de 34*TB*. Desta forma, a capacidade total de *storage* instalado na emissora já contabilizava mais de 400*TB*.

No período de junho de 2011 até dezembro de 2014, o acervo de fitas *LTO*-5 era constituído de 925 fitas (1.387,5*TB*). O acervo de fitas *LTO*-3 foi formado no período de abril de 2007 até maio de 2011 e é constituído por 884 fitas (353,6*TB*). É possível observar que, no mesmo período de 4 anos, foi arquivado 4 vezes mais com uma infraestrutura mais adequada, desta forma a imagem da barragem cheia era bem representativa. O conceito de *hub* de mídia foi percebido e os *storages* dedicados para operá-lo eram muito restritos. O *storage* modelo *InteliNAS* com capacidade de 6*TB* foi o primeiro que operou como *hub* de mídia, integrado em abril de 2007. O *storage Dell EMC* com capacidade de 30*TB* foi o segundo *storage* dedicado para operar como *hub* de mídia, integrado em junho de 2011.

Em janeiro de 2015 foram feitos novos investimentos. O sistema Aurora teve um *upgrade* para o sistema *Stratus*[20], a evolução do sistema de produção desenvolvido pela *Grass Valley*. A capacidade do *storage* integrado a esse sistema foi mantida e foram integrados um novo *storage* fabricado pela *Quantum*, modelo *Stor Next* com capacidade de 1.150*TB* e uma nova robótica fabricada também pela *Quantum* modelo *Scalar* i6000 com 8 *drives* LTO-6 e 400 *slots*. Esse novo *storage* foi integrado para operar como *hub* de mídia e apresenta uma capacidade muito mais adequada para a operação diária. O uso do orquestrador foi fundamental para manter as operações, mesmo com uma infraestrutura subdimensionada.

---

[20] Grass Valley – *Datasheet GV Stratus* – Video Production and Content Management System URL

CONSIDERAÇÕES FINAIS

As tarefas de arquivamento digital dependem de uma infraestrutura baseada em servidores, *storage* e sistemas robotizados. A evolução desta infraestrutura é uma constante, reforçando a necessidade de sistemas orquestradores que organizem os fluxos de arquivos juntamente com os fluxos de metadados referentes a esses arquivos. Neste aspecto, o trabalho do arquivista será muito melhor aproveitado se estiver sendo realizado desde a captação do conteúdo. Esta é uma grande transformação em todo processo de trabalho de produção de conteúdo audiovisual e já pode ser observado em algumas empresas.

Muitas tecnologias, restritas a um uso militar, se tornarão acessíveis e poderão ser aplicadas nas atividades de organização dos acervos. Alguns exemplos simples são: transcrição do que á falado para texto permitindo que o vídeo passe a ser "lido" e não apenas visto e ouvido. Outro exemplo consiste no reconhecimento da pessoa que fala (a voz é uma biometria), reconhecimento da face da pessoa, dentre outros processos de análise de conteúdo, hoje muito utilizados para fins de espionagem.

A introdução destas novas tecnologias deve transformar completamente o trabalho do arquivista. O arquivista deixará de assistir todo o conteúdo produzido e passará a elaborar as regras para organização desse conteúdo. Muitas dessas regras serão baseadas nas palavras-chave (*thesauro* e identidades), que deverão ser empregadas para indexar o acervo por meio dessas técnicas inteligentes que estão se tornando cada vez mais acessíveis[21].

A associação dessas tecnologias avançadas com *Cloud Computing* será um catalisador para a popularização das mesmas, pois não será necessário licenciar um sistema caro e complexo. Assim, o usuário vai pagar pela análise e tratamento de um único vídeo ou de uma coleção de vídeos.

A evolução tecnológica está muito acelerada e os reflexos na organização das empresas têm ocorrido, mas em velocidade menor. Basta ver como a disseminação da tecnologia *HD* ocorreu. Historicamente, as emissoras difundiam novas tecnologias, mas, agora, a audiência está consumindo novas tecnologias antes mesmo das emissoras estarem preparadas.

É possível observar que as tecnologias para arquivamento digital também estão em evolução. As mídias com tecnologia *ODA* são as primeiras projetadas para arquivamento digital e suas características

---

[21] Mäusli, Theo – *The Archivist to Come, The Coach* – How to Envisage the Broadcaster´s Archives in 2020 – Changing Sceneries Changing Roles – Part VII – Setting the Standard in Second Generation MAM Systems and Metadata – Glasgow 2015 – Selected Papers <u>URL</u>

fortalecem a aplicação para esta finalidade. A garantia de 100 anos para retenção da informação é algo inédito na história! O desenvolvimento da tecnologia *ODA* está sendo iniciado e seu impacto nos negócios ainda está por ocorrer. Serão necessários novos estudos e, certamente, novas tecnologias que garantam a longevidade dos acervos ainda deverão ser desenvolvidas e disponibilizadas ao mercado.

Qualidades que garantem compatibilidade e padronização são totalmente alinhadas com o conceito de longevidade nos negócios e serão ainda mais efetivas se forem abertas e de domínio público. Essa é a trajetória da tecnologia *LTO*. Historicamente, o arquivamento em fitas magnéticas foi uma tecnologia dominada por poucas empresas. Em meados de 2000, um grupo de empresas se reuniu e criou o consórcio *LTO*, estabelecendo um padrão aberto para uso das fitas magnéticas. Desde então, a tecnologia ganhou popularidade, foi disseminada, consolidada e amadurecida. A tecnologia *LTO* está fortemente relacionada com a lógica de mercado, o processo de obsolescência pode ser observado nas mídias, nos *drives*, na evolução das gerações e inclusive nas robóticas.

A tecnologia *ODA* representa uma quebra na lógica de mercado baseada na obsolescência. Ela está amadurecendo e espera-se que tenha tanta longevidade quanto as mídias fabricadas com essa tecnologia. O trabalho de preservação de acervos também não está inserido na lógica de mercado baseada na obsolescência e, assim, necessita de soluções criativas e de longa duração. A economia de compartilhamento, descrita por Jeremy Rifkin (2012) está bastante alinhada com o trabalho de preservação de acervos. Esta é uma área onde a economia de compartilhamento deve ser desenvolvida, pois o compartilhamento transcende a questão do tempo e vai ocorrer com as gerações futuras.

REFERÊNCIAS

AUTERSBERRY, David. **Digital asset management.** [Sine loco]: Editora Focal Press, 2012.

IFTA/FIAT WORLD CONFERENCE. **How to Envisage the Broadcaster's Archives in 2020**: Changing Sceneries Changing Roles. Part VII, Setting the Standard in Second Generation MAM Systems and Metadata. Glasgow: Selected Papers, 2015

MAUTHE, Andreas e THOMAS, Peter. **Professional content management systems:** handling digital media assets.[Sine loco]: Editora Wiley, 2008.

RIFKIN, Jeremy. **The zero marginal cost society**: the internet of things, the collaborative commons, and the eclipse of capitalism. [Sine loco]: Editora St. Martin's Press, 2012.

TADIC, Linda. Preservação de vídeos para Milênios. **AMIA Tech Review**, AMIA Association of Moving Images Archivists vol. 4, maio de 2012.

NOVAS PLATAFORMAS AUDIOVISUAIS DE VIDEO SOB DEMANDA

João Carlos Massarolo*
Dario Mesquita**

RESUMO

Nos últimos anos, as empresas de tecnologias e de mídia apostaram nas funcionalidades das plataformas de vídeo sob demanda para inovar os negócios da indústria audiovisual, criando uma base de usuários que faz uso da visualização conectada para acessar conteúdo em múltiplas telas quando desejar, onde e como quiser. Neste trabalho, pretende-se analisar as mudanças no mercado e na experiência de consumo audiovisual provocadas pela abertura de novos canais de distribuição online, a partir da convergência das empresas de tecnologia e de mídia, procurando entender os serviços de vídeo sob encomenda como uma nova plataforma audiovisual, entre outas formas de distribuição de conteúdo no atual cenário midiático brasileiro.

PALAVRAS-CHAVE
Audiovisual. Plataformas. Video

INTRODUÇÃO

Atualmente, a distribuição de conteúdo audiovisual online é realizada por meio da tecnologia de *streaming*, mais conhecido como serviço de vídeo sob demanda (*video on demand* – VOD). O modelo de negócio baseado no *streaming* de vídeo aproximou as empresas de tecnologia da televisão, promovendo uma série de mudanças nos canais de distribuição do mercado da indústria audiovisual, com destaque para as novas

---

* Professor Associado do Departamento de Artes e Comunicação (DAC/UFSCar), e do Programa de Pós- Graduação em Imagem e Som da Universidade Federal de São Carlos (PPGIS/UFSCar). Email: massarolo@terra.com.br
**Professor Assistente do Departamento de Artes e Comunicação – DAC/UFSCar. Pesquisador do Grupo de Estudos sobre Mídias Interativas em Imagem e Som (GEMInIS). Email: dario.mirg@gmail.com.

práticas de visualização do conteúdo que se desenvolvem em torno das novas plataformas de distribuição. Para se adequarem às mudanças, as empresas de mídia tradicional investem no desenvolvimento de suas próprias plataformas de distribuição online e procuram inovar nas estratégias de fornecimento de conteúdo, buscando atrair um público cada vez mais remoto e que procura se relacionar com o conteúdo de uma maneira personalizada, livre das amarras de uma programação pré-determinada das emissoras televisivas convencionais. O vídeo sob encomenda representa o futuro da indústria audiovisual - que para gerenciar as novas formas de distribuição do conteúdo online, precisa se adequar ao ambiente dos novos arranjos da economia digital.

Na introdução do livro *Distribution Revolution Conversations about the Digital Future of Film and Television (2014)*, os pesquisadores comentam que "essas transformações são, em grande parte, devido ao fato de que o negócio de distribuição ter sido o centro das estratégias criativas e do sucesso financeiro de Hollywood" (CURTIN et al, 2014, p. 2). Os grandes estúdios de Hollywood, controlavam as 'janelas' de exibição visando obter o maior valor do conteúdo. Ao fazer o conteúdo circular pelos mercados, através do 'lançamento mundial' de seus produtos, os estúdios buscavam auferir maiores lucros, no menor espaço de tempo possível, em cada um desses mercados. Com a proliferação de telas e tecnologias, a formatação de janelas se tornou menos rígida e o atual modelo visa o lançamento nas multiplataformas. O longa metragem *Beasts of No Nation* (2015), de Cary Fukunaga, foi lançado simultaneamente na plataforma da Netflix e nos cinemas dos EUA e Inglaterra. Segundo Curtin (et al, 2014), a tendência é do serviço TVOD (*transactional VOD*), no qual o usuário paga para assistir uma determinada obra, tornar-se a primeira janela de VOD.

Para Chuck Tyron (2014, p. 03), a multiplicidade de formas de distribuição e acesso a conteúdos audiovisuais, impulsionou o surgimento de uma *cultura sob demanda* (*on-demand culture*), em que "os textos midiáticos circulam de forma mais rápida, barata e abrangente que antes, conduzindo para uma noção utópica onde se imagina o potencial de filmes e programas televisivos acessíveis em qualquer lugar". Segundo o autor, esse ambiente é também marcado pela *mobilidade de plataformas* (*platform mobility*), que torna ubíqua a forma de acesso aos conteúdos de entretenimento por múltiplas telas, graças às mudanças técnicas, sociais, políticas e econômicas do ambiente de comunicação em rede. A possibilidade de envolvimento com múltiplas telas, para além das amarras pré-definidas da programação televisiva, permitiu o surgimento de novas práticas de visualização de conteúdo audiovisual que se desenvolvem nas mais diferentes plataformas de mídia. Assistir um programa na televisão e, simultaneamente, tecer comentários nas redes sociais, por meio de um aplicativo de segunda tela, se configura como uma experiência relativamente simples de engajamento do usuário nas plataformas de vídeo sob demanda.

No livro *Connected Viewing: Selling, Streaming & Sharing Media in the Digital Era* (2014), organizado por Jennifer Holt e Kevin Sanson, os pesquisadores argumentam que no ambiente das plataformas de distribuição, os usos dos meios de comunicação tornaram-se cada vez mais integradas às tecnologias móveis e às múltiplas telas, possibilitando "o surgimento de um novo modo de engajamento do espectador sob a forma de visualização conectada, o que permite uma variedade de novas relações entre o público e textos de mídia no espaço digital. " (HOLT; SANSON, 2014, p. 01).

A visualização conectada refere-se especificamente a experiência de entretenimento proporcionada pelas plataformas de vídeo sob encomenda e que pode ser verificada tanto no cinema quanto na televisão, videogames ou nas redes sociais. Trata-se de um fenômeno no qual as audiências contemporâneas se movimentam por entre múltiplas telas e trilhas de histórias, buscando novas informações, relações e modos de se expressar através das redes discursivas. No ambiente das plataformas de vídeo sob demanda, a visualização conectada permite novas experiências de se assistir televisão, sem as amarras de uma grade de programação fixa e que obedecem somente ao próprio ritmo de fruição (*time-shifting e binge watch*).

A experiência de *time-shifting* - hábito de gravar um programa para assisti-lo fora do horário de exibição normal, 'pulando' as peças publicitárias - não é uma novidade e se popularizou com os serviços de VOD. O *time-shifting* se desenvolveu com as tecnologias DVR (*Digital Video Recorder*) e TiVo[1], permitindo aos telespectadores assumirem um papel ativo no consumo de programas. Para Mittel (2012), muitos programas complexos não tiveram tempo para firmar um público cativo no curto período de exibição, mas após migrarem para outras plataformas conquistaram grandes audiências. A série *Breaking Bad* (2008-2013), se tornou um fenômeno de audiência após migrar do canal aberto, *AMC*, para o *Netflix*. Além da reassistência (*time-shifting)* dos programas com estruturas complexas, o

---

[1] TiVo é uma marca popular de gravador de vídeo digital (DVR - Digital Video Recorder), que permite a detecção e exclusão da publicidade que acompanha os programas de TV.

serviço de vídeo sob demanda permite acessar conteúdo por diversos dispositivos e fazer maratona de seriado (binge-watching) no Netflix ou em outro suporte. Tanto o binge watch quanto o time-shifting, são fenômenos característicos dos serviços de vídeo sob demanda.

Historicamente, quando as plataformas de acesso estavam nas mãos de poucos, a distribuição do conteúdo era estrategicamente controlada e as formas de visualização eram circunscritas aos interesses econômicos dos grandes conglomerados de mídia. Com o streaming de vídeo, as plataformas de distribuição se movem do mercado de massa para o de nicho, diluindo fronteiras entre o produtor e consumidor, transitando do modo de exibição em síncrono (mensagens instantâneas, bate-papos, tweeting) para o assíncrono (comentários e postagens), através de aplicativos de segunda tela. Neste contexto, surgem novas questões para a indústria televisiva: as empresas de tecnologia disputam o mesmo espaço com a televisão, criando a necessidade de uma regulamentação dos serviços que concilie tanto as demandas de um modelo de negócio tradicional quanto os que são inovadores.

Pretende-se assim, examinar as novas práticas de visualização conectada que surgem com o serviço de vídeo sob demanda, entendido como uma nova plataforma audiovisual, especialmente no contexto midiático brasileiro, buscando identificar as novas formas de engajamento dos usuários e observar o seu impacto na prática social dos fãs.

1. YOUTUBE E NETFLIX: PRINCIPAIS PLATAFORMAS VOD

Entre os serviços de vídeo sob demanda, há uma variedade que atende diferentes perfis de usuários e conteúdos. Alguns utilizam a infraestrutura da internet de banda larga para propagar conteúdos por diferentes telas (televisão, smartphone, computador, etc.) e outros usam aparelhos de recepção de sinal de TV por assinatura. As modalidades distintas de acesso aos serviços de vídeo sob demanda podem ser classificadas como OTT (Over the Top), quando se usa a internet como principal canal de conteúdos, ou Cable VOD, quando o acesso ocorre por intermédio do set-up box das operadoras a cabo. Essas formas de acesso ao conteúdo, podem seguir distintos modelos de negócio (assinatura, acesso gratuito, aluguel, etc.), o que caracteriza o mercado de vídeo sob demanda como um ambiente em constante transformação e experimentações, o que viabiliza novas possibilidades de negócios.

Entre os serviços de vídeo sob demanda OTT que se destacam pela experimentação está o *YouTube*[2], compreendido como um FVOD (*Free VOD*), que tem como maior marca seu conteúdo gratuito gerado pelos usuários, em uma curadoria livre e organizada através de canais, em que produções amadoras e profissionais dividem o mesmo espaço, explorando temas gerais ou específicos, ficcionais ou não-ficcionais, pessoais ou de interesse público, filantrópicos ou empresariais. Com um material diverso e gratuito, a plataforma se mantém financeiramente através de anúncios veiculados junto aos vídeos, e a receita é compartilhada com os realizadores. Esse ambiente contribui para a criação de estratégias de produção e propagação de conteúdo em rede entre os produtores, que podem se agregar em Redes Multicanais (*Multichannel Networks – MCN*) – empresas que constroem redes de conteúdos com os diversos canais filiados, prestando serviços de assessoramento criativo e comercial, além de ajudar em potencializar a propagação dos vídeos através canais parceiros (VOLLMER; BLUM; BENNIN, 2014). No Brasil, a *network* IGN *Brasil Network*[3], da *Webedia*, uma multinacional francesa, em 2015 comprou a rede *Paramaker*, do *youtuber* Felipe Neto, até então a maior *network* brasileira com mais de 5 mil canais associados[4], dentre eles o *Parafernalha*, *5inco Minutos* (*Kéfera Buchman*) e *Eu Fico Loko* (*Christian Figueiredo*).

Apesar do principal foco do *YouTube* ser o conteúdo gratuito, a plataforma também possui canais pagos[5] desde 2013, com vídeos disponíveis mediante o pagamento de assinaturas mensais. Esse serviço busca diversificar a forma de monetização dos conteúdos, indo além da publicidade. Desse modo, o *YouTube* adota um modelo de negócio *Freemium*, combinando serviços gratuitos (*free*) com o acesso a conteúdos pagos (*premium*), o que flexibiliza por níveis as formas de consumo da plataforma (ANDERSON, 2009). Entre os canais pagos, existem produtoras como o *National Geographic Kids*, que oferece vídeos de programas de seu canal pago na TV, e vários outros canais de produtoras de menor porte, muitos deles com vídeos voltados para o ensino técnico ou de línguas.

---

[2] Plataforma para publicação e compartilhamento de vídeos na internet criada em 2005 e adquirida pelo Google em 2006, no valor de 1,65 bilhões de dólares. Por mês, são assistidos mais de 4 bilhões de horas de vídeo, e cerca de 74 horas de vídeo são publicados por minuto no portal.

[3] Cf.: https://www.youtube.com/user/thegamestationbrasil

[4] Cf.: http://oglobo.globo.com/economia/tecnologia/felipe-neto-vende-controle-da--paramaker-para- multinacional-francesa-retoma-carreira-artistica-17488339

[5] Cf.: http://www.youtube.com/channels/paid_channels

Percebe-se que não há um trabalho de curadoria, tal como nos canais gratuitos, a empresa não se preocupa em selecionar os conteúdos de seus canais pagos - que seriam símbolo de sua qualidade mediante os vídeos dos demais usuários. Como aponta o escritor e diretor Jason Schmid (2013), esse primeiro sistema de pagamento por conteúdo do *YouTube* foi falho, pois faltou a ele canais com qualidade necessária para serem considerados *premium* - especialmente se comparados com o que é produzido pela televisão paga. Na tentativa de renovar esse modelo *freemium*, em 2015, foi lançado o plano de assinatura *YouTube Red*[6], com implementação experimental nos Estados Unidos, no qual os assinantes ganham privilégios como isenção dos anúncios publicitários, assistir vídeos *off-line*, e acesso a determinados vídeos exclusivos dos principais *youtubers* da plataforma – que serão pagos a partir das receitas das assinaturas. A principal característica do *YouTube* é ser uma empresa de tecnologia que se aproximou do mercado audiovisual, num constante processo de inovação, em busca de um modelo de negócio experimental, além de uma curadoria de conteúdo livre.

Por outro lado, a plataforma de vídeo sob demanda – *Netflix*[7], um modelo de empresa de mídia digital, que possui um modelo de negócio bem definido de assinaturas - caracterizando-o como um serviço SVOD (*subscription vod*), o que dá acesso aos usuários a uma biblioteca de filmes e séries que podem ser assistidos de forma ilimitada por computador, dispositivos móveis e *SmarTVs*. Uma das marcas da plataforma é seu catálogo de obras que se adequa ao gosto do usuário, além de focar a criação de conteúdo original de qualidade desde 2012[8], espelhando-se nas grandes produções da televisão por assinatura norte-americana. Neste processo, a tecnologia de *streaming* provoca uma série de rupturas no modelo televisivo e "quebra o fluxo enquanto característica fundamental do meio". (LOTZ, 2007, p. 39).

---

[6] Cf.: http://www.cnet.com/how-to/youtube-red-details/

[7] No ano de 2007 a empresa começou a oferecer o serviço de vídeos por demanda on-line. Em 2011 o serviço estreou no Brasil, onde possui uma expressiva participação no mercado, com a estimativa de 2,5 a 4 milhões de assinantes brasileiros (CASTRO, 2015). Segundo pesquisas da Dataxis, em 2015 o México e o Brasil detinham o maior público consumidor de plataformas VOD OTT na América Latina, que só em 2014 gerou US$ 509.2 milhões em receita, e estimasse que em 2018 suba para US$ 1.84 bilhões – deste número, o México seria responsável por 43.9% do total arrecado, e o Brasil por 33.4%.

[8] Entre os títulos produzidos pela *Netflix* destacam-se o drama policial *Lilyhammer* (2012-presente), o drama político *House of Cards* (2013-presente), o drama cômico *Orange is the New Black* (2013-presente). A previsão é de estreia da série de ficção brasileira *3%* (veiculada pelo *YouTube* em 2011).

O foco da *Netflix* é a televisão de qualidade, mas com características de uma empresa de mídia que lidera o mercado *over-the-top* (OTT) *premium* no mundo. Para Gary Newman, executivo da *20th Century Fox Television*, "se você perguntar o que as plataformas querem ser, elas vão dizer que querem ser iguais ao *HBO* e ao *Showtime*" (NEWMAN, 2014, p.32). No entanto, as empresas baseadas na tecnologia *streaming* trazem consigo novas possibilidades tecnológicas que influenciam diretamente em novas práticas e estratégias de consumo.

1.1. Maratona de vídeos (*binge watching*)

Uma das características da *Netflix* é a sua estratégia de lançar séries com as temporadas já completas – especialmente suas séries originais, rompendo com a lógica de consumo de episódios novos a cada semana, oferecendo ao usuário a liberdade de assisti-las integralmente em um curto período de tempo através da prática do *binge watching* – termo em inglês para o hábito de assistir horas seguidas de único programa televisivo, em especial seriados (MATRIX, 2014) – saciando o desejo de imergir na obra, no horário que desejar e por várias plataformas (*smart tv, mobile*, etc.). O *binge watching*, nesse sentido, seria uma prática que remete ao ato de ler um romance policial, que diferente da forma tradicional de narrativa seriada, pois apresenta "a totalidade da narrativa ao alcance do leitor. É ele quem dosa a quantidade de ansiedade que pode suportar. Se quiser, o fruidor de um romance policial pode lê-lo de uma assentada e ficar sabendo logo que o assassino é o mordomo" (PALLOTTINI, 2012, p.51).

Segundo Jenner (2015), o principal foco dos modelos de consumo das plataformas VOD, como o *Netflix*, é o incentivo ao *binge watching* por ser um hábito pertencente a comunidade de fãs. Através da estratégia de oferecer temporadas completas, como uma *playlist* contínua de vídeos, os usuários permanecem imersos no universo da obra, navegando pela plataforma de forma intuitiva. As estratégias de *binge watching* não se restringem aos recursos técnicas da plataforma e podem ser encontradas na própria estrutura de uma obra audiovisual, a exemplo da quarta temporada da série *Arrested Development* (2003-2006), originalmente exibida pelo canal pago FOX, que foi produzida em 2013 pela *Netflix*. Na quarta temporada, os acontecimentos se desenrolam desordenadamente nos episódios, abusando da "manipulação temporal, com a montagem fora de ordem dos fragmentos da história individual de cada personagem", e ações que fazem referência a eventos das primeiras temporadas (MASSAROLO, 2014, p. 66). Tal forma de estruturação demanda que o usuário assista os episódios de forma sequencial para compreender eventos que transcorrem em arcos narrativos que não se restringem a um único episódio, mas a uma temporada por completo.

Segundo Mittel (2012), isso é algo estratégico para o fortalecimento de um público fiel à obra audiovisual, pois o valor de um seriado televisivo está intrinsicamente vinculado ao fator de *reassistência*, ou seja, capaz de instigar o público para ele volte a rever a obra na busca por novos detalhes sobre a trama, ou para retornar a uma experiência prazerosa de reviver os eventos ficcionais. Essa qualidade é comumente associada à complexidade narrativa – que exige uma participação cognitiva do espectador para compreender as múltiplas tramas que se entrecruzam, além da ligação afetiva que o público constrói em torno da obra, disseminando-a pelas redes sociais, em grupos de discussões, e assim por diante. Para Matrix (2014), o *binge watching* se tornou um padrão de consumo entre os mais jovem, que seguem a tendência de migrar da grade televisiva para a conveniência do consumo sob demanda de vídeos e do engajamento de fã nas redes. E diferentemente das antigas maratonas que ocorriam de forma presencial pelo *home-video*, hoje elas são feitas através da visualidade conectada e compartilhadas nas redes sociais, que funcionam como uma segunda tela.

Assim, essas novas formas de engajamento, bem como a "crescente fragmentação da audiência e a multiplicação das plataformas de distribuição têm levado à incerteza sobre qual é o valor para alcançar diferentes tipos de audiência" (JENKINS, 2014, p. 153). O fluxo contínuo de informação da grade televisiva passa a ser fragmento por um emaranhado de telas que se multiplicam com a ação do usuário - expandido a imersão proporcionada pelo *binge watching* inicialmente. O sujeito imerso no mundo ficcional de um filme ou série passa a trafegar por um fluxo de conteúdos que perpassa outras mídias e, especialmente, redes sociais, que propagam uma variedade de paratextos (textos, vídeos, imagens, memes, etc.), corroborando para uma sensação de ubiquidade da obra e um contínuo contato com os seus elementos - por diferentes linguagens e abordagens.

2. CURADORIA E ALGORITMOS:
UMA SALA DE TV INTELIGENTE

A modelagem do negócio de VOD e sua organização de dados permite que conteúdos de nicho ocupem mais espaço no catálogo, na perspectiva descrita no livro *A Cauda Longa* (2006), de Chris Anderson. Isso acontece porque os filmes e programas televisivos são armazenados na forma de bits, e quando um usuário resolve assistir um filme ou programa de TV, os dados trafegam pela rede e são enviados até o dispositivo do usuário.

A maior visibilidade do conteúdo de nicho pode ser observada na interface da plataforma *Netflix*. O algoritmo de busca é simples, com divisão de filmes por gêneros, uma interface de fácil navegação e dotada de um mecanismo de recomendação baseado no histórico e no comportamento do usuário. O mecanismo sugere títulos que, de outra forma, jamais seriam descobertos (assistiu X, pode gostar de Y), mas que segundo o algoritmo é compatível com o gosto do usuário. A massa de nichos que sempre existiu, mas a custos proibitivos, encontra os consumidores e os "consumidores encontram os produtos de nicho – ela está se tornando repentinamente uma força cultural e econômica a ser reconhecida" (ANDERSON, 2009, p. 5).

A recomendação ocorre através de um sistema capaz de gerar cerca de 76.897 categorias a partir da combinação de diferentes palavras-chaves (*tags*) atribuídas manualmente as obras pela empresa (MADRIGAL, 2014). Deste modo, rótulos como "filmes *cults* e assustadores da década de 1980" ou "filmes de esportes japoneses", podem ser criados conforme o usuário acessa filmes e séries, e que servem para apresentação das sugestões personalizadas. Pode-se dizer que a plataforma exibe uma interface de vídeo-locadora, com suas estantes de filmes divididas por gêneros cinematográficos (como a plataforma organiza primariamente), e a presença de uma atendente (o algoritmo[9] de recomendação). Segundo Xavier Amatriain, chefe do Departamento de Algoritmos de Recomendação da Netflix, "mais de 75% das coisas que as pessoas assistem vem de recomendações" (VANDERBILT, 2013).

A mecânica de recomendação surge em um ambiente saturado por informações disseminadas em rede, e segundo Saad e Bertocchi (2012), conforme ocorre a expansão desse cenário, a curadoria é utilizada para

---

[9] O termo "algoritmo" deriva do nome de Al Khowarizmi, matemático árabe do século 19. Na computação, um algoritmo é um procedimento matemático para realizar tarefas.

organização de dados. Tradicionalmente, a curadoria é uma atividade própria de galerias de arte, bibliotecas, cinematecas, etc., com uma conotação elitista, voltada para seleção, organização e apresentação de conteúdos culturais dentro de critérios estabelecidos por indivíduos ou grupos, que detém um saber sobre as obras em avaliação. Em contraponto, Martel (2015) criou o termo *smart curation* (*curadoria inteligente*, em tradução livre), buscando conciliar os dois modelos, o algoritmo e o curador, criando um duplo filtro, que coleta dados e os interpreta.

> A *smart curation* é uma forma de editorialização inteligente, que permite fazer uma triagem, escolher e depois recomendar conteúdos aos leitores. Pode assumir formas variadas, mas eu a definiria essencialmente a partir de três elementos. Trata-se antes de mais nada de uma recomendação que se vale ao mesmo tempo da força da internet e dos algoritmos, mas também do tratamento humano e de uma prescrição personalizada feita por "curadores". Essa função de duplo filtro é indispensável (MARTEL, 2015, p. 311).

A *smart curation* considera a pluralidade de gostos e cria diferentes esferas de julgamento, sem a arbitrariedade hierárquica de um curador. Nesse sentido, há um amplo uso da *smart curation* pelo *Netflix*, que vai além de seu sistema de recomendação, se fazendo presente nos critérios para a construção da biblioteca de vídeos ao rastrear as ações seus assinantes. Segundo a vice-presidente de Conteúdo e Aquisição do *Netflix*, Kelly Merryman, a empresa monitora inclusive as séries mais procuradas em sites piratas, um dado importante para decidir quais obras entram no catálogo (SIGILIANO; FAUSTINO, 2015). A *smart curation* do *Netflix* também considera qualquer comportamento do assinante na plataforma, como avaliações, comentários gerados, o tempo assistido, dispositivo de acesso, horários, velocidade de acesso, a partir de que episódio da série o espectador é conquistado[10], etc.

Esses dados têm impacto direto na decisão de quais séries originais devem ser produzidas. *House of Cards* (2013-presente), por exemplo, uma refilmagem de uma minissérie britânica homônima da BBC de 1990, teve sua escolha de exibição influenciada pelos hábitos dos assinantes. Após análises, conclui-se que as mesmas pessoas que assistiam a série origi-

---

[10] Em um dos poucos dados de consumo do Netflix divulgados pela empresa, conclui-se que em média o quinto episódio de uma série é crucial para conquistar o espectador. Cf.: http://exame.abril.com.br/estilo-de- vida/noticias/quantos-episodios-23-series- -precisam-para-te-viciar

nal da BBC também acessavam filmes protagonizados pelo ator Kevin Spacey, do mesmo modo se averiguou a grande preferência do público por séries dramáticas e filmes dirigidos por David Fincher.

No entanto, há outras questões que escapam das recomendações criadas a partir do consumo dos assinantes, como contratos com estúdios e exibições exclusivas estabelecidos com o *Netflix*. Se há um claro investimento em recursos e tratamento de dados da plataforma, o mesmo não se pode dizer da forma como os produtores de conteúdos recebem por suas obras disponibilizadas nas plataformas VOD. Sabe-se pouco sobre como é feito o retorno financeiro para os realizadores. Na indústria fonográfica, músicos reclamam de plataformas como o *Spotify*, que paga entre 0,6 a 0,8 centavos de dólar[11] por música executada.

Não é tão claro também, para o público e produtores, ou mesmo anunciantes, como se processa o funcionamento das recomendações da plataforma, que pode ser facilmente manipulável pela empresa. Muitos dos dados de visualização de vídeos não são públicos, sendo que a audiência de uma obra geralmente é medida por métricas de comentários e compartilhamentos em redes sociais. Neste sentido, o IBOPE pretende começar a fazer medição dos serviços de vídeo sob demanda que crescem no Brasil, a exemplo do *Globo Play* e de outros serviços disponíveis para assinantes da TV paga (CASTRO, 2016).

2.2. Plataformas da TV aberta e paga no Brasil

As emissoras de televisão abertas e pagas, e operadoras de TV Paga, apresentam janelas alternativas para seus conteúdos na modalidade OTT e *Cable VOD* (no caso das operadoras a cabo). A plataforma *Now*[12], criada em 2011, atende os assinantes dos serviços das operadoras *NET* e *ClaroTV*[13], oferecendo conteúdo pelo aparelho de recepção de sinal ou internet - através de website e aplicativos para dispositivos móveis. A plataforma apresenta uma extensa biblioteca de programas televisivos gratuitos aos assinantes, disponíveis após exibição nos canais pagos. O aluguel de filmes segue um modelo de serviço diferente do tradicional *pay-per-view* da TV Paga, que oferecia conteúdo em horá-

---

[11] Cf.: http://exame.abril.com.br/revista-exame/edicoes/1079/noticias/apenas-2-centavos--por-musica

[12] Cf.: http://webportal.nowonline.com.br/

[13] Empreendimentos da América Móvel, grupo de telecomunicação mexicano que controla a Embratel, desde 2014. Cf.: ANATEL aceita fusão de Embratel, Claro e Net, de Carlos Slim, no Brasil (2014). Disponível em: <http://www.infomoney.com.br/l>. Acesso em: 18.04. 2014.

rios pré-definidos. No novo modelo, o usuário escolhe onde, quando e como quer ver o conteúdo. Além das plataformas das operadoras da televisão paga, os usuários podem recorrer aos serviços dos canais do pacote de assinatura, como *Globosat Play*[14], entendido como uma *Catch Up TV* – complementar aos canais de TV.

Na TV aberta, a *Rede Globo* lançou em 2015 o serviço de vídeo sob demanda *Globo Play*, disponível para computadores, tablets e *smartphones* - janelas por onde os usuários podem acessar aos programas da emissora, como séries, telenovelas, programas de variedade e reality shows e conteúdos jornalísticos. O cadastro de novos usuários é facilitado devido a uma integração com *Facebook*, mas o acesso aos conteúdos é limitado a pequenos trechos dos programas, com a exibição de anúncios publicitárias ao início. Para o acesso integral aos episódios de séries, novelas e outros programas, o usuário precisa pagar uma mensalidade para o *Globo.com*. Assim, o *Globo Play* incorpora os serviços pagos do *Globo.com*, com acesso gratuito até um certo nível.

Além do *Globo Play*, a *Rede Globo* possui um outro serviço de vídeo sob demanda OTT, o *GShow*[15], criado em 2014[16] como um portal de entretenimento do *Globo.com*, disponível para computador e dispositivos móveis. O *GShow* oferece conteúdo complementares como *teasers,* entrevistas de bastidores e episódios completos de séries (disponíveis no *Globo Play*). O maior diferencial na curadoria de conteúdos do *GShow* são as webséries exclusivas, derivadas de programas da emissora, como a *Os Desatinados* (2015)[17], *spinoff* de Malhação (1995 – presente), e obras originais como a série de animação *A Última Loja de Discos* (2015)[18], criada pelo cartunista Allan Sieber.

Na estratégia multiplataforma da *Rede Globo*, há uma forte diferenciação entre o que é conteúdo de televisão e o que é conteúdo original para web, evidenciando os limites de atuação do conglomerado de mídia brasileiro no ambiente digital. Do mesmo modo, o catálogo de

---

[14] Um portal onde são oferecidos conteúdos de diversos canais: GNT, Bis, Gloob, +Globosat, Telecine, Universal Chanel e Viva – além dos canais Combate, Canal Off, SporTV, GloboNews, Canal Brasil e Premiere. O acesso é disponível para assinantes de pacotes com ao menos um canal da rede Globosat, por website, aplicativos (Tablet e Smartphone), ou Smart TVs da marca Panasonic Viera.

[15] Cf.: http:// http://gshow.globo.com/

[16] Cf.: http://g1.globo.com/pop-arte/noticia/2014/01/globo-lanca-novo-portal-de-entretenimento-o-gshow.html

[17] Cf.: http://gshow.globo.com/webseries/os-desatinados-malhacao-seu-lugar-no-mundo/no-ar.html

[18] Cf.: http://gshow.globo.com/webseries/allan-sieber-a-ultima-loja-de-discos/no-ar.html

filmes e séries do *Now* e *Globo Play* seguem os interesses das empresas, com destaque para lançamentos. Essas plataformas apresentam vinhetas publicitárias antes dos vídeos dos programas (em *playlist*), rompendo com o fluxo de vídeos para a experiência do *binge watching*, pois são obstáculos para a imersão do usuário. As plataformas VOD de emissores e operadoras televisivas, compartilham um modelo experimental vinculado a programação e ao espaço publicitário da TV. Além das inciativas citadas, outras plataformas ganham espaço no cenário nacional, focadas especialmente em um público que deseja consumir conteúdo fora da grade televisiva, atendendo assim, a outros nichos do mercado audiovisual, e que buscam criar modelos de negócio com base em conteúdo local e culturalmente relevantes.

A plataforma *Looke*[19], lançada em 2015 para computador, dispositivos móveis e *SmartTVs*, oferece um serviço alternativo às plataformas televisiva, com conteúdo por assinatura e a possibilidade de comprar e/ou alugar filmes e séries – sem necessidade de ser assinantes para efetuar a negociação. Esse modelo de negócio mescla o SVOD, o TVOD (*Transactional VOD*) - com o pagamento de uma taxa para liberar o *streaming* de vídeo por tempo limitado, e o EST (*Electronic Sell Thru*) - com acesso permanente do usuário à obra adquirida. Como declara Luiz Guimarães (SOUZA, 2015, s/n), um dos diretores da empresa: "Queremos manter o máximo de conteúdo possível. Hoje, quando se entra na Netflix, por exemplo, o conteúdo é dinâmico, transitório. A nossa plataforma quer ter tudo e manter o conteúdo que sai de outros serviços".

Segundo o diretor, a meta da *Looke* é alcançar a marca de 600 mil assinantes até 2017 - para tanto, no mesmo ano de seu lançamento, a empresa expandiu seu catálogo de títulos e clientes ao comprar a plataforma *Netmovies*[20], pioneira no mercado VOD brasileiro, criada em 2009. A plataforma também estabeleceu uma parceria com a *Livraria* Saraiva[21], assumindo o setor de venda de filmes digitais descontinuado em 2015 pela loja de livros. Para o futuro, estão previstos o surgimento de outras plataformas VOD nacionais, a exemplo da *EnterPlay*[22], que combina modelos de negócio SVOD e TVOD, e uma operadora de TV por assinatura.

Em 2016, foi lançado serviço de SVOD brasileiro *OldFlix*, focado em séries, filmes e animação antigos. A princípio, o usuário pode ter uma fase de degustação (no início gratuita, posteriormente apenas o acesso a cinco

---

[19] Cf.: http://www.looke.com.br/
[20] Cf.: http://convergecom.com.br/telaviva/paytv/26/11/2015/looke/
[21] Cf: http://convergecom.com.br/telaviva/paytv/31/03/2015/brasil-tera-nova-plataforma-ott/
[22] Cf.: http://www.enterplay.com.br/

obras), para então decidir-se se quer ter acesso a plataforma mediante assinatura mensal. O serviço não apenas chamou a atenção pelo seu segmento de conteúdo, mas por utilizar-se de uma plataforma acessível a todos para hospedagem de vídeos, o *Vimeo*[23] – que tal como o *YouTube* é gratuito, mas com a oferta um plano pago para usuários, que permite maior espaço de armazenamento e venda de vídeos a usuários. Em nota[24] à imprensa, Wagner Wanderley, um dos três desenvolvedores que criaram o serviço, explicaram a plataforma foi primeiramente desenvolvida com base no *Vimeo* para testes, porém eles não esperavam o serviço tivesse uma "enorme repercussão e adesão por parte do público e da imprensa". Após uma semana, a plataforma foi notificada pelo *Vimeo* referente aos direitos de exibição das obras, e com esse fato, somado à grande procura que o OdFlix teve em tão pouco tempo, levou os desenvolvedores do *OldFlix* a migrá-lo para uma plataforma própria hospedada em servidores da *Amazon*[25] – que também oferece o mesmo serviço ao *NetFlix*.

A partir dessa experiência do *OldFlix*, é interessante perceber as possibilidades técnicas existentes que facilitam a criação de plataformas VOD alternativas. Não entrando na questão burocrática de regulamentação de serviços é possível imaginar uma maior proliferação de plataformas voltadas a diferentes nichos, com distintas políticas de acesso. Nesse aspecto, além do VOD estimular novas formas de consumo, é um meio acessível (financeiramente e tecnologicamente) para a distribuição de conteúdos audiovisuais alternativos, que não encontram espaço nas telas dos grandes conglomerados.

2.2. Plataformas VOD alternativas

No mercado focado em conteúdo de entretenimento, há plataformas nacionais que exploram nichos específicos, com finalidades distintas de outros serviços comerciais. A tendência num futuro próximo é de ofertas de serviços focados para nichos de mercado, como o *Crunchyroll*[26] - volta-

---

[23] Plataforma criada em 2004 pelos norte-americanos Jake Lodwick e Zach Klein, com foco voltado para produtoras independentes, invés do grande público, como ocorre no *YouTube*. Cf.: www.vimeo.com

[24] Cf.: http://www.techtudo.com.br/noticias/noticia/2016/04/oldflix-o-netflix-dos-filmes--antigos-exibe-classicos-na-internet.html

[25] Inicialmente uma empresa focada na venda de livros pela internet, a empresa criada em 1994 por Jeff Bezos, nos últimos anos vem se focando no desenvolvimento de tecnologia de servidores voltados para oferta de serviços de hospedagem em nuvens, atendendo desde o usuário comum à grandes empresas (como o *NetFlix*). A empresa também possui uma plataforma VOD (*Amazon Videos*), ainda indisponível no Brasil.

[26] Cf.: http://www.crunchyroll.com/

do para exclusivamente animação japonesa, veiculando obras que nunca foram lançadas oficialmente em países ocidentais. Outras plataformas tendem a desenvolver "programação infantil e esportes – especialmente o futebol – porém se espera ver vários serviços bem-sucedidos em outros nichos como filme especializado, música, religião e estilo de vida"[27] (LAU-TERJUNG, 2016, s/n). O *Videocamp*[28][29], por exemplo, criado em 2015 pelo Instituto Alana (proteção da infância) com o objetivo de criar um catálogo de obras audiovisuais (curtas, animações e longas metragens), fomenta debates e agreguem pessoas interessadas em transformar a sociedade. Trata-se de uma plataforma de distribuição gratuita para debates sociais, que indica canais para acesso a obras relevantes, incentivando a exibição pública, além de dispor de agendas dedicadas para cada filme.

Para Luana Lobo, sócia do *Videocamp*, é "uma forma de incentivar o ativismo de sofá. [...] Quando termina de ver um filme, a pessoa muitas das vezes se sente tocada e quer ajudar, fazer algo mesmo que não tenha muito tempo" (SANFELICE, 2015, p. 18). O serviço também apresenta atrativos como uma forma de distribuição alterativa em rede, onde cada filme possui um perfil próprio que funciona como um canal de comunicação entre os usuários e os realizadores, trazendo informações complementares para debates, espaço para comentários, compra de produtos relacionados (livros e DVDs), doações, assinatura de petições e organização de eventos, contabilizados no perfil público da obra.

O governo brasileiro, por intermédio do *Programa Bolsa Família*, tam-bém busca desenvolver uma plataforma de vídeo sob demanda com obras nacionais. As famílias cadastradas irão receber um conversor digital para televisão contendo o aplicativo *Quero Ver Cultura*, que disponibiliza aproxi-madamente 25 mil títulos brasileiros, sem a necessidade de conexão com a internet (PEREIRA, 2016). Com essa iniciativa, o Governo Federal estima alcançar 60 milhões de pessoas, buscando, assim, democratizar o acesso aos conteúdos audiovisuais que são produzidos com recursos públicos.

Uma inciativa semelhante já foi implementada na Argentina em 2015, com a plataforma gratuita *ODEON*[29], criada pelo *Instituto de Cine y Artes Audiovisuales* (INCAA) e a *Empresa Argentina de Soluciones Satelitales* (ARSAT), com um acervo de produções argentinas, tanto do cinema como da televisão, acessível por computador e dispositivos móveis. Em outro exemplo, a empresa espanhola de VOD *Film in*, lançou em 2014, conjun-

---

[27] Cf.: http://convergecom.com.br/teletime/10/02/2016/banda-larga-e-cobranca-ainda-
-sao-desafios-para-crescimento- do-ott-na-america-latina/?noticiario=TL
[28] Cf.: http://www.videocamp.com
[29] Cf.: https://www.odeon.com.ar/bienvenida

tamente com o Governo do México, uma versão local da plataforma, *Film in Latino*[30], com dois catálogos distintos, um para o acesso gratuito de usuários, e outro exclusivo para assinantes, mas ambos disponibilizam obras de diversos países de língua espanhola.

Mais recentemente, diversas empresa de cinema na América Latina, entre elas: o National Film Board of Bolívia-CONACINE, o National Film Board of Equador-CNCINE, o Ministério da Cultura do Peru, o Instituto mexicano nacional de cinema do México-IMCINE, o ICAU - Direção de cinema e Audiovisual do Uruguai e o Departamento de Cinematografia do Ministério da Cultura da Colômbia se reuniram para criar a plataforma Retina Latina [31], com o objetivo de implementar ações para a consolidação do mercado latino-americano, a distribuição de obras nacionais no contexto do mercado regional e a criação de mecanismos de coordenação para a distribuição regional de filmes.

3. CONSTRUÇÃO DE UM MARCO REGULATÓRIO BRASILEIRO DO SERVIÇO DE VÍDEO SOB DEMANDA

No cenário nacional, onde os serviços sob demanda se diversificam através de várias iniciativas, ocorre um impasse entre as operadoras de TV por assinatura e as plataformas VOD OTT. Segundo dados da Anatel[32], o mercado de televisão por assinatura fechou o ano de 2015 com cerca de 19.049 milhões de clientes, uma perda de aproximadamente 525 mil assinantes em relação aos números de 2014 (Tabela 1)

Ano	Total de Assinaturas Milhões	Crescimento Anual N° de assinaturas Milhões	Densidade Assinaturas/100 domicílios
2010	9.769	+ 2.296	16,6
2011	12.774	+ 3.005	21,2
2012	16.189	+ 3.415	27,2
2013	18.020	+ 1.831	28,9
2014	19.574	+ 1.554	29,8
2015	19.049	- 0.525	28,66

Tabela 1: Total de assinaturas na TV Paga de 2010 a 2014
Fonte: Anatel (2016); Massarolo (et al., 2015)

---

[30] Cf.: https://www.filminlatino.mx/
[31] CF.:http://www.retinalatina.org/
[32] Cf.: http://www.anatel.gov.br/dados/index.php/destaque-1/215-destaque-3

Existe a hipótese de que o decréscimo após quatro anos de expansão seja porque os usuários estejam migrando para serviços de vídeo sob demanda. As operadoras de TV por assinatura especulam que o *Netflix* arrecade cerca de R$ 1 bilhão[33] no Brasil, e se ressentem da concorrência desleal diante da falta de regulamentação dos serviços no país – isento de ICMS e do Condecine. No final de 2015, o Conselho Superior de Cinema (CSC), órgão responsável pela formulação de políticas do audiovisual, elaborou o documento "Desafios da Regulamentação do Vídeo sob Demanda"[34], no qual consolida a visão sobre a construção de um marco regulatório brasileiro do vídeo sob demanda.

O documento recomenda a regulação do serviço de VOD e que se "defina a natureza do serviço e que se estabeleça as condições para a sua prestação e as obrigações regulatórias e tributárias dos agentes provedores" (CSC, 2015a, p. 3). Segundo o Conselho, o serviço de VOD é o futuro do audiovisual e possui, entre suas principais características, a capacidade de distribuição de conteúdo nos dispositivos móveis (smartphones e tablets) e TVs conectadas. Num primeiro momento, as plataformas de VOD são definidas como um serviço de vídeo:

> Em contraste com a televisão aberta e paga, o VoD é definido, principalmente, a partir da não-linearidade do serviço ofertado e da maior intervenção do usuário na organização da sua programação particular. Nessa relação de consumo, a amplitude e composição do catálogo, além da qualidade da transmissão dos conteúdos, são os diferenciais mais importantes e valorizados pelo consumidor (CSC, 2015a, p.1).

Na segunda parte da definição, o documento do governo brasileiro entende os serviços de vídeo como uma nova plataforma televisiva - que se distingue da programação linear da televisão por oferecer ao usuário o acesso um catálogo de vídeos com a opção de escolher em qual dispositivo quer assistir, quando deseja assistir e qual conteúdo prefere assistir.

> A evolução do serviço, porém, tem aproximado o VoD da televisão em especial devido à crescente complexidade da organização e exposição dos conteúdos pelo provedor, à oferta de conteúdos similares, inclusive obras exclusivas e de produção própria, e à competição pela mesma audiência. Por conta dessa similaridade, o VoD acaba por impactar também na organização dos demais segmentos do mercado (CSC, 2015a, p.1).

---

[33] Cf.: http://gizmodo.uol.com.br/netflix-marco-regulatorio/
[34] Cf.: http://www.cultura.gov.br/documents/10883/1312987/23.12.2015+Documento+Conselho+Nacional+do+ Cinema.pdf/e1379890-b720-4b17-af03-5d9011925a2a

No livro *Televisão é a nova televisão: o triunfo da velha mídia na era digital (2015)*, Michael Wolff discute a proximidade crescente entre empresas de tecnologia e de mídia afirmando que a *Netflix* "não apenas tornou-se de fato um canal de televisão, como estabeleceu o intercâmbio de acordos de licenciamento para programas de televisão" (WOLFF, 2015, p 89). Para o autor, "é tão verdade que vídeo é TV e que, claramente, a mídia digital está convergindo para o vídeo (sob demanda)." (WOLFF, 2015, p.91). Deste modo, a mídia digital se tornou parte do negócio da televisão, mas o documento do governo não inclui o serviço de VOD no âmbito da Lei Geral das Telecomunicações e do Marco Civil da Internet. Para o pesquisador Marcos Dantas, o *Netflix* "é um serviço de distribuição de TV e produção de conteúdos que efetivamente concorre com serviços regulados. " (POSSEBON, 2016, s/n). Por outro lado, as operadas de TV Paga, classificadas como serviços de telecomunicações na legislação brasileira, defendem a desregulamentação do serviço para terem mais liberdade de ação.

No documento "Diretrizes para a Construção de um Marco Regulatório do Vídeo Sob Demanda"[35], é sugerido pelo Conselho Superior de Cinema a criação de uma "Lei específica que defina a natureza do serviço", mas esse item não consta no documento que consolida a visão do governo, já que não houve consenso entre os membros do Conselho. Outros itens que constam apenas das diretrizes são a "responsabilidade editorial dos operadores" e a "obrigação de disponibilização em catálogo de obras brasileiras e obras brasileiras de produção independente, além de envolver simetria de obrigações com o serviço de TV por assinatura" (CSC, 2015b, p. 04). A promoção das obras audiovisuais brasileiras de produção independente poderá ser feita através da combinação dos seguintes indicadores: a) obrigatoriedade de provimento mínimo de títulos nacionais no catálogo; b) investimento do provedor na produção ou licenciamento de obras independentes e; c) a proeminência ou destaque visual do título brasileiro na interface do sistema.

Resta saber se haverá a regulação de uma política de cotas para os catálogos de VOD, que destine uma porcentual da renda dos serviços à produção nacional, tal como ocorre com a TV Paga por meio Lei do serviço de Acesso Condicionado (SeAC – Lei nº12.485). A Lei da TV Paga estabeleceu cotas para a produção independente e estimulou o cresci-

---

[35] O documento não foi oficialmente disponibilizado pelo Conselho Superior de Cinema, mas pelo website de notícias Tela Viva: <http://convergecom.com.br/wp-content/uploads/2016/01/Diretrizes_VoD.pdf.>. Acesso em: 12 fev.2016.

mento da produção e distribuição de obras nacionais independentes, mas nos serviços de VOD, os algoritmos de recomendação transferem a responsabilidade editorial para o usuário e não existem barreiras físicas para a circulação das obras, como na grade televisiva e nos cinemas. O governo brasileiro deverá adotar uma regulamentação mais próxima da visão europeia, de proteção ao produto audiovisual nacional independente e de incentivo ao seu consumo, produção e distribuição, através de medidas fiscais (Tabela 2).

Bélgica	República Tcheca	Alemanha	Espanha	França
Tributação entre 0% e 2,2% sobre receita	Obrigação de 1% da receita em produção e pagamento de 0,5% sobre receita como tributo	Tributação entre 0% e 2,3% sobre receita	Obrigação de investimento de 5% da receita	Obrigação de investimento em obras europeias e francesas. Tributação de 2% sobre receita.
Croácia	**Itália**	**Polônia**	**Portugal**	**Eslovênia**
Tributação de 0,5% da receita bruta anual	Obrigação de investimento de 5% da receita	Tributação de 1,5% sobre receita anual	Tributação de 4% sobre o valor pago na publicidade comercial. Obrigação de investimento de 1% da receita	1% da receita anual em contribuição à produção ou em produção de conteúdo europeu, caso não cumpra cota

Tabela 2: Tributação dos serviços de VOD em alguns países europeus (Bélgica, República Tcheca, Alemanha, Espanha, França, Croácia, Itália, Polônia, Portugal, Eslovênia)
Fonte: Desafios para o crescimento do VOD no Brasil – Ancine, 2015.

Na forma atual, "a contribuição é devida sobre a oferta de cada título do catálogo, sem considerar seus resultados econômicos. Esse tratamento tende a constituir uma barreira significativa para os pequenos provedores e a restringir a quantidade e diversidade de títulos nos catálogos." (CSC, 2015b, p. 2), Entre outras medidas, com o objetivo de evitar a cobrança por títulos e facilitar a entrada de nova empresas concorrentes no mercado, bem como estimular o crescimento do setor com a diminuição de barreiras de entrada de novos serviços de VOD, o governo brasileiro poderá adotar uma alíquota objetiva, como, por exemplo, a cobrança de "um percentual da receita dos provedores de VOD" (POSSEBOM, 2015, s/n), mas para isso seria necessário segregar as receita de conteúdo e de publicidade, o que demanda o acompanhamento das atividades. Entre os critérios utilizados por países europeus para definir quais agentes econômicos serão regulados, está a responsabilidade editorial, principal propósito, similaridade com TV e a receita anual (Tabela 3).

Critérios de destaque							
Critério	União Europeia	Reino Unido	França	Itália	Bélgica[1]	Eslováquia	Holanda
Atividade primariamente econômica	X	X	X	X	X	X	X
Responsabilidade editorial	X	X	X	X	X	X	X
Principal propósito	X	X	X	X	X	X	X
Similaridade com TV	X	X	X	X	X	X	X
Parâmetro "receita anual"	-	-	X	X	X	-	-

Tabela 3: Principais critérios utilizados pelos países pesquisados para definir quais agentes econômicos serão regulados
Fonte: Observatório Europeu do Audiovisual. What is and On-demand Service?. IRIS Plus, 2013.

---

[1] Comunidade Francesa da Bélgica

Também foram criados instrumentos que visam a promoção do conteúdo local, privilegiando o sistema de cotas de títulos europeus nos catálogos e um porcentual da receita para investimento em obras audiovisuais nacionais ou europeias. (Tabela 4)

		Itália	Espanha	França	Bélgica[2]	Eslováquia	Holanda[3]
Obrigação	Financiamento	5% da receita anual na produção ou aquisição de direitos de obras para inserção em catálogo	Ao menos 5% da receita do ano anterior na produção ou aquisição de direitos de obras europeias.	Catch-up TV: mesmas do canal de TV relacionado VOD transacional: 15% do faturamento na produção de obras europeias, ao menos 12% do faturamento em obras faladas em francês VOD por assinatura: de 15% a 26% do faturamento para obras europeias, e de 12% a 22% para obras faladas em francês, dependendo da diferença temporal entre as estreias no cinema e no VoD (quanto mais cedo no VoD, maior a contribuição)	Varia de 0% a 2,2% da receita bruta do provedor, dependendo do valor desta	NÃO	NÃO
	Cotas	NÃO	Catálogos devem conter ao menos 30% de obras europeias, sendo metade composta por obras em alguma língua oficial da Espanha.	O catálogo deve ter ao menos 60% de obras europeias e 40% de obras faladas em francês	NÃO	Cota mínima de 20% das horas qualificadas dedicadas a obras europeias	NÃO
	Proeminência	NÃO	NÃO	Homepage do serviço de VOD tem que exibir uma proporção substancial de obras europeias e faladas em francês, mediante não apenas menção ao título das obras, como também destaque de trailers e elementos visuais	Precisa-se dar destaque às obras europeias, mas não de uma maneira preconcebida	NÃO	NÃO

Tabela 4: Destaques de instrumentos para promoção de conteúdo local
Fonte: Observatório Europeu do Audiovisual. Video on Demand and the Promotion of European Works – IRIS Special, 2013; Sites oficiais dos órgãos reguladores nacionais; BRASIL. Ancinc. Nota Técnica sobre a regulação de Vídeo por Demanda em alguns países europeus, 2013.

---

[2] Comunidade Francesa da Bélgica
[3] A Holanda está num processo de aperfeiçoamento de suas políticas de promoção de obras europeias no mercado de VoD. O órgão regulador CvdM acompanha a evolução da presença e do consumo de obras europeias e estuda como pode promovê-las sem a imposição de normas que onerem demais os agentes econômicos.

Porém, apesar das discussões sobre regulamentação estarem em andamento, os avanços do serviço de VOD no Brasil e na América Latina dependem ainda da qualidade da infraestrutura e da oferta de conteúdo local (GRAF. 1). De acordo com os dados obtidos na pesquisa encomendada à *MTM London* pela Ooyala e Vindicia[36], a melhoria nos indicadores sociais e econômicos é uma condição importante para o desenvolvimento dos serviços, pois "apenas umas pequenas porcentagens dos consumidores são percebidas como capazes de assinar serviços de entretenimento e a classe média é pequena em comparação a outros países" (MTM London, 2016, p.10).

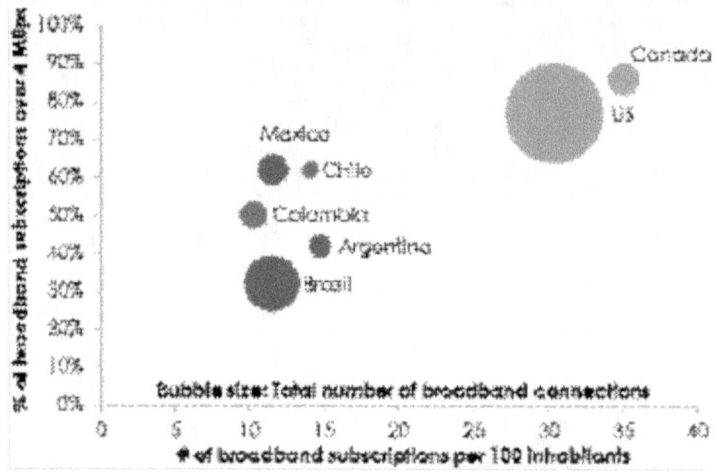

Gráfico 1: Assinaturas de banda larga por 100 habitantes e % de assinaturas de banda larga acima de 4 MBPs
Fonte: MTM London, 2016

Além disso, a implantação da infraestrutura de conexão de banda larga e o crescente volume de dados e velocidade das transmissões exigem constantes investimentos, se tornando numa grande barreira para os serviços de VOD na América Latina. Por outro lado, o público da região se identifica com as narrativas construídas pelas TVs de sinal aberto, que possuem uma forte penetração no mercado e investem em conteúdo local – ou seja, o sistema de cotas de produções nacionais pode vir a contribuir para o crescimento de assinantes em plataformas VOD no Brasil. Deste modo, o modelo de serviço que se visualiza para o futuro próximo é uma maior oferta de conteúdo local, com modelos de assinatura de acordo com a realidade de cada país da região.

---

[36] Disponível em: <http://convergecom.com.br/wp-content/uploads/2016/02/Prospects-for--Premium-OTT-in- LATAM-FEB-2016-PORTUGUESE.pdf> >. Último acesso em: 13 fev. 2016.

CONSIDERAÇÕES FINAIS

Nos últimos anos, o tráfego de vídeo pela internet aumentou de forma considerável, estimulando a produção de narrativas transmídia e o desdobramento de seus conteúdos pelas múltiplas plataformas, favorecendo a expansão dos serviços de vídeo sob demanda e oferecendo ao usuário a opção de escolher onde, quando e como deseja assistir a um programa. Nesta reconfiguração do ecossistema midiático, os serviços de vídeo criados pelos grandes conglomerados de mídia, tal como a plataforma digital da *Rede Globo*, tendem a serem vistos pelos usuários como 'jardins murados', que tendem a limitar o acesso a um conteúdo presente na TV Aberta – e preferem interagir e se relacionar com a *Netflix*, uma plataforma televisiva ágil, dinâmica e focada no usuário.

Por outro lado, encontrar formas de alcançar os diferentes tipos de audiência é um dos principais desafios para o desenvolvimento de modelos de negócios dos serviços de vídeo. Em última instância, trata-se de uma questão de agência - a forma de engajamento pela qual o usuário revela a "capacidade gratificante de realizar ações significativas e ver os resultados de nossas decisões e escolhas" (MURRAY, 2003. p.127). O serviço da *Netflix*, por exemplo, dispõe de uma interface simples, que estimula o engajamento do usuário (algoritmo de recomendações), o que agrega valor à plataforma.

Neste artigo, procurou-se evidenciar a necessidade de se compreender como as diferentes tecnologias de distribuição impactam a recepção do conteúdo audiovisual, principalmente da ficção seriada. Uma das conclusões que emerge deste estudo pressupõe, entre outras coisas, que os serviços de vídeo integrados aos recursos de segunda tela oferecem um sentido de presença, de assistir juntos, tradicionalmente vinculado à televisão, ou ao cinema. Assim, a rede da cultura participava se torna um lugar de nichos num mercado dominado pelas empresas de mídia tradicional que, para continuarem a ocupar seu espaço institucional, buscam realinhar o seu modelo de negócio em torno das novas formas de distribuição digital.

Neste sentido, a ruptura do modelo de uma programação pré-definida pela televisão e o cinema transfere, em grande parte, o poder de decisão para o usuário, caracterizando a transição de um modelo orientado pela oferta, para um modelo orientado pela demanda. No ambiente de serviço de vídeo sob demanda, a nova plataforma audiovisual que emerge tende a consolidar um modelo hibrido, no qual o sistema de ofertas de conteúdo pelo produtor complementa as demandas cada vez maiores dos usuários.

A tendência de aumento na quantidade de lançamentos nas plataformas VOD, torna urgente a criação de uma lei específica sobre a difusão não linear das obras, em catálogo com linha editorial própria e de forma onerosa. A consolidação da visão do governo federal, expressa no documento de regulação do serviço de vídeo sob demanda, reflete os esforços empreendidos para o entendimento de que o lugar do audiovisual é nas plataformas de vídeo.

REFERÊNCIAS

ABELES, R. **Playing With a New Deck. DGA** - Director Guild of America, 2013. Disponível em: <http://www.dga.org/Craft/DGAQ/All-Articles/1301-Winter-2013/House-of-Cards.aspx>. Acesso em: 07 fev. 2016.

ANDERSON, C. **A Cauda Longa**: do mercado de massa para o mercado de nicho. Rio de Janeiro: Elsevier, 2006.

CASTRO, D. Ibope vai medir audiência de programa de TV na Netflix e no YouTube. **UOL - Notícias da TV,** 27 jan. 2016. Disponível em: <http://noticiasdatv.uol.com.br/noticia/televisao/ibope-vai-medir-audiencia-de- programa-de-tv-na-netflix-e-no-youtube--10310#ixzz40B77bzHe>. Acesso em: 14 fev. 2016.

CASTRO, D. Netflix já fatura mais de R$ 500 mi e vira o 'Uber' da TV por assinatura. **Notícias da TV - UOL**, 10. ago. 2015. Disponível em: <http://noticiasdatv.uol.com.br/noticia/televisao/netflix-ja-fatura-mais-de-r-500- mi-e-vira-o-uber-da-tv-por-assinatura-8842>. Acesso em: 07. fev. 2016.

CURTIN, M.; HOLT, K.; SANSON, K. Introduction: Making of a Revolution. In.: CURTIN,M. et al (Orgs.). **Distribution Revolution Conversations about the Digital Future of Film and Television**. Califórnia: University of California Press, 2014.

CSC - Conselho Superior do Cinema. DESAFIOS PARA A REGULAMENTAÇÃO DO VÍDEO SOB DEMANDA - Consolidação da visão do Conselho Superior do Cinema sobre a construção de um marco regulatório do serviço de vídeo sob demanda. **ANCINE**, 17 dez. 2015a. Disponível em: <http://www.cultura.gov.br/documents/10883/1312987/23.12.2015+Documento+Conselho+Nacional+do+Cine ma.pdf/e1379890-b720-4b17-af03-5d9011925a2a/>. Acesso em: 12 fev. 2016.

CSC - Conselho Superior do Cinema. DIRETRIZES PARA A CONSTRUÇÃO DE UM MARCO REGULATÓRIO DO VÍDEO SOB DEMANDA - Minuta de resolução do Conselho Superior de Cinema – Dezembro de 2015. **ANCINE**, dez. 2015b. Disponível em: <http://convergecom.com.br/wp- content/uploads/2016/01/Diretrizes_VoD.pdf>. Acesso em: 12 fev. 2016.

JENNER, M. Binge-watching: Video-on-demand, quality TV and mainstreaming fandom**. International Journal of Cultural Studies**, 18 set. 2015. Disponível em: <http://ics.sagepub.com/content/early/2015/09/16/1367877915606485.refs>. Acesso em: 23 dez. 2015.

JENKINS, H. FORD, S; GREEN, J. **Cultura da Conexão.** São Paulo: Editora Aleph. 2014.

LAUTERJUNG, F. Para Manoel Rangel, a atual Condecine sobre VOD é obstáculo à criação de catálogos amplos. **Telaviva**, 08 dez. 2015. Disponpivel: <http://convergecom.com.br/teletime/08/12/2015/256300/?noticiario=TL>. Acesso em: 12 fev. 2016

LAUTERJUNG, F. Ruim com regras, pior sem elas. **Telaviva** - Televisão Cinema e Mídias Eletrônicas, a. 24, n. 259, jul. 2015. São Paulo: Converge Comunicações, 2015. Disponível em: < http://issuu.com/telaviva/docs/tv_259_tablet>. Acesso em: 08 fev. 2016.

LOTZ, A. D. *The television will be revolutionized.* Nova York/Londres: New York University Press, 2007.

MADRIGAL, A. How Netflix Reverse Engineered Hollywood. **The Atlantic**, 02 jan. 2014. Disponível em: <http://www.theatlantic.com/technology/archive/2014/01/how-netflix--reverse-engineered-hollywood/282679/>. Acesso em: 07 fev. 2016.

MARTEL, Frédéric. **Smart** - O que você não sabe sobre a internet. Rio de Janeiro: Civilização Brasileira, 2015.

MASSAROLO, J. Produção Seriada para Multiplaformas: Arrested Development e Netflix. In: BORGES, G.; GOSCIOLA, V.; VIEIRA, M. (Orgs.). **Televisão**: formas audiovisuais de ficção e de documentário. SOCINE: São Paulo, 2015.

MASSAROLO, J.; et al. Redes Discursivas de fãs da série Sessão de Terapia. In: Maria Immacolata Vassallo de Lopes. (Org.). **Por uma teoria de fãs da ficção televisiva brasileira**. 1ed.Porto Alegre-RS: Sulina, 2015.

MATRIX, S. **The Netflix Effect**: Teens, Binge Watching, and On-Demand Digital Media Trends. **Jeunesse**: Young People, Texts, Cultures, v. 6, n. 1, 2014, pp. 119-138.

MITTELL, J. Complexidade narrativa na televisão americana contemporânea. **MATRIZes**, a. 5, n. 2, jan./jun. 2012. São Paulo: USP.

MURRAY, Janet. Hamlet no Holodeck: o futuro da narrativa no ciberespaço. São Paulo: Itaú Cultural: UNESP, 2003

MTM London. **Previsões para OTT Premium na América Latina** - Perspectivas da indústria sobre a evolução do mercado. MTM Lodon, fev. 2016. Disponível em: <http://convergecom.com.br/wp- content/uploads/2016/02/Prospects-for-Premium-OTT-in--LATAM-FEB-2016-PORTUGUESE.pdf>. Acesso em: 12 fev. 2016

NEWMAN, G. *Studios*. In.: CURTIN, M. et al (Orgs.). *Distribution Revolution Conversations about the Digital Future of Film and Television*. Califórnia: University of California Press, 2014.

PEREIRA, T. Beneficiários do Bolsa Família terão acesso a filmes nacionais por aplicativo de TV digital. **RBA – Rede Brasil Atual,** 28 jan. 2016. Disponível em: < http://www.redebrasilatual.com.br/entretenimento/2016/01/conversor-distribuido-aos-beneficiarios--do-bolsa- familia-contara-com-servico-de-filmes-nacionais-por-demanda-1150.html>. Acesso em: 08 fev. 2016.

PALLOTTINI, Renata. *Dramaturgia de televisão*. São Paulo: Perspectiva, 2012.

POSSEBON, S. Conselho Superior de Cinema consolida "visão" sobre VoD, mas diretrizes ficam de fora. **Telaviva**, 04 jan. 2016. Disponível em: <http://convergecom.com.br/teletime/04/01/2016/257636/?noticiario=TL>. Acesso em: 12 fev. 2016.

POSSEBON, S. Regulação de aplicações de Internet ainda está longe do consenso. **Telaviva**,

02 fev. 2016. Disponível em: <http://convergecom.com.br/teletime/02/02/2016/regulacao--de-aplicacoes-de-internet-ainda- esta-longe-do-consenso/>. Acesso em: 12 fev. 2016.

SAAD; E; BERTOCCHI, D. O ALGORITMO CURADOR - O papel do comunicador num cenário de curadoria algorítmica de informação. In: XXI Encontro Anual da Compós, Universidade Federal de Juiz de Fora, MG, 12 a 15 de junho de 2012. **Anais** (on-line). Juiz de Fora: UFJF, 2012. Disponível em: <www.compos.org.br/data/biblioteca_1796.doc>. Acesso em: 14 fev. 2016.

SANFELICE, L. O Valor do Nicho. **Telaviva** - Televisão Cinema e Mídias Eletrônicas, a. 24, n. 259, jul. 2015. São Paulo: Converge Comunicações, 2015. Disponível em: < http://issuu.com/telaviva/docs/tv_259_tablet>. Acesso em: 08 fev. 2016

SCHMID, J. Why no one wants to pay for YouTube channels. **Daily Dot**, 20 fev. 2013. Disponível em: <http://www.dailydot.com/opinion/why-no-one-wants-to-pay-for-youtube--channels/>. Acesso em: 08 fev. 2016.

SIGILIANO, Daiana; FAUSTINO, Eduardo. NETFLIX: Sistemas de Recomendação Inteligentes. In: II Encontro Internacional de Tecnologia, Comunicação e Ciência Cognitiva - EITCC, 2, 2015. São Paulo, SP. **Anais** (on-line). São Paulo: Universidade Metodista de São Paulo, 2015. Disponível em: <http://www.academia.edu/17614833/NETFLIX_Sistemas_de_Recomendac_a_o_Inteligentes. Acesso em: 07 fev. 2016.

SOUZA, L. Looke: rival brasileiro do Netflix?. **Baguete**, 16 set. 2015. Disponível em:

<http://www.baguete.com.br/noticias/16/09/2015/looke-rival-brasileiro-do-netflix>. Acesso em: 08 fev. 2016.

STYCER, M. Netflix anuncia produção da futurista "3%", sua primeira série brasileira. **UOL - Blog do Mauricio Stycer**, 05 ago. 2015. Disponível em: <http://mauriciostycer.blogosfera.uol.com.br/2015/08/05/netflix-anuncia-producao-da-futurista-3-sua-primeira-serie-brasileira/>. Acesso em: 08 fev. 2016.

VANDERBILT, T. The Science Behind the Netflix Algorithms That Decide What You'll Watch Next. **Wired Magazine**, 08 jul. 2013. Disponível em: </http://www.wired.com/2013/08/qq_netflix-algorithm/>. Acesso em 14 fev. 2016.

VOLLMER, C.; BLUM, S.; BENNIN, K. **The rise of multichannel networks: Critical capabilities for the new digital video ecosystem.** Strategy& PWC: New York, 2014. Disponível em: <http://www.strategyand.pwc.com/reports/rise-of-multichannel-networks>. **Acesso em: 24 dez. 2015.**

WALLTENSTEIN, A. Netflix Ratings Revealed: New Data Sheds Light on Original Series' Audience Levels.

Variety, 28 abr. 2015. Disponível: <http://variety.com/2015/digital/news/netflix-originals--viewer-data-1201480234/>. Acesso em: 14 fev. 2016.

WEINBERG, D. **Too Big to Know**. New York: Basic Book, 2012

WILHELM. P. K. B.; **Os serviços de video on demand e a sua relação com o mercado televisivo tradicional visto a partir do mito da morte da Televisão.** Trabalho de conclusão de Curso. Escola Superior do Audiovisual (ECA/USP), 2016.

WOLFF, Michael. **Televisão é a nova televisão**: o triunfo da velha mídia na era digital. Rio de Janeiro: Globo Livros, 20015.

NOVAS MÍDIAS, PRIVACIDADE E VIGILÂNCIA NO CONTEMPORÂNEO CONECTADO

Alan César Belo Angeluci*
Giovanni Ferreira de Lima**

RESUMO

Neste texto, busca-se reunir e imbricar aportes conceituais e teóricos em torno de dois paradigmas centrais na cultura contemporânea pós-web: a vigilância e a privacidade. Situando o papel das novas mídias dentro de um contexto de mais-valia da rede, discute-se como os códigos digitais atuam como uma nova forma de controle biopolítico em que, sob o argumento de segurança mundial em tempos de terrorismo, metadados de indivíduos comuns, governos e figuras públicas são extraídos à revelia dos vigiados. À nova mídia, coube o papel de estimular uma cultura de normalidade quanto à auto-exposição ao entreter o usuário com recursos que proveem abundância de informações, melhoria da experiência de uso e intensificação da agilidade e interatividade. No entanto, diversos autores observam que a propalada invasão de privacidade traz importantes consequências aos países democráticos contemporâneos, com resultados práticos questionáveis no que tange aos fins autênticos destas práticas.

PALAVRAS-CHAVE

Novas mídias; vigilância; privacidade; metadados; mais-valia da rede.

* Professor do Programa de Pós-Graduação em Comunicação e da Escola de Comunicação da Universidade Municipal de São Caetano do Sul (USCS), SP, Brasil. Possui estudos de pós-doutorado pela Faculdade de Comunicação da Universidade do Texas em Austin (EUA) e pela Escola de Comunicações e Artes da USP. Doutor pela Escola Politécnica da USP, com período sanduíche na Universidade de Brighton, Inglaterra. Mestre em TV Digital e Graduado em Jornalismo pela Universidade Estadual Paulista (UNESP). É vice--coordenador do GT de Conteúdos Digitais e Convergências Tecnológicas da Intercom.
**Mestrando em Comunicação pelo Programa de Pós-Graduação em Comunicação da USCS.

INTRODUÇÃO

Os atentados terroristas de 11 de setembro de 2001 definiram um grande marco mundial na história das relações entre os países do globo. O discurso do terrorismo colocaram nações em um novo *status* de tensão. Com o argumento da defesa da democracia e liberdade, EUA e vários países intensificaram estratégias de vigilância massiva sobre governos e cidadãos no mundo, colocando em debate questões sobre o prejuízo das liberdades individuais dos cidadãos em detrimento da segurança nacional.

Com o grande avanço das Tecnologias de Comunicação e Informação (TIC), a vigilância das massas deu sinais de alcance global. Foi em 2010, através do programador e jornalista Julian Assange, que o site *Wikileaks* ganhou notoriedade mundial ao revelar documentos secretos militares e diplomáticos pertencentes aos Estados Unidos. Da mesma forma, em 2013, Edward Snowden, até então analista de sistemas da *NSA* (*National Security Agency*), revelou ao mundo os detalhes de um sistema de vigilância global exercido pela a agência. Em ambos os casos, tais revelações os colocaram em posição de fugitivos e traidores perante aos Estados Unidos e países aliados, tornando-os exilados.

Nesse contexto, as novas mídias têm provocado certo mal estar ao, supostamente, extrapolarem as clássicas e cânones funções comunicativas. Com a computadorização e digitalização das mídias, encontramo-nos em um debate contemporâneo sobre o papel dos algoritmos na acumulação de informações, extração de metadados e implementação da inteligência maquínica. Se, por um lado, os vazamentos propalados por Assange e Snowden evidenciaram rotinas de extração de dados e informações sigilosas sobre governos e líderes mundiais, por outro colocaram em cheque a confiabilidade das mídias digitais globais e das empresas que prestam esses serviços – notavelmente Google e Facebook – no que tange aos procedimentos de uso das informações dos usuários comuns.

O presente texto, portanto, revisita diversos autores com o objetivo de explorar como a vigilância está presente na sociedade contemporânea e de quais formas ela se relaciona com o conceito de democracia e privacidade dos indivíduos. Procura-se também entender o papel da mídia na (des)construção da ideia de privacidade e vigilância massiva no contemporâneo conectado, evidenciando em quais medidas as novas mídias se constituem como *hubs* de medição de uma espécie de mais-valia no ambiente digital.

1. AS NOVAS MÍDIAS E O CONTEMPORÂNEO CONECTADO

Tomando como ponto de partida o curso de um pouco mais de cem anos, o homem tem aprendido – com maior ou menor sucesso – a lidar com as transformações que o universo maquínico midiático traz à vida em sociedade. Alguns marcos simbólicos dessa relação homem-máquina foram registrados na história e não é preciso voltar muito ao tempo para relembrar alguns desses – como a quase folclórica narrativa de 1895 sobre a exibição do filme[1] dos irmãos Lumière que colocou seus expectadores em pânico e fuga, ou a leitura realista de Orson Welles de um excerto de "Guerra dos Mundos" em 1938 que pôs em polvorosa os ouvintes da rádio norte-americana *Columbia Broadcasting System* (CBS). Como se vê, parece impreciso dissociar a esfera humana e cultural e a manifestação técnica da máquina nesses eventos: em ambos, foram aprendidas algumas lições sobre as consequências de uma nova mídia sob o repertório dos indivíduos. Ao menos até aquele momento.

Esses marcos, no entanto, constituem-se de registros que se situam em um período entre o século XIX e XX pautado pelas grandes transformações econômicas e sociais promovidas pelo industrialismo. As então mídias modernas foram sendo superadas por criações de um conceito de "novo" mais alinhado ao desenvolvimento dos transistores, da microeletrônica e das demais inovações das tecnologias de informação e comunicação que foram tomando conta da segunda metade do século XX. Agora, às portas do século XXI, vemos as novas mídias como as plataformas que emergiram do paradigma tecnológico que é a base da era da informação, formadora das sociedades em rede e convergentes. E, como veremos, o conceito formador das novas mídias no contemporâneo passa, obrigatoriamente, pela computadorização e digitalização dos sistemas midiáticos.

Seguindo esse raciocínio, é possível se referir ao Bug do Milênio[2]

---

[1] *"L'Arrivée d'un train en gare de La Ciotat"*.

[2] *Bug* é um jargão usado para se referir a um erro na lógica de um sistema computacional. Com a virada dos anos de 1999 para 2000, criou-se a expectativa de que a mudança dos dois dígitos de "99" para "00" criaria um problema de programação nos sistemas computacionais, que entenderiam a nova data como uma volta aos anos de 1900. O problema seria mais recorrente em sistemas antigos, mais baseados na linguagem pioneira COBOL – ainda à época presente em muitas grandes empresas pelo mundo. Acreditava-se que esse *bug* poderia gerar prejuízos e danos a sistemas de memória e armazenamento como repositório de dados ou sistemas bancários. O pânico generalizado motivou uma corrida pela atualização de *hardwares* e *softwares* pelo mundo que gerou vultuosos lucros às empresas ligadas às tecnologias para computadores. Posteriormente, a celeuma se mostrou infundada e desnecessária, já que a massiva maioria de sistemas computacionais existentes até então se mostraram preparados para a mudança e foram beneficiados pela então emergente Internet.

como talvez um dos primeiros eventos simbólicos da era da informação e da sociedade em rede que tangem de maneira sensível as transformações na relação entre homem e máquina. Parece ter havido naquela virada dos anos de 1999 para os 2000 uma percepção coletiva de que, de fato, agora de maneira inescapável, viviam-se novos tempos da relação homem-máquina, não mais aquela baseada nas mídias tradicionais ou modernas resultados da era industrial. O trem que invadia a sala de projeção ou o marciano que atacava a Terra agora vinha em forma de *bits* digitais e atingiam os computadores – e de repente deu-se conta do quão fundamental eles se tornaram para as vidas dos indivíduos.

À época, a percepção pública sobre essas máquinas da IBM, Apple e Microsoft já havia superado a equivocada ideia de que os computadores meramente mimetizavam os feitos das antigas Remingtons[3]. Por mais que, naquele momento histórico, a Internet ainda evoluía de forma embrionária na grande maioria dos países do globo, os sistemas computacionais conectados à *world wide web* traziam, pouco a pouco, novas lógicas de organização do pensamento e das relações humanas nas atividades de trabalho, relacionamento e lazer.

O resto da história nós já conhecemos – ou melhor – vivenciamos na contemporaneidade. Se nos apoiarmos nos grandes autores que vislumbraram essas transformações, passamos pela ideia mcluhaniana de mídia (medium) como uma extensão humana para os paradigmas dos grandes dados (*Big data*), da Internet das Coisas (*Internet of Things, IoT*), e da era pós-digital, em que o real e virtual se plasmam em manifestações urbanas e culturais como fora com o Second Life[4] e como agora o é com o Pokémon Go[5]. Nesses "tempos líquidos" baumanianos, é a lógica célere e instantânea dos algoritmos que imprimem, em alguma medida, novos padrões às relações humanas, também cada vez mais rapidamente mutáveis.

No artigo em que Angeluci (2013) explora a metáfora *"gad--to-app"*[6], esse quase fetiche humano pelos "objetos de desejo" do

---

[3] Notória marca de máquinas de escrever muito populares no século XX.

[4] Ambiente virtual e tridimensional lançado em 2003 que simula atividades da vida humana em ambiente virtual através do uso de um avatar. Ora encarado como jogo, rede social ou ambiente de comércio virtual, perdeu popularidade para redes sociais como Facebook e Twitter.

5 Jogo de realidade aumentada para *smartphones* lançado em 2016. O game é um *spin--off* da narrativa da série anime de TV Pokémon, muito popular no final dos anos 90, e se utiliza das tecnologias de GPS e de câmera para capturar as criaturas virtuais que estão espalhadas em cenários urbanos reais.

[6] Neste artigo, escrito em 2013, Angeluci explora a ideia das transformações pelas quais passaram os aplicativos dos dispositivos digitais, que migraram de *widgets* e *gadgets* muitas vezes isolados e discriminados por plataformas para *apps* integrados e acessíveis a partir de uma única plataforma. Disponível em: http://www.revistageminis.ufscar.br/

contemporâneo se manifesta na forma de posse e uso de aparatos tecnológicos digitais. A partir de algumas experiências com pesquisas empíricas que envolveram a relação entre posse e uso de mídias digitais e indivíduos (Angeluci & Galperin, 2012; Passarelli et al, 2014; Angeluci & Huang, 2015), é possível observar como as tecnologias digitais comunicacionais se colocam no cotidiano humano como um instrumento de empoderamento e, portanto, centro das tensões entre os indivíduos, as tecnologias comunicacionais e o poder.

1.1 O *zeitgeist* contemporâneo

Antes de discutir mais a fundo o impacto das novas mídias nas questões sobre democracia, vigilância e privacidade, faz-se fundamental invocar antes a reflexão capitaneada por Floridi (2015) que, ao pontuar alguns aspectos bastante ilustrativos dos novos tempos, acaba por sumarizar um, por assim dizer, *zeitgeist* contemporâneo. Segundo o autor, as Tecnologias de Informação e Comunicação (TIC) trouxeram ao menos quatro grandes transformações à vida pós-digital: (1) o turvamento das distinções entre realidade e virtualidade; (2) o enevoamento das diferenças entre homem, máquina e natureza; (3) a reversão do processo de escassez de informações à abundância de informações; e (4) a mudança da primazia das coisas unitárias, proprietárias e relações binárias para a primazia das interações, processos e redes.

A virtualidade tem sido tema de reflexões de vários autores, notavelmente Lévy (2003) que, na esteira das discussões sobre a cibernética, passa a ser matéria de estudo não só nas cadeiras das engenharias e computação, mas também nas escolas de medicina, *design* e comunicação, entre tantas outras. O conhecimento estanque baseado em áreas com fronteiras definidas entra em colapso ao não mais dar conta das complexidades da vida humana, requerendo posturas científicas interdisciplinares. Santos (2010), em sua célebre reflexão sobre a ciência pós-moderna, propõe um novo estilo unidimensional e de fusão de interpretações.

Ainda sobre virtualidade e Lévy, as fronteiras entre o real e virtual acabaram por trazer ao universo teórico reflexões sobre a construção colaborativa do conhecimento, ou a tão propalada "inteligência coletiva". Em tempos de trocas e intercâmbios de informações mediadas pelas TIC, o conhecimento, portanto, também se transforma. Adquirir conhecimento requer uma variedade de fontes. Para Warschauer (2004, p. 44), "isso inclui artefatos físicos (livros, revistas, jornais, periódicos científicos,

index.php/geminis/article/view/146/115

computadores); conteúdos relevantes transmitidos por esses artefatos; habilidades e atitudes adequadas por parte do usuário; e tipos certos de apoio da comunidade".

Conecta-se aqui à reflexão sobre o enevoamento das diferenças entre homem, máquina e natureza. McLuhan, em *Understanding Media*, evidencia nos anos 80 a antiga busca humana pelo aprimoramento de suas habilidades e funções através das extensões. Ao trazer o mito do Narciso, evidencia a ideia de fascínio que a tecnologia sempre exerceu na vida humana ao longo da história, desde a pedra lascada dos homens das cavernas à realidade virtual aplicada à medicina ou ao entretenimento. De fato, a fusão entre homem-máquina-natureza tem chegado a expoentes nunca vistos a partir da conectividade e mobilidade potencializadas pelas redes de banda larga móvel e os *smartphones* que se popularizaram e se desenvolveram de maneira evidente a partir de 2010.

Até o momento observamos, portanto, que o desenvolvimento da cibernética trouxe novas formas de se relacionar com o mundo, sobretudo a partir da virtualização que traz novas dinâmicas à construção do conhecimento. Munidos de novas extensões "inteligentes", como os dispositivos móveis conectados à Internet, os indivíduos têm estabelecido diferentes padrões de relações humanas, desde suas formas de trabalho, entretenimento até educação e comportamentos sociais.

Somados a esse processo, observamos, adicionalmente, um elemento diferencial: nunca fora tão fácil na história humana o acesso à informação. Mediado pelos algoritmos dos sistemas computacionais, um único indivíduo é capaz de buscar e filtrar informações a partir de sistemas de busca na *web*. Com a evolução da Internet, chegamos ao *Big data*, a um conjunto de dados e informações tão grandes que são capazes de superar problemas históricos de acesso e uso de informação. No bojo desse processo, emergem as redes sociais e os aplicativos interativos para serviços e/ou entretenimento que lançam o usuário em um universo repleto de opções de interatividade e sociabilidades virtuais, porém carentes de transparência sobre o intercâmbio e uso dos dados de seus usuários. Rastreáveis e mensuráveis digitalmente, essas informações são resultado de um intenso processo de interações entre esferas culturais humanas e linguagens computacionais em uma perspectiva de hierarquia em rede. Se por um lado rompem as relações binárias e proprietárias e abrem o universo de dados a qualquer indivíduo, também trazem preocupações contemporâneas concernentes à privacidade e vigilância da vida particular em um mundo repleto de democracias frágeis.

2. O LIMITE DAS LIBERDADES INDIVIDUAIS: VIGILÂNCIA E CONTROLE SOCIAL

Tomando como ponto de partida as reflexões de Bobbio (2000), pode-se observar que a democracia divide-se em duas categorias: a antiga, tendo um conceito caracterizado pelo que reconhecemos hoje por democracia direta, e a moderna, conhecida por democracia representativa. Bobbio considerava que a democracia ideal nunca existiu e nunca existirá. Isso se dá pelo fato de que, em uma democracia ideal, todos os cidadãos de uma mesma sociedade deveriam participar ativamente de todas as decisões pertinentes a vida em comunidade.

Se antes na Grécia, berço da civilização democrática, era exercida a democracia direta em que, na teoria, todos os cidadãos eram livres para participar e tomar decisões sobre a sociedade como um todo, atualmente – por conta de condições históricas, como aumento populacional e globalização –, a democracia é exercida na forma da representatividade. Ou seja, o voto não tem a função de decidir, mas sim de eleger quem deverá decidir (BOBBIO, 2000, p. 371-415).

O autor defende a ideia do "individualismo democrático", fundamento essencial para que a democracia seja consolidada de fato e coloca o individuo como protagonista de uma sociedade formada por indivíduos livres e igualmente protagonistas. Deste modo, é possível pensar que uma sociedade democrática é aquela que idealmente funciona com base nas vontades individuais de cada cidadão. Desta forma, as atividades de vigilância em relação aos próprios cidadãos devem ser observadas com cuidado.

Ainda que Foucault (1999) tenha pensado em outro modelo de sociedade como base de seus estudos, que destacam o avanço nas tecnologias de comunicação junto à Internet, é possível relacionar seus estudos com as características da sociedade atual. A Internet e as novas mídias permitem de forma cada vez mais eficaz e onipresente a concretização de um sistema de vigilância das massas, assim como Foucault (1999) estudava em sua época. Barichello e Moreira (2015), em estudo que faz relação com a vigilância de Foucault e sua aplicação na sociedade contemporânea, afirmam que "qualquer que seja a posição que o indivíduo ocupe na sociedade – seja a de cidadão comum, a de presidente de uma companhia privada ou a de homem público –, ele pode estar sendo vigiado". Se, para Bobbio (2000), a individualidade democrática é fundamental para que se possa realmente implantar a democracia dentro de uma sociedade e, considerando que a vigilância em massa é um fato recorrente na sociedade atual, há um importante entrave no desenvolvimento da uma democracia plena.

> A vigilância torna-se um operador econômico decisivo, na medida em que é ao mesmo tempo uma peça interna no aparelho de produção e uma engrenagem específica do poder disciplinar. (FOUCAULT, 1999, p. 200).

A vigilância dos indivíduos que, dentro de uma sociedade democrática deveriam ser livres, cria um sistema que exerce poder e controle sobre eles. Foucault (1999, p. 148) fala sobre a vigilância hierarquizada, onde o poder é distribuído em diferentes níveis de importância entre um pequeno grupo de indivíduos incumbidos de manter esse sistema de vigilância. Esse sistema se assemelha a uma rede que "'sustenta' o conjunto, e o perpassa de efeitos de poder que se apoiam uns sobre os outros: fiscais perpetuamente fiscalizados".

Barichello e Moreira (2015) pontuam que a vigilância exerce mais poder de acordo com o seu grau de visibilidade. Quanto menos visível, quanto menos perceptível, mais eficaz é o ato de vigiar. Uma vez que o indivíduo percebe estar sendo vigiado, o mesmo pode passar a agir de forma que sua verdadeira natureza seja mantida em segredo. Por outro lado, isso não significa que a vigilância seja eficaz apenas quando imperceptível. Este é o caso de escolas, prisões e instituições, que se utilizam da vigilância que se manifesta por dispositivos institucionais e aparatos tecnológicos para manter o controle, designada por certos indivíduos, em posições mais altas na cadeia hierárquica de poder.

Bobbio (2000, p. 374-415) afirma que o "saber" e o "poder" estão intimamente relacionados; aquele que possui "saber", possui também "poder". Deste modo, o mesmo também faz uma relação entre "segredo" e "poder". "O segredo é a essência do poder". Para o autor, um indivíduo pode ser capaz de se utilizar de uma "rede de segredos", gerando um sistema que garante poder para este mesmo indivíduo que detém mais informações sobre outros indivíduos; ou seja, aquele que detém mais "saber" acaba ganhando mais poder. Uma vez que a vigilância gera "saber" em relação aos vigiados, é possível afirmar que o "poder" é um produto que pode ser obtido pelo ato de vigiar. E esse poder pode ser exercido também na forma de controle social, fazendo com que uma sociedade funcione dentro das delimitações daqueles que detém tal poder.

2.1 A MAIS-VALIA NA REDE DIGITAL E
A DUALIDADE NA VIGILÂNCIA

Atualmente vivemos o paradigma da Internet como espaço virtual de constante fluxo para troca de informações, sejam elas públicas ou privadas. Em, 2010, o Google admitiu que, por meio de sua frota de carros utilizada para realizar os procedimentos do *Google Street View* – programa utilizado para criar mapas e gerar fotos das ruas de diversas cidades em diversos países –, estava colhendo acidentalmente informações privadas dos locais por onde passava[7]. A Alemanha foi o primeiro país que se posicionou e acabou por colocar o Google em situação constrangedora, tendo que tornar "não-identificável" a casa de mais de 250 mil alemães[8]. Segundo Soares (2011), a mídia alemã ironizou o episódio ao indicar que tal capacidade mostrada pelo Google de coletar dados neste episódio não seria possível nem nos órgãos de inteligência e polícia secreta da Alemanha. O jornal alemão *Frankfurter Allgemeine Zeitung* publicou que "O que se chamava de 'espionagem estatal' no passado hoje se chama 'Google View'" (O ESTADO DE SÃO PAULO, 2010)[9].

O episódio ilustra bem o que Pasquinelli (2012) chama de mais--valia de rede e sociedade do metadado. Para o autor, os algoritimos dos códigos digitais contemporâneos atuam como uma espécie de máquina no sentido marxiano – uma máquina usada para acumular e aumentar a mais-valia (Pasquinelli, p. 30). Os metadados estariam sendo usados para cumprir com três grandes funções na mais-valia contemporânea: (1) medir o valor das relações sociais, (2) aperfeiçoar a inteligência maquínica e (3) nova forma de controle biopolítico – a propalada vigilância dos dados. Especificamente com relação à terceira função de interesse nesse texto, Pasquinelli diz:

> "Mais do que para traçar o perfil de um ou outro usuário individual, os metadados podem ser usados para o controle das massas e a previsão do comportamento coletivo, como acontece hoje com qualquer governo que rastreie a atividade online das

---

[7] The Guardian. Google admits collecting Wi-Fi data through Street View cars. Disponível em: <http://www.theguardian.com/technology/2010/may/15/google-admits-storing--private-data>. Acesso em: 20 nov.2015.

[8] Ciberespaço, vigilância e privacidade: o caso Google Street View. Elisianne Campos de Melo Soares, 2011. Disponível em: http://www.uff.br/ciberlegenda/ojs/index.php/revista/article/view/474. Acesso em: 24 nov.2015.

[9] O Estado de S. Paulo. Alemanha vai analisar a proposta do Google. Disponível em: <http://blogs.estadao.com.br/ link/alemanha-vai-analisar-a-proposta-do-google/>. Acesso em: 24 abr.2016.

mídias sociais, os fluxos de passageiros no transporte público ou a distribuição de bens nas cadeias de distribuição (caminhando para incluir a etiqueta RFID e outros aparelhos *off-line* de dados) (...) Mídias sociais como Twitter e Facebook podem ser facilmente manipuladas através da extração de dados sobre as tendências do tráfico geral. Os metadados descrevem aqui uma sociedade do metadado que aparece como uma evolução daquela "sociedade de controle" introduzida por Deleuze, baseada em *datastreams* (fluxo de dados) que são ativamente e não mais passivamente produzidos pelas atividades da vida diária dos usuários" (Pasquinelli, 2012, p. 32).

Lyon (2004) determina 3 categorias de vigilância dentro do ciberespaço, sendo elas relacionadas com o emprego, com a segurança e com o *marketing*. Dessa forma, em tempos em que cada vez mais presenciamos uma auto-exposição crescente dentro dos sites de redes sociais, seria justo pensar que a coleta de informações privadas, seja ela para quaisquer fins, está bem mais efetiva devido à própria colaboração – talvez não-consciente –, dos usuários de tais redes.

De acordo com Soares (2011), as informações privadas dos usuários das redes se tornaram moeda de troca, sendo utilizadas massivamente para fins comerciais:

> Não é novidade que as empresas procurem ter acesso a informações privadas concernentes aos usuários da *web*: tecnologias já foram desenvolvidas unicamente com o intuito de recolher dados que permitam traçar perfis dos internautas. É o caso dos *cookies* (*Client-Side Persistent Information*), espécie de marcadores digitais que os sites colocam automaticamente nos discos rígidos dos computadores que a eles acedem. Uma vez inserido o cookie em um computador, todos os movimentos on-line realizados a partir dele são gravados automaticamente pelo servidor do site que o colocou (SOARES, 2011, p. 7).

Desta forma, os dados pessoais dos usuários são manipulados para que, no fim, sejam utilizados de forma a alimentarem um ecossistema do comércio eletrônico. Porém, cada vez mais se percebe o "vazamento voluntário" de informações pessoais na Internet pelos usuários de tais redes quase que a nível inconsciente.

Segundo Bruno (2009), não há rede social que pratique sociabilidade isenta de qualquer forma de vigilância. Para a autora, os sistemas de vigilância são

> (...) imanentes a tais redes e são parte integrante tanto da eficiência do sistema, que monitora, arquiva e analisa os dados disponibilizados pelos usuários de modo a otimizar seus serviços, quanto das relações sociais que aí se travam, as quais encontram um de seus motores na vigilância mútua e consentida, com pitadas de voyeurismo e exibicionismo (BRUNO, 2009, p. 4).

Bruno também relaciona a Web 2.0 e sua característica colaborativa de gerar conteúdo a partir dos usuários com uma forma de se implementar a vigilância – de certa forma, "invisível" –, tendo seus próprios usuários como ferramentas de auxílio no ato de vigiar.

> Identificar e problematizar as relações entre vigilância e participação é fundamental para desviar esse potencial do destino policial que lhe reserva uma das faces do impulso participativo na cibercultura (BRUNO, 2009, p. 13).

Tal atratividade, travestida de sociabilidade pelos mais diversos sites de redes sociais dentro do ciberespaço, leva entretenimento às massas, tornando-as um aparato de vigilância de si mesmas, alimentando o "saber" e o "poder" dos poucos indivíduos que fazem este sistema de vigilância agir.

Bruno (2012) trabalha com o conceito de rastros digitais sobre a perspectiva da teoria do ator-rede de Bruno Latour. Para a autora, é impossível participar do ciberespaço sem deixar algum rastro digital. Ainda que estes vestígios sejam implícitos ou explícitos, de qualquer forma esse rastro está sujeito a ser monitorado, recuperado e capturado.

Isto nos leva a uma questão recentemente abordada na Europa em relação à privacidade dos indivíduos na Internet, o "direito ao esquecimento". Em maio de 2014, o Tribunal de Justiça da União Europeia (TJUE) decidiu que os cidadãos usuários de motores de buscas poderiam exigir o direito ao esquecimento, ou seja, "a supressão de dados pessoais compilados e armazenados em seus servidores" [10].

É possível também falar da relação de benefício e controle dos indivíduos pela vigilância das massas a partir do recente caso envolvendo a atualização do sistema operacional da empresa Microsoft, o Windows 10. Pela primeira vez oferecendo a atualização de um sistema operacional de forma gratuita, a prática gerou polêmica pelas novas políticas

---

[10] G1. França rejeita recurso do Google contra o 'direito ao esquecimento'. Disponível em: <http://g1.globo.com/tecnologia/noticia/2015/09/franca-rejeita-recurso-do-google--contra-o-direito-ao-esquecimento.html>. Acesso em: 24 nov.2015.

de privacidade que o mais recente Windows 10 trazia consigo[11]. Se, por um lado, oferecer gratuitamente um serviço que sempre foi pago, de forma completa e totalmente funcional parece ser algo extremamente bem-vindo por parte do consumidor, por outro, na realidade, as pessoas podem estar pagando pelo serviço de outra forma. Tendo sido acusada de espionagem por diversos veículos especializados[12], a Microsoft criou um novo sistema operacional que registra todas as informações do usuário, ainda que este não autorize a coleta de dados. O sistema rastreia tudo o que o usuário faz, e não há nada que o mesmo possa fazer para desabilitar esta opção[13]. Segundo o vice-presidente da Microsoft, ainda que o sistema ofereça algumas opções a terem seus rastreamentos desabilitados, certas funções ainda continuarão coletando dados dos usuários contra a vontade deles e isso se justificaria para "manter a saúde do sistema" (EXPRESS, 2015). Este caso é capaz de ilustrar quando a vigilância pode, à primeira vista, aparentar ter como objetivo um benefício geral da sociedade, mas na verdade, estar agindo por interesses próprios.

Bobbio (2000) dizia que uma sociedade democrática pode encontrar alguns paradoxos e um deles é ter que recorrer à vigilância e ao segredo para o bem do seu próprio povo e para a preservação da democracia como sistema de governo. O problema, na realidade, é que provavelmente os indivíduos nunca terão acesso às informações de vigilância colhidas supostamente para protegê-los, pois a abertura destas informações poderia colocar a sociedade e a democracia em perigo. Portanto, o segredo inerente ao ato de vigiar pode ser sempre um motivo de corrupção dentro de uma sociedade democrática.

Bauman (2014), afirma que após o caso Snowden, a opinião pública começou a se questionar sobre as questões de vigilância, bem como se ela seria necessária para garantir questões de "segurança nacional" e "ordem pública". De acordo com o autor, o trabalho de Edward Snow-

---

[11] Techtudo. Windows 10 espião? Microsoft enfrenta nova polêmica sobre privacidade. Disponível em: <http://www.techtudo.com.br/noticias/noticia/2015/08/windows-10--espiao-microsoft-enfrenta-nova-polemica-sobre-privacidade.html>. Acesso em: 24 nov.2015.

[12] Disponível em: <http://imasters.com.br/noticia/windows-10-levanta-questoes-sobre--privacidade-online/>;
<http://www.techtudo.com.br/dicas-e-tutoriais/noticia/2015/08/hello-windows-10-acessa--camera-sem-voce-pedir-veja-como-desligar.html>;
<http://www.techtudo.com.br/noticias/noticia/2015/10/microsoft-detalha-polemica--sobre-privacidade-no-windows-e-na-cortana.html>. Acesso em: 24 nov.2015.

[13] Disponível em: <http://www.express.co.uk/life-style/science-technology/617168/Windows-10-Tracking-Keylogger-Not-Stopped>. Acesso em 24 nov.2015.

den trouxe evidências suficientes que provam a relação de agências de espionagem do governo norte-americano com sites de mídias sociais como o Facebook. Mas ainda assim, as pessoas parecem não dar tanta importância às questões relacionadas à vigilância massiva e privacidade desde que não estejam envolvidas em zonas de conflito ou em estado de repressão política.

Bauman (2014) diz que há basicamente 3 fatores que indicam o motivo da vigilância massiva ser aceitável pela sociedade:

- Familiaridade: a vigilância nos dias de hoje é tão invasiva, que chega a estar presente em várias dimensões do nosso dia-a-dia. Está presente não só nas câmeras das ruas, em procedimentos de estabelecimentos comerciais e aeroportos, mas também em nossos carros e nos próprios dispositivos que carregamos conosco durante todo o dia (e noite). Este tipo de vigilância miniaturizada está "enraizado", domesticado, fazendo a vigilância massiva passar despercebida pela maioria dos indivíduos afetados por ela.

- Medo: após os atentados terroristas de 11 de setembro nos Estados Unidos, o mundo passou a viver em estado de alerta. Governos, companhias de seguro e a mídia passaram a utilizar o fator "medo" na sociedade para atingir seus próprios objetivos. As companhias se utilizavam do medo para lucrar em cima das vendas de equipamentos que garantiam segurança, governos tinham a justificativa de usar vigilância para manter a sociedade segura, e a mídia se encarregava de enfatizar a luta dos "bons contra os maus". Os efeitos colaterais destas atitudes quando não podia mais se distinguir entre quem eram terroristas, protestantes legais (de causas como "degradação ambiental, abusos aos direitos humanos, ou exploração indígena), ou apenas imigrantes sem documentos. Segundo Bauman (2014), "os níveis de medo ultrapassaram vastamente as atuais estatísticas de atividade de terrorismo e, indiscutivelmente, encorajaram a aceitação da vigilância intensificada (BAUMAN, 2014, p. 22, tradução nossa)".

- Entretenimento: Bauman (2014) argumenta que este fator pode parecer trivial em relação ao segundo fator, que se relaciona aos atentados terroristas de 11/9, mas que é verdadeiramente significativo quando se fala na grande expansão que as mídias sociais tiveram na última década. Isso é respaldado pela característica da Web 2.0 de ter seu conteúdo gerado pelo próprio usuário, e não apenas por grandes organizações. As pessoas participam das mídias sociais com suas identidades reais, criando uma rede de conexões baseadas em interesses em comum. Essa "vigilância social"[14], é definitivamente agradável para os usuários de tais mídias sociais, que se organizam em grupos de mesmo interesse para depois terem seus dados utilizados por empresas de *marketing*. De acordo com Bauman (2014), enquanto as mídias sociais podem ser uma poderosa ferramenta de protesto e de formação de opinião política, elas também entregam enormes quantidades de dados sobre seus usuários às instituições de espionagem e controle social, como Snowden revelou ao mundo.

3. CASOS RECENTES: A LIBERDADE EM CHEQUE

Se, por um lado, no primeiro semestre de 2014 o Tribunal de Justiça da União Europeia (TJUE) deu um passo em direção ao direito à privacidade dos indivíduos na Internet, com a decisão em relação ao "direito ao esquecimento", a França – mesmo país que lutou para que essa lei fosse posta em prática não só na Europa, mas também no mundo[15] –, passa por uma situação controversa. Tendo sido alvo de um atentado terrorista em janeiro de 2015, contra a sede do jornal *Charlie Hebdo*, a França, em julho do mesmo ano, decide aprovar lei de vigilância que dispensa autorização judicial prévia. Segundo a Reuters Brasil (2015), a inteligência poderia "Em vez de exigir a aprovação de um juiz, [...] sob a nova lei, ordenar a vigilância após aconselhamento de um órgão de fiscalização recém-criado especificamente para essas aprovações."[16].

Meses depois, em novembro de 2015, a França passaria novamente por outra tragédia, sendo vítima de ataques terroristas coordenados pelo grupo radical Estado Islâmico, onde ao menos 130 pessoas foram vítimas fatais dos ataques. Em março de 2016, o mundo novamente presenciaria uma série de ataques terroristas em Bruxelas, na Bélgica, que deixara

---

[14] "Vigilância Social:" termo utilizado por Alice Marwick (2012) e reutilizado por Bauman (2014).

[15] The Verge. French regulator says Google must expand 'right to be forgotten' to all Google sites. Disponível em: < http://www.theverge.com/2015/9/21/9365075/french--regulator-google-right-to-be-forgotten>. Acesso em: 24 nov.2015.

[16] Reuters Brasil. Conselho Constitucional aprova lei de vigilância na França. Disponível em < http://br.reuters.com/article/worldNews/idBRKCN0PY00220150724 >. Acesso em: 26 abr.2016.

dezenas de mortos e centenas de feridos. Novamente, em meados de 2016, a cidade francesa Nice sofre um novo revés com um atentado na região do Passeio dos Ingleses.

Para o autor do *Patriot Act*[17], professor de Direito da Universidade de Siracusa, em Nova York, Nathan A. Sales, a nova lei de vigilância da França é ainda mais agressiva do que a dos Estados Unidos, pois não há necessidade de aprovação judicial para que a vigilância seja posta em prática e, além disso, o número de casos que justifiquem algum tipo de monitoramento é ainda maior, não se restringindo à suspeita de terrorismo, mas também à investigação de práticas ilegais industriais e econômicas[18].

O jornalista e sociólogo Ignacio Ramonet, autor do livro "O império da vigilância", em entrevista ao jornal eletrônico Carta Maior com base nos mais recentes ataques terroristas sofridos pela França, comenta que devido aos acontecimentos serem muitos recentes, a sociedade pode ser mais propensa a aceitar quaisquer medidas impostas pelo governo, uma vez que sinta que esteja em segurança. Segundo Ramonet (2015),

> os Estados Unidos promulgou a Patriot Act, com essa mesma ideia, um contrato com os cidadãos: aceite perder um pouco da sua liberdade e eu garanto mais segurança. O problema é que a Patriot Act está vigente ainda hoje (RAMONET, 2015).

Para Ramonet (2015), a vigilância massiva não é eficaz, assim como a segurança total não existe. Os governantes prometem segurança total através da vigilância massiva, pois é isso que a sociedade procura. Mas a segurança absoluta seria impossível de ser atingida, mais "ainda quando se enfrenta a grupos terroristas". Contudo, a vigilância massiva sim, existe comprovadamente, ainda mais após as revelações de Edward Snowden. Porém, de acordo com Ramonet (2015), essas ferramentas de vigilância massiva são uma espécie de coação, que prometem máxima segurança, desde que seja permitido pela sociedade que ela própria seja totalmente vigiada. Porém, enquanto a sociedade é vigiada, "não vão e nem podem garantir essa segurança máxima".

---

[17] Patriot Act, cm português, Lei Patriótica, foi a lei foi aprovada no dia 26 de outubro de 2001 pelo presidente George W. Bush, após os ataques terroristas de 11 de setembro, que determinava um aumento de vigilância massiva da sociedade sobre pretexto de ameaça terrorista ao povo americano.

[18] RFI - Para autor do 'Patriot Act', nova lei francesa de vigilância é mais dura que a americana. Disponível em: <http://www.brasil.rfi.fr/mundo/20151117-para-um-dos-autores-do-patriot-act-nova-lei-francesa-de-vigilancia-e-mais-permissiva->. Acesso em: 24 nov.2015.

Quando a Internet surgiu, de acordo com Ramonet (2015), "era um ambiente de liberdade, porque democratizava o acesso à informação". Porém, essa realidade foi se alterando, sendo que, hoje em dia, grande parte dos usuários "que navegam pela Internet se utilizam quase que inevitavelmente uma das cinco grandes empresas digitais: Google, Apple, Facebook, Amazon ou Microsoft". Para o sociólogo, seria impossível hoje utilizar a Internet sem entregar seus dados a essas grandes empresas que, por sua vez, os entregam aos Estados Unidos por lei.

Ramonet (2015) classifica pessoas como Julian Assange e Edward Snowden como heróis, que se arriscaram para defender uma ideologia com base na privacidade individual dentro de uma sociedade democrática. Porém, da mesma forma, realiza uma crítica à sociedade que, de certa forma, não se incomoda em estar sendo vigiada, citando o Facebook, como exemplo, em que os dados obtidos são adquiridos de forma voluntária. A sociedade seria a maior culpada em relação à este comodismo:

> A sociedade não valora suficientemente o heroísmo de pessoas como Assange. Quem são as pessoas mais perseguidas do mundo? Assange, Snowden, Chelsea Manning, condenada a 30 anos de prisão por ter revelado crimes que não deveria ocultar. Assange está há três anos preso na Embaixada do Equador em Londres, e Snowden está exilado na Rússia (RAMONET, 2015).

Para Ramonet (2015), a sociedade falha em perceber que três das pessoas mais perseguidas do mundo são aquelas que se arriscaram ao expor sistemas de vigilância em massa que ameaçam a liberdade individual de cada um, denunciando "um atentado contra as nossas liberdades".

CONSIDERAÇÕES FINAIS

Vimos até aqui que a caminhamos para um futuro desconcertante no que tange às transformações nos processos de vigilância e privacidade sociais. As transformações provocadas pelas tecnologias digitais colocam, de um lado, oportunidades de empoderamento, acesso às informações e pluralidade nas interações e processos; no entanto, conduzem às práticas de obtenção de metadados através de algoritimos que por vezes respondem a interesses escusos.

A vigilância contemporânea traz também impactos importantes nas democracias. Se usada como controle biopolítico, pode servir menos à função de proteção e segurança e mais à invasão da privacidade individual, já que viver em tempos de ciberespaço significa deixar rastros monitoráveis, recuperáveis e capturáveis.

Entendendo que a tecnologia em si está cada vez mais integrada à sociedade, assim como a comunicação se mostra cada vez mais acessível e globalizada através da expansão da Internet e das novas mídias, não é fácil imaginar um cenário onde a privacidade dos indivíduos seja algo cada vez mais difícil de manter. Toda a situação se mostra a favor das práticas de vigilância massiva, ora com os governos se justificando com base em questões de segurança nacional, ora com a sociedade anestesiada pelo costume de ser vigiada enquanto lhe é prometido algo em troca, sendo este algo a sensação de segurança absoluta – que na realidade é uma promessa vazia –, ou mesmo a experiência de entretenimento através das relações constantes que as novas tecnologias oferecem.

Mas é importante lembrar que as pessoas devem definir quais são suas reais prioridades. Uma vez que é constante a publicidade de informações pessoais através das novas tecnologias, redes sociais, chats, blogs e afins, torna-se complexo adotar um sistema em que algo como a "Lei do Esquecimento" se torne um processo funcional. Se por um lado as pessoas possuem o direito à privacidade individual, pelo outro estas mesmas pessoas sentem-se obrigadas – seja pela indústria cultural e/ou midiática -, a se auto exporem.

A vida pessoal de cada indivíduo torna-se uma espécie de vitrine virtual. Suas preferências, seus interesses, seus perfis psicológicos, seus segredos; o que estava antes dentro de um escopo íntimo, pessoal, interno, passa à ser de domínio público, livre, externo. E assim, a privacidade individual se desfaz imperceptivelmente aos propósitos daqueles que estão no controle dos processos de vigilância massiva da sociedade.

REFERÊNCIAS

ANGELUCI, A. C. B. From 'Gads' to 'Apps': the key challenges of post-web internet era. Revista GEMINIS, v. 1, n. 2 Ano 4, p. 75-88, 2013.

ANGELUCI, A. C. B.; Galperin, H. O consumo de conteúdo digital em lan houses por adolescentes de classes emergentes no Brasil. Revista Latinoamericana de Ciencias de la Comunicación, v. 17, p. 246-257, 2012.

ANGELUCI, A. C. B.; HUANG, G. Rethinking media displacement: the tensions between mobile media and face-to-face interaction/Repensando o deslocamento da mídia: as tensões entre as mídias móveis ea interação face-a-face. Revista FAMECOS, v. 22, n. 4, p. 173, 2015.

BARICHELLO, E. MOREIRA, E. A análise da vigilância de Foucault e sua aplicação na sociedade contemporânea: estudo de aspectos da vigilância e sua relação com as novas tecnologias de comunicação. Intexto, Porto Alegre, UFRGS, n. 33, p. 64-75, maio/ago. 2015. Disponível em: <http://www.seer.ufrgs.br/intexto/article/view/50075>. Acesso em: 14 nov.2015.

BAUMAN, Z. et al. After Snowden: Rethinking the impact of surveillance. International Political Sociology, v. 8, n. 2, p. 121-144, 2014. Disponível em: <http://onlinelibrary.wiley.com/doi/10.1111/ips.12048/abstract>. Acesso em: 25 nov.2015.

BOBBIO, N. Teoria Geral da Política. A Filosofia da Política e as Lições dos Clássicos. Rio de Janeiro: Campus, 2000. p. 371-415.

BRUNO, F. Mapas de crime: vigilância distribuída e participação na cibercultura. Revista da Associação Nacional dos Programas de Pós-Graduação em Comunicação | E-compós, Brasília, v.12, n.2, maio/ago. 2009.

CASTELLS, M. Communication Power. Oxford University Press, 2009.

FAUSTO, B. Redemocratização e o Direito à Memória, à Verdade e à Justiça. In: ARAUJO, M. P. N.; SILVA, I. P.; SANTOS, D. R. Ditadura Militar e Democracia no Brasil: História, Imagem e Testemunho. Rio de Janeiro: Ponteio, 2013. p. 40.

FLORIDI, L. The Onlife Manifesto: being human in a hyperconnected era. Springer International Publishing, 2015.

FOUCAULT, M. Vigiar e Punir. 20.ed. Petrópolis: Vozes, 1999. p. 200-2001.

G1. França rejeita recurso do Google contra o 'direito ao esquecimento'. Disponível em: <http://g1.globo.com/tecnologia/noticia/2015/09/franca-rejeita-recurso-do-google--contra-o-direito-ao-esquecimento.html>. Acesso em: 24 nov.2015.

LÉVY, P. O que é o virtual?. Editora 34, 2003.

LYON, D. A World Wide Web da vigilância: a Internet e os fluxos de poder off-world. In: OLIVEIRA, José M.P.; CARDOSO, Gustavo L.; BARREIROS, José J. (orgs.). Comunicação, cultura e tecnologias da informação. Lisboa: Quimera, 2004.

MANOVICH, L. The language of new media. MIT Press, 2002.

O ESTADO DE S. PAULO. Alemanha vai analisar a proposta do Google. Publicado em: 12 de agosto de 2010. Disponível em: <http://blogs.estadao.com.br/ link/alemanha-vai--analisar-a-proposta-do-google/>. Acesso em: 24 abr.2016.

PASSARELLI, B.; JUNQUEIRA, A.; ANGELUCI, A. Digital natives in Brazil and their behavior in front of the screens. Matrizes (USP. Impresso), v. 8, p. 159-178, 2014.

PASQUINELLI, M. Capitalismo maquínico e mais-valia de rede: notas sobre a economia política da máquina de Turing. Lugar comum [em linha], n. 36-37, p. 13-36, 2012.

RAMONET, I. Ignacio Ramonet: A segurança total não existe, mas a vigilância massiva sim: entrevista. 2015. Entrevistador: Carta Maior, 2015. Entrevista concedida ao jornal online Carta Maior. Disponível em: < http://cartamaior.com.br/?/Editoria/Internacional/

Ignacio-Ramonet-A-seguranca-total-nao-existe-mas-a-vigilancia-massiva-sim/6/35031>. Acesso em: 26 abr.2016.

REUTERS BRASIL. Conselho Constitucional aprova lei de vigilância na França. Disponível em <http://br.reuters.com/article/worldNews/idBRKCN0PY00220150724>. Acesso em: 26 abr.2016.

SANTOS, B. S. Um discurso sobre as ciências. 4ª edição. São Paulo: Cortez, 2006.

SOARES, Elisianne. Ciberespaço, vigilância e privacidade: o caso Google Street View. Ciberlegenda, 2011.

THE GUARDIAN. Google admits collecting Wi-Fi data through Street View cars. Disponível em: <http://www.theguardian.com/technology/2010/may/15/google-admits-storing--private-data>. Acesso em: 20 nov.2015.

WARSCHAUER, M. Technology and social inclusion: Rethinking the digital divide. MIT press, 2004.

SEPARANDO CONTEÚDO E FORMA NA REDAÇÃO CIENTÍFICA COM LATEX

Luciano de Sampaio Soares*

RESUMO

Seja em congressos ou durante as aulas de cursos dos diferentes níveis da Educação Superior, conversas sobre redação científica frequentemente se voltam à discussão acerca da aplicação das normas formais da ABNT e de outros padrões (como o *American Psychology Association* – APA, comumente utilizado em periódicos internacionais das Ciências Sociais) aos artigos e submissões realizados pelos pesquisadores. Aplicativos de processamento de texto – Microsoft Word, OpenOffice, LibreOffice, entre outros – oferecem a possibilidade de gerenciar essa normatização de forma concomitante à produção do conteúdo, fato que gera a percepção de que a concentração do pesquisador nem sempre se mantém em seus argumentos e exemplos, sendo ocupada também com preocupações formais como as configurações de diagramação de elementos como citações destacadas, referências bibliográficas, entre outros. Pretende-se aqui apresentar ao público das Ciências Sociais (e Aplicadas) uma ferramenta desenvolvida pelas Ciências da Computação para alterar o fluxo produtivo da redação científica, o LaTeX, como forma de facilitar o processo de escrita de artigos científicos, ao retirar a preocupação com normas do processo de redação propriamente dito.

PALAVRAS-CHAVE

LaTeX. Normatização. Diagramação. ABNT. Redação Científica.

* Professor de Comunicação Visual no curso de Bacharelado em Jornalismo da Universidade Federal de Rondônia – UNIR. Mestre em Comunicação e Linguagens pela Universidade Tuiuti do Paraná. Líder da linha de pesquisa em Visualidades do Grupo de Pesquisa em Ecossistemas Comunicacionais – COMtatos. Membro das redes internacionais de pesquisa *The Selfies Researchers Network* e *Hey Girl! Global*, e dos Grupos de Pesquisa Click (UFPR) e INCOM (UTP). E-mail:luciano.soares@unir.br

INTRODUÇÃO

A linguagem de marcação[1] LaTeX (LAMPORT, 1994), baseada na linguagem TeX criada por Knuth e Bibby (1986), é utilizada principalmente para facilitar o processo de normatização de trabalhos acadêmicos dos mais diferentes gêneros – artigos, relatórios, teses e dissertações, entre outros – ao separar a preocupação com o conteúdo do material em produção e sua aparência final (CHEREM, 2015).

Para cumprir essa proposta, a linguagem LaTeX oferece a seu usuário uma série de comandos – chamados marcadores – voltados à identificação de cada parcela do texto, de acordo com a função ou classificação daquele conteúdo dentro da estrutura literária. Assim, é possível indicar ao software de edição LaTeX o que é uma citação destacada, uma referência bibliográfica, notas de rodapé, e demais artifícios normatizados sem com isso interromper o fluxo do raciocínio do escritor. A partir dessas marcações, em um segundo momento, as configurações visuais e de diagramação do material serão atribuídas de forma automática ao texto, com base em definições previamente escolhidas pelo autor (THE LATEX USER GROUP, 2016).

Apesar de ser mais popular, em termos de Brasil, nos domínios das Ciências Exatas, da Terra, e Naturais, o potencial do LaTeX também pode ser considerado atraente para estudiosos das Humanas e Sociais (Aplicadas ou não), justamente por oferecer etapas distintas para a produção do texto e sua formatação. Assim, em vez de redigir seu texto em um processador de texto – como o Microsoft Word ou o LibreOffice –, o usuário do LaTeX produz seu material em outros softwares mais simples e leves, apresentados posteriormente, preocupando-se apenas com o conteúdo propriamente dito: texto, imagens, gráficos, tabelas, etc. Depois, quando todo o conteúdo estiver devidamente marcado, basta acionar o software de compilação – seja pela linha de comando, seja em um botão específico do editor preferido – para que as normas definidas no início de cada arquivo sejam aplicadas, e um PDF já corretamente formatado seja produzido. Além disso, a linguagem de marcação LaTeX permite a utilização de acessórios (como os gerenciadores de bibliografia BibTeX e

---

[1] Linguagens de marcação – também chamadas de linguagens mark-up consistem em conjuntos sintáticos similares aos encontrados em linguagens de programação, porém destinadas apenas à definição de conteúdo para posterior formatação de acordo com um estilo predefinido. Além do LaTeX, **MarkDown** e **HTML** são linguagens de marcação conhecidas, em especial a última, utilizada na criação websites.

BibLaTeX) e ferramentas online para armazenagem, controle de versão, e colaboração em tempo real entre pesquisadores geograficamente separados. Por fim, um grande atrativo do LaTeX em relação a outras ferramentas de editoração de textos é seu custo, uma vez que os softwares necessários para sua utilização – bem como pacotes de definições e ambientes de desenvolvimento – são gratuitos e de código-livre.

A principal resistência à utilização do LaTeX por pesquisadores das Humanas e Sociais é a percepção de que, por se tratar de uma ferramenta oriunda das Ciências da Computação com sintaxes próprias, trata-se de algum tipo de programação o que, portanto, exigiria um trabalho de lógica ou afinidade com o raciocínio de desenvolvimento de software. Também a curva de aprendizado – como lembra – é significativa, especialmente pela natureza compilada[2] do arquivo finalizado e a frequente necessidade de utilização de pacotes opcionais para determinadas tarefas (gráficos, imagens, entre outros).

O CONTEÚDO EM LINGUAGENS DE MARCAÇÃO

O conceito de marcação em textos é comum a uma grande quantidade de ferramentas de redação, ainda que sua implementação em determinados aplicativos não seja necessariamente intuitiva. Em editores de texto mais populares – Microsoft Word e similares – a marcação é realizada com o uso de **estilos de parágrafo**. Ao selecionar uma passagem e defini-la como um "Título 4", por exemplo, efetivamente o que o autor faz é aplicar uma marcação que o software, ao gerar a exibição em tempo real[3] do texto, usa como referência para aplicar as características visuais que aquela passagem deve exibir na tela. Ainda que o pano de fundo seja o mesmo, a preocupação com "será que este título está na fonte correta?" ou "um subtítulo de nível 4 é itálico, negrito, ou nenhum dos dois?" costuma distrair o autor do conteúdo que está produzindo no afã de já deixar seu material corretamente nas normas.

Ao produzir seu texto em LaTeX, o autor também informa ao software que determinadas palavras devem ser formatadas como um título de quarto nível, porém a visualização momentânea não corresponde

---

[2] A compilação de um arquivo LaTeX consiste no processamento do texto redigido para a aplicação dos estilos gráficos definidos previamente pelo autor do material, visando também a correta indicação de bibliografia e de outros elementos-suporte ao texto acadêmico.

[3] Esse tipo de exibição é chamado **WYSIWYG** – *What You See Is What You Get*, ou "O que você vê é o que você recebe".

à aparência final do texto. Para marcar a passagem dessa forma, basta inserir o comando[4] que, ao ser compilado, resultará em:

TÍTULO 4

Cada elemento que precisa ser diferenciado em um documento acadêmico tem marcações próprias (um dos motivos para a elevada curva de aprendizado do LaTeX), sempre respeitando a sintaxe básica \ **marcador{Texto a ser marcado}**. Um paralelo fácil é comparar com a sintaxe do **HTML**, que definiria um título de quarto nível entre as *tags* **<h4>Título 4</h4>**, por exemplo.

Uma vez que este texto não pretende ser um tutorial do uso do La-TeX, até mesmo devido ao espaço disponível na publicação, recomenda--se que os curiosos e/ou interessados consultem o site oficial do projeto LaTeX em <https://www.latex-project.org>.

AS NORMAS EM LATEX

Como mencionado anteriormente, o sistema de preparação de documentos oferecido pelo LaTeX permite que os autores foquem na redação do texto, em sua argumentação e em seus dados, para posterior aplicação automática das normas durante a compilação do documento terminado. Porém, para que este processo ocorra é necessário ter instalado, além do LaTeX propriamente dito, o pacote relativo à norma pretendida.

A instalação de pacotes é feita a partir de um gerenciador de pacotes, dependente do sistema operacional do usuário[5].

---

[4] O * entre a definição da marcação *subsubsection* e o { indica que o título não deve ser numerado. Excluindo-se o *, a numeração de seção segue a ordem definida na seção e subseção à que o texto pertence (FLYNN, 2005).

[5] Em computadores rodando Windows, é possível instalar o LaTeX a partir do **MiKTeX**, do **proTeXt**, ou do **TeX Live**. Em sistemas Mac OS, o instalador é o **MacTeX**, enquanto para Linux instala-se a partir do **TeX Live**. Todos esses aplicativos estão disponíveis no site oficial do LaTeX. Cada instalador conta com um gerenciador de pacotes próprio, sendo então recomendado consultar a documentação específica da distribuição escolhida.

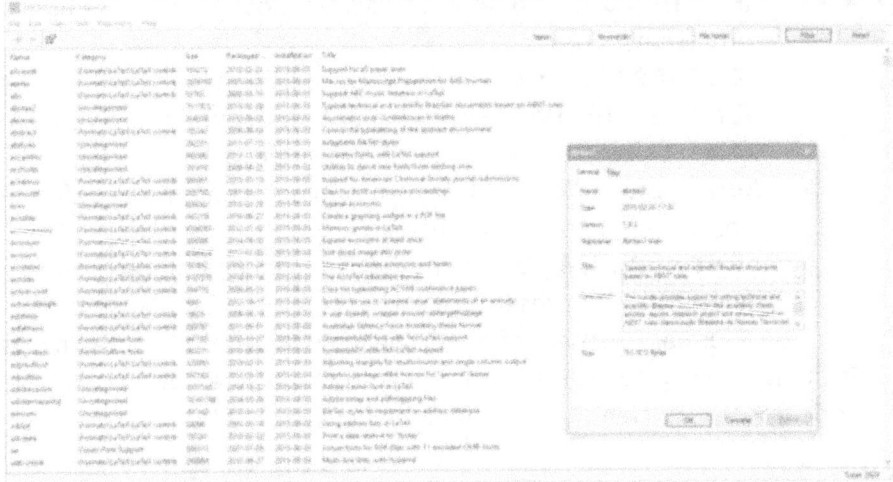

Figura 1: Gerenciador de Pacotes do MiKTeX (Windows 10) destacando o ABNTeX
Fonte: Captura de tela gerada pelo autor.

ABNTEX

Os modelos LaTeX das normas da Associação Brasileira de Normas Técnicas (ABNT) para trabalhos científicos está disponível para download gratuito por meio dos gerenciadores de pacotes, ou pelo navegador[6] e inclui, além da classe **abnTeX** (o arquivo que determina a aparência final das páginas), definições para a correta formação das referências bibliográficas nos documentos que a utilizam (ARAÚJO, 2016).

De acordo com a equipe responsável pela manutenção do pacote abnTeX, o pacote é compatível com as normas:

- **ABNT NBR 6022:2003**: Informação e documentação - Artigo em publicação periódica científica impressa - Apresentação
- **ABNT NBR 6023:2002**: Informação e documentação - Referência - Elaboração
- **ABNT NBR 6024:2012**: Informação e documentação - Numeração progressiva das seções de um documento - Apresentação
- **ABNT NBR 6027:2012**: Informação e documentação - Sumário - Apresentação
- **ABNT NBR 6028:2003**: Informação e documentação - Resumo - Apresentação
- **ABNT NBR 6029:2006**: Informação e documentação - Livros e folhetos - Apresentação (novo!)

---

6   http://www.abntex.net.br

- **ABNT NBR 6034:2004**: Informação e documentação - Índice - Apresentação
- **ABNT NBR 10520:2002**: Informação e documentação - Citações
- **ABNT NBR 10719:2015**: Informação e documentação - Relatório técnico e/ou científico - Apresentação
- **ABNT NBR 14724:2011**: Informação e documentação - Trabalhos acadêmicos - Apresentação
- **ABNT NBR 15287:2011**: Informação e documentação - Projeto de pesquisa - Apresentação

Dessa forma, o modelo oferecido pelo pacote abnTeX contempla as principais – se não todas – exigências de formatação e normas exigidas na documentação científica brasileira.

MODELOS INSTITUCIONAIS

Além do – e muitas vezes baseadas no – abnTeX, diversas universidades brasileiras contam com modelos específicos para trabalhos acadêmicos desenvolvidos em seus cursos. Na sua grande maioria, as instituições que oferecem modelos LaTeX são universidades públicas com cursos de graduação e/ou pós-graduação na área de exatas, como as Universidades Federais do Ceará (UFC)[7], de Goiás (UFG)[8], do Paraná (UFPR)[9], de Juiz de Fora (UFJF)[10], e a Universidade Tecnológica Federal do Paraná (UTFPR)[11]. Além destas, é provável que outras instituições – públicas ou privadas – também ofereçam modelos LaTeX específicos para suas normas particulares.

---

[7] O modelo da UFC pode ser encontrado em: https://github.com/padawanphysicist/tese-latex-ufc

[8] O modelo, desenvolvido para atender ao Mestrado em Matemática, é encontrado em: https://posgraduacao.mat.ufg.br/p/3262-modelo-dissertacao

[9] O modelo da UFPR – desenvolvido para o Programa de Pós-Graduação em Métodos Numéricos – pode ser obtido em: http://ppgmne.blogspot.com.br/2009/12/modelo-latex-de-dissertacao-padrao-ufpr.html

[10] O modelo da UFJF é encontrado em: http://www.ufjf.br/biblioteca/servicos/normalizacao-2/

[11] O modelo da UTFPR está disponível em: http://www.utfpr.edu.br/guarapuava/cursos/bacharelados/Ofertados-neste-Campus/engenharia-mecanica/base-de-dados/documentos-tcc/modelo-latex/view

PADRÕES INTERNACIONAIS

Se no Brasil a ABNT define as normas técnicas para publicação de trabalhos científicos, outros países também contam com agências e organizações que se responsabilizam pela padronização de sua produção científica. Dentre os mais conhecidos, o estilo da *American Psychological Association*[12] (APA), utilizado com frequência em eventos científicos e também por grande número de periódicos, é incluído na instalação do LaTeX tanto pelo **TeX Live** (Windows e Linux) quanto pelo **MiKTeX** (Windows). O mesmo ocorre com o *Modern Language Association*[13] (MLA), também muito utilizado internacionalmente em eventos e periódicos de Humanidades e Ciências Sociais.

NORMAS DE EDITORAS

A utilização do sistema de preparação de documentos oferecido pelo LaTeX é especialmente interessante para pesquisadores que pretendem publicar os resultados de suas pesquisas em veículos estrangeiros.

De interesse para a área da Comunicação, em especial, pode-se mencionar a classe de documento **elsarticle**[14], desenvolvida pela editora Elsevier[15] para utilização em todos os periódicos da casa. Cabe ressaltar, também, que de acordo com a própria Elsevier, a utilização do modelo LaTeX é o método preferencial para submissões em quaisquer um de seus periódicos, o que pode significar um tempo de espera por revisões e aceite menor do que artigos submetidos em outros formatos. Outra grande editora de periódicos, a *SAGE Publishing*[16] também fornece um modelo **sagej** para facilitar a preparação de manuscritos para submissão em seus periódicos[17].

De maneira semelhante, a *Wiley Publishing Company*[18], editora de livros acadêmicos, oferece o **Wiley Book Style**[19] como recurso para autores. O estilo inclui modelos para os formatos 6" x 9" (aprox. 15 cm x 22 cm) e 7" x 10" (aprox. 17 cm x 25 cm).

---

[12] http://www.apastyle.org/

[13] https://www.mla.org/

[14] O modelo *elsarticle* está disponível em: https://www.elsevier.com/authors/author-schemas/latex-instructions

[15] http://www.elsevier.com

[16] https://us.sagepub.com/

[17] https://us.sagepub.com/en-us/sam/manuscript-submission-guidelines

[18] http://www.wiley.com

[19] http://www.wiley.com/WileyCDA/Section/id-301843.html

PRODUZINDO EM LATEX

Escrever utilizando o LaTeX como sistema de preparação de documentos não exige, necessariamente, um ambiente específico de redação, uma vez que softwares simples de produção textual como o Bloco de Notas do Windows são capazes de carregar o código-fonte dos textos produzidos na linguagem de marcação. Em um segundo momento, entretanto, a obtenção do documento devidamente normatizado exigiria, no caso da redação no Bloco de Notas ou software igualmente limitado, a compilação do arquivo por meio de comandos no console ou terminal do computador, o que exige uma familiaridade com o sistema LaTeX que poderia desencorajar os iniciantes.

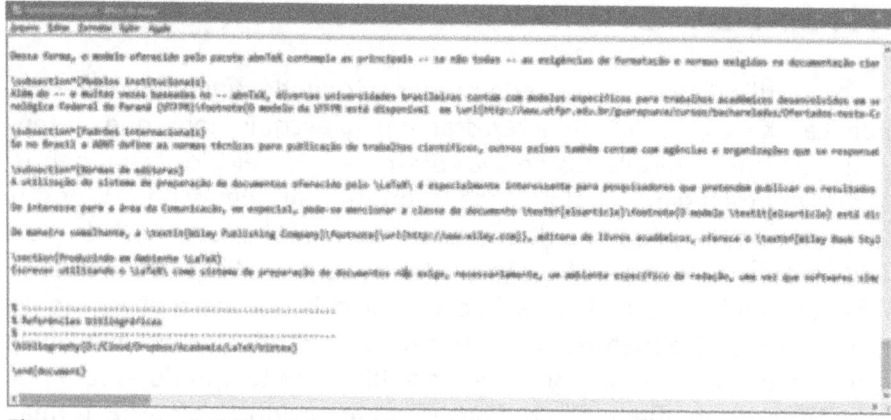

Figura 2: Arquivo LaTeX redigido no Bloco de Notas do Windows
Fonte: Captura de tela gerada pelo autor.

Felizmente, há uma quantidade significativa de ferramentas disponíveis para facilitar e agilizar ainda mais a produção de documentos usando LaTeX. Os instaladores mencionados anteriormente, por exemplo, contam com o **TeXworks**[20] como editor padrão para Windows e Linux, e o **TeXShop**[21] para Mac OS.

---

[20] https://www.tug.org/texworks/
[21] http://pages.uoregon.edu/koch/texshop/texshop.html

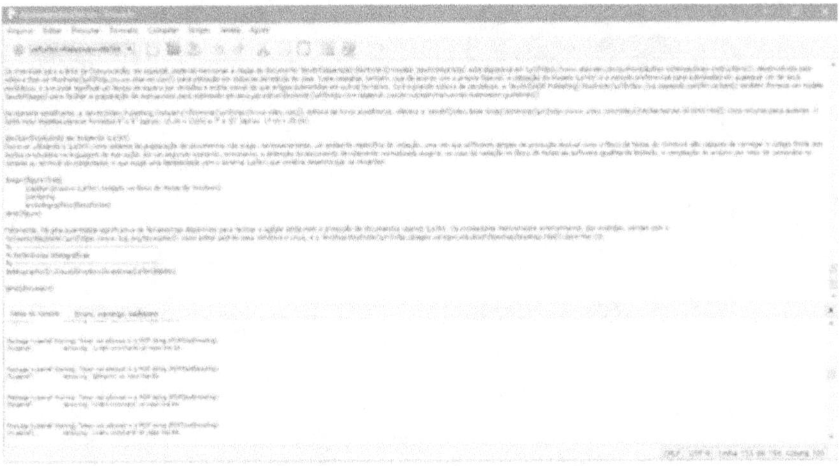

Figura 3: Arquivo LaTeX redigido no TeXworks do Windows
Fonte: Captura de tela gerada pelo autor.

A principal vantagem dos editores padrão inclusos nos instaladores é a automatização do processo de compilação do documento, que passa a ser obtida com o clique de um botão (na Figura 3, por exemplo, para se obter o PDF do documento em produção, basta o clique no botão verde no canto superior esquerdo da interface para o processamento e aplicação da norma).

Além dos editores padrão, vários outros softwares estão disponíveis nas diferentes plataformas para trabalho com LaTeX. Dentre estes, destaca-se o **TeXMaker**[22], disponível para os 3 sistemas operacionais mais comuns, que além de facilitar a compilação, oferece ferramentas adicionais – como assistentes de adição de código e colorização – e condições diferenciadas de produção, como a estrutura do documento na coluna da esquerda e a visualização do PDF após compilação, à direita na janela do aplicativo.

BIB(LA)TEX E REFERÊNCIAS BIBLIOGRÁFICAS

Provavelmente uma das grandes dores de cabeça na hora de preparar documentos científicos, o gerenciamento e inclusão de referências bibliográficas é outra atividade que pode ser resolvida com certa facilidade ao se utilizar LaTeX, ainda que seja um outro conjunto de ferramentas que executa essa função, o **BibTeX**[23].

---

[22] http://www.xm1math.net/texmaker/
[23] http://www.bibtex.org/

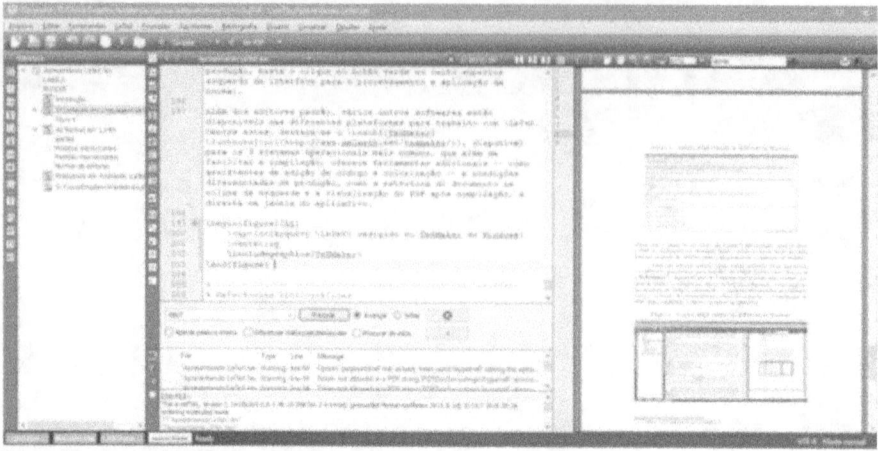

Figura 4: Arquivo LaTeX redigido no TeXMaker do Windows
Fonte: Captura de tela gerada pelo autor.

Assim como os arquivos LaTeX propriamente ditos, arquivos BibTeX são basicamente arquivos de texto simples, com marcações específicas que caracterizam pares de chave-valor para cada informação necessária acerca de um documento referenciado. Assim, o arquivo BibTex pode ser considerado um banco de dados de bibliografias semelhante – de certas formas – aos encontrados em editores de texto como o Microsoft Word e o LibreOffice. Entretanto, o gerenciamento desse banco de dados, ainda que possa ser feito em softwares simples como o Bloco de Notas, é muito mais fácil em softwares específicos, como o **JabRef**[24] disponível para Linux, Mac e Windows.

Uma grande vantagem dos arquivos BibTeX sobre os bancos de dados específicos de editores de texto é a facilidade de manutenção, ainda que pesquisadores que já estejam no campo há certo período talvez precisem de um pouco de paciência ao migrar para o sistema, já que a quantidade de informação a ser incluída para quem já tem uma grande quantidade de bibliografia pode ser enorme. Pesquisadores iniciantes, por outro lado, podem aproveitar e começar desde cedo a criar seu banco de dados e manter, assim, o acesso facilitado a toda e qualquer referência que venham a necessitar posteriormente.

---

[24] http://www.jabref.org/

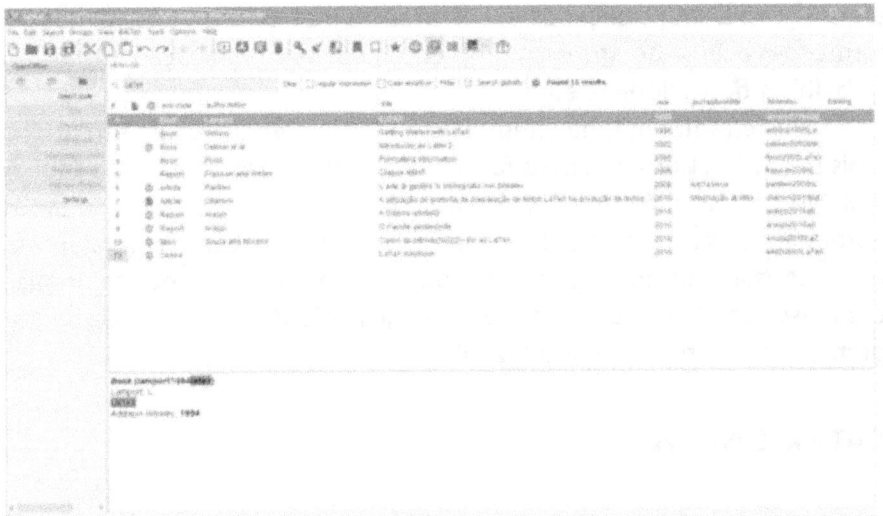

Figura 5: Banco de Dados BibTeX no JabRef (Windows), com bibliografia sobre LaTeX em exibição
Fonte: Captura de tela gerada pelo autor.

Outro ponto a favor do BibTeX é a possibilidade de obtenção dos dados de publicações a partir de buscas no Google Acadêmico[25], acessível pelo link "BibTeX", após o clique no link "Citar" que acompanha cada resultado encontrado, como mostra a Figura 6 a seguir.

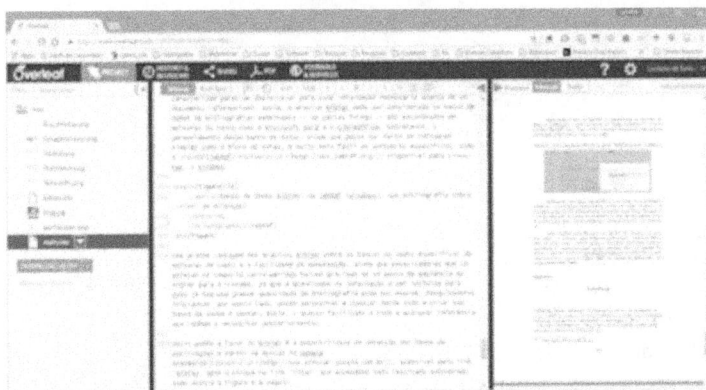

Figura 6: Link para dados BibTeX na janela "Citar" do Google Acadêmico
Fonte: Captura de tela gerada pelo autor.

Entretanto, em periódicos e em várias outras publicações brasileiras, as informações disponíveis no sistema do Google Acadêmico são incompletas, fato devido principalmente ao descuido na produção dos

---

[25] http://www.scholar.google.com.br

arquivos a serem publicados em termos de metadados, ou seja, das informações acerca do arquivo como autor, data de publicação, títulos do trabalho e do periódico, etc.

Existe também uma alternativa ao BibTeX, de estrutura um pouco mais rígida – e, portanto, mais facilmente padronizada – chamada **BibLa-TeX**. No geral, tanto o BibTeX quanto o BibLaTeX apresentam resultados apropriados às normas científicas, porém o segundo conta com algumas facilidades a mais em termos de capitalização (utilização de maiúsculas e minúsculas) de títulos, respeito a códigos LaTeX nos campos da bibliografia, entre outros (PANTIERI, 2008).

LATEX ONLINE

Aplicações relativamente recentes para LaTeX estão disponíveis para uso direto no navegador, permitindo que diversos pesquisadores colaborem remotamente em um mesmo texto, em tempo real, aproveitando a facilidade de aplicação de normas que o sistema proporciona e, ao mesmo tempo, mantendo a produção na "nuvem". Dentre essas aplicações, destacam-se o **Overleaf**[26] (Figura 7) e o **ShareLaTeX**[27] (Figura 8).

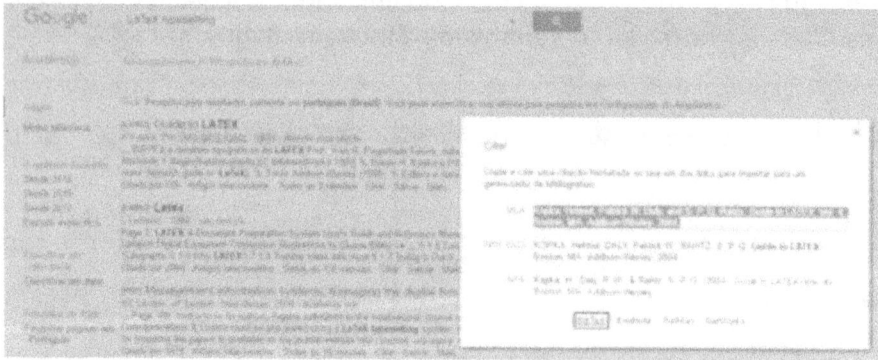

Figura 7: Texto redigido no Overleaf
Fonte: Captura de tela gerada pelo autor.

---

[26] http://www.overleaf.com
[27] http://www.sharelatex.com

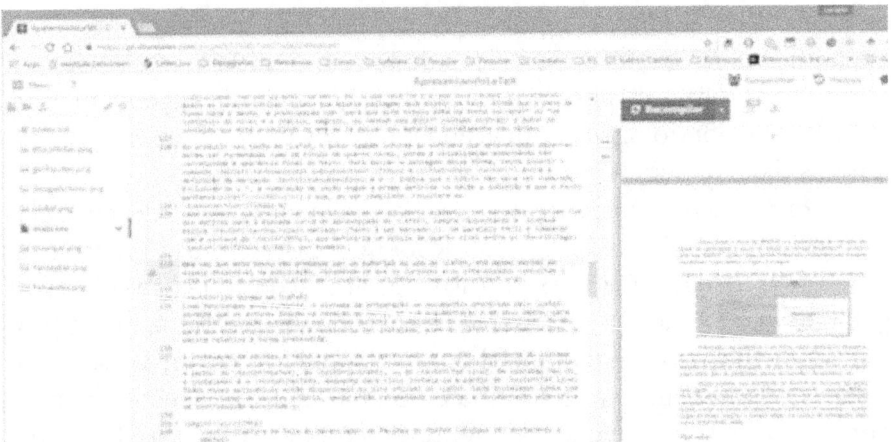

Figura 8: Texto redigido no ShareLaTeX
Fonte: Captura de tela gerada pelo autor.

Ambas as ferramentas contam com assistentes para inclusão de código, abnTeX, corretor ortográfico em português brasileiro, controle de versão, visualizador PDF em tempo real ou de atualização manual, entre outras ferramentas.

CONSIDERAÇÕES FINAIS

Apesar de um pouco complicado de início – em virtude da quantidade de marcadores, pacotes, etc. – o LaTeX oferece uma maneira de agilizar a produção de textos acadêmicos ao remover a preocupação com a formatação dos diversos elementos do texto, deixando-a a cargo do software, enquanto o autor se ocupa de fato com o conteúdo a ser transformado em arquivo. Além disso, pode-se também afirmar que, por se tratar de um arquivo de texto simples, o material produzido nesse sistema tem uma vantagem significativa em termos de longevidade, uma vez que dificilmente versões futuras de softwares e/ou sistemas operacionais não permitirão a abertura desse tipo de conteúdo, mesmo que a compilação venha ser abandonada em algum momento (e não há expectativa de que isso ocorra por enquanto). Ao se somar o potencial de organização de ferramentas como o BibTeX/BibLaTeX, a disponibilidade de aplicativos de colaboração online – valiosos especialmente para pesquisadores que participam de grupos de pesquisa ou redes de pesquisadores internacionais –, e a existência de modelos e pacotes específicos para editoras e publicações, além das normas comumente encontradas em eventos científicos de todo o mundo, percebe-se que aprender a utilizar o LaTeX pode significar uma complicação a menos, no médio ou longo prazo, para acadêmicos dos mais diferentes níveis e tempos de experiência.

Porém, ainda é necessário analisar – em virtude do desconhecimento sobre o LaTeX nos círculos acadêmicos brasileiros (em especial nas Humanidades e Ciências Sociais) – as limitações que esse contexto gera como, por exemplo, a possível necessidade de retrabalho na produção do conteúdo, em especial durante trabalhos colaborativos com colegas que não utilizem o sistema de preparação de documentos aqui apresentado. Um conversor eficiente de código LaTeX para formatos de editores de texto (.doc[x] e .odt, principalmente) poderia diminuir tal problema, porém uma ferramenta eficiente para tal tratamento dos arquivos ainda não está disponível, complicando ainda mais a adoção do LaTeX na academia brasileira, acostumada com a redação em editores de texto genéricos principalmente devido ao fácil acesso a essas ferramentas, muitas vezes instaladas por padrão nos sistemas operacionais.

REFERÊNCIAS

ARAÚJO, Lauro César. Manual, *A Classe abntex2: documentos técnicos e científicos brasileiros compatíveis com as normas abnt*. 2016. Disponível em: <http://mirrors.ctan.org/macros/latex/contrib/abntex2/doc/abntex2.pdf>.

CHEREM, Youssef Alvarenga. A utilização do sistema de preparação de textos LaTeX na produção de textos acadêmicos no brasil: uma investigação preliminar e perspectivas. *Informação & Informação*, v. 20, n. 1, p. 228 – 249, 2015. Disponível em: <http://www.uel.br/revistas/uel/index.php/ informacao/article/view/18495/pdf_52>.

FLYNN, Peter. *Formatting Information: A beginner's introduction to typesetting with LaTeX*. Cork: Silmaril, 2005. 193 p.

KNUTH, Donald Ervin; BIBBY, Duane. *The TeXbook*. Reading, Mass.: Addison-Wesley, 1986.

LAMPORT, Leslie. *LaTeX: a document preparation system: user's guide and reference manual*. Reading, Mass.: Addison-Wesley, 1994.

PANTIERI, Lorenzo. *L'arte di gestire la bibliografia con biblatex*. ArsTeXnica, n. 6, 2008. Disponível em: <http://www.lorenzopantieri.net/LaTeX_files/Bibliografia.pdf>.

THE LATEX USER GROUP. *LaTeX Wikibook*. 2016. Disponível em: <https://en.wikibooks.org/wiki/LaTeX>.

A COMUNICAÇÃO E AS TECNOLOGIAS DOS TOYS CHANNELS NO YOUTUBE

Everaldo Pereira*

RESUMO

Investigação sobre as relações entre comunicação, tecnologia e infância por meio dos "canais de brinquedos", denominados *toychannels* disponíveis no YouTube, a partir de reflexões teóricas sobre as Sociedades do Conhecimento, o ciberespaço e as relações entre cibercomunicção e infância. Identifica-se e sintetiza-se as tecnologias envolvidas no processo comunicacional. Evidencia-se como a tecnologia potencializa as relações sociais desde a infância.

PALAVRAS-CHAVE

 cibercomunicação, *toy channels*, infância.

INTRODUÇÃO

Nesse trabalho investigamos as relações entre comunicação, tecnologia e infância por meio dos "canais de brinquedos", denominados *toy channels,* que atualmente ganham destaque entre usuários infantis do YouTube. Nesse sentido buscamos uma revisão teórica a partir do entendimento sobre o contexto desses processos comunicacionais nas Sociedades do Conhecimento, por meio de autores como Alvin Toffler, Daniel Bell, Vannevar Bush, Michael Dertouzos, Ethevaldo Siqueira, entre outros; sobre o Ciberespaço a partir de Norbert Wiener, Thomas Friedman, Nicholas Negroponte, Sebastião Squirra e sobre Cibercomunicação com André Lemos, Sérgio Amadeu da Silveira e Sebastião Squirra, entre outros.

* Doutorando em Comunicação Social (UMESP); Mestre em Comunicação pela Universidade Metodista de São Paulo (UMESP); Professor do Instituto Mauá de Tecnologia (MAUÁ) e da Universidade Nove de Julho (UNINOVE).

Investigamos as tecnologias envolvidas nesse processo comunicacional, como o desenvolvimento de *sites* de *streaming*[1] de vídeo, como o YouTube e suas lógicas de produção; *softwares* e aplicativos, como Flash e HTML5; algoritmos de busca, de recomendação e de medição de tráfego; sobre o processamento de quantidades gigantescas de informação por meio de *buffering*[2], pacotes de dados e metadados; reprodução de dezenas de formatos de vídeos em diferentes *codecs*[3], para dar conta de inúmeros *displays* por meio dos quais milhões de usuários acessam as plataformas de vídeos; sobre dispositivos de gravação, *upload*[4] e edição de vídeo em tempo real; tecnologias de banda larga e dispositivos de acesso multiplataformas, entre outras tecnologias. Pretendemos assim, caracterizar e sintetizar as tecnologias envolvidas nesse processo entre comunicação e infância, criança e brinquedo, aprofundando o entendimento da ubiquidade das mídias digitais e do seu impacto em novas sociabilidades desde a infância.

SOCIEDADES DO CONHECIMENTO E CIBERESPAÇO

Há ainda um importante debate acadêmico entre os aspectos sociais e tecnológicos envolvidos na comunicação midiática. Por um lado, se os pioneiros do pensamento em infocomunicação, como Shannon e Weaver (1949), minimizaram o papel da cultura nos processos comunicacionais, muitos pensadores da teoria social relativizam o papel das tecnologias nesses mesmos processos. Como constatado por Rüdiger (2011), de fato a comunicação é um processo social dinâmico, mas que está imbricado com os processos tecnológicos, alterando e sendo alterados por esses. Sob o olhar tecnológico podemos observar que há, de fato, novos aspectos sociais.

Essas novas sociabilidades configuram o que diversos autores denominam Sociedade da Informação ou Sociedade do Conhecimento para caracterizar a atualidade. Nesse sentido há obras que se debruçam tanto sobre um termo quanto sobre o outro com diferentes olhares e abordagens. Do nosso ponto de vista há de fato Sociedades do Conhecimento, como expõe Squirra (2005) sob a ótica de Mattelart (2002), uma vez que a

---

[1] Transmissão de arquivos multimídia por pacotes de dados.
[2] Uso de memória temporária
[3] Acrônimo de codificador/decodificador, dispositivo de hardware ou software que codifica/decodifica sinais
[4] Envio de arquivo para um computador remoto

pluralidade de conhecimentos e sociabilidades possibilitadas pelas TICs – Tecnologias de Informação e Comunicação, tornaram-se fatos irrefutáveis. Para o presente trabalho optamos pelo termo Sociedades do Conhecimento em oposição à Sociedade Industrial, indo ao encontro do que Daniel Bell (1989) e Alvin Tofler (1992) entendem desse limiar do século XXI.

Atualmente as Sociedades do Conhecimento são marcadas pela divisão digital, isto é, o conceito de separação entre aqueles que têm acesso e aqueles que não têm acesso aos meios digitais, dispositivos e banda larga, como explica Squirra (2005). Essa distância tem diminuído drasticamente na última década, mas ainda esbarra no poder econômico de diversas camadas da população para manter serviços digitais que evoluem constantemente. Nota-se um grande número de equipamentos de telecomunicação e informação nos domicílios brasileiros, com o telefone celular presente em 92% das residências, segundo dados da pesquisa TIC Domicilios 2014 (CETIC, 2014). No entanto o acesso à internet estava presente em 50% dos domicílios, e desses, 67% com banda larga fixa e 27% com banda larga móvel. Como as respostas são múltiplas, ainda é preciso avaliar qual o percentual de domicílios com acesso fixo e também móvel, mas conclui-se que mais da metade dos domicílios ainda não possuem banda larga.

Alguns aspectos dizem respeito à relação da criança com as tecnologias em grupos de baixa renda e de regiões distantes dos grandes centros. Com estruturas sociais diversificadas, o acesso às interfaces tecnológicas como celulares, *tablets*, computadores; e à serviços, como banda larga, *wi-fi* e rede móvel são mais precários nesses grupos. Segundo Buckingham (2012), "é especialmente importante entender as práticas de consumo das crianças em comunidades menos favorecidas, para quem a 'escolha do consumidor' pode ser um assunto tenso e complexo". Segundo Orofino (2011, p. 4), **são raras as pesquisas que se interessam pela condição da criança enquanto sujeito, capaz de 'se defender', de escolher ou de ressignificar o que a mídia coloca em pauta.** Assim, uma investigação que possa abarcar as diversas redes afetivas de formação cultural, como a família, os amigos, as coletividades, tenderá a distinguir chaves de entendimento variadas sobre o fenômeno em questão, temática que deveremos abordar em trabalhos posteriores.

No presente caso, alguns indicadores demonstram como, apesar disso, as crianças e adolescentes convivem com o acesso à internet constantemente. Segundo a própria Cetic.br (2014), 82% das crianças e adolescentes entre 10 e 15 anos acessaram pelo menos uma vez, predominantemente em casa, mas também em escolas, em casas de amigos e familiares e em centros públicos pagos ou gratuitos.

Ainda segundo a Cetic.br, do total de crianças e adolescentes de 9 a 17 anos que acessaram a internet, 82% o fazem por celular. Nota-se ainda, de acordo com o gráfico 1, que entre as faixas de menor idade, o predomínio é do computador pessoal ou *laptop*, enquanto entre os adolescentes o predomínio é do celular. Vale lembrar, como expõe Dertouzos (1997) que mais acesso não significa mais igualdade. É preciso não nos precipitarmos em conclusões sobre dados de acesso, pois como nos alerta Castells (2003), divisão digital não se mede pelo número de acesso à internet, uma vez que essa não é apenas uma tecnologia, mas um instrumento tecnológico e uma forma organizada que distribui o poder da informação e do conhecimento. Ao mesmo tempo em que mais crianças e adolescentes podem acessar um número absurdo de informações, mais concentrado fica o controle e acesso a *big datas* por diferentes organismos públicos e privados. Mattelart (2005) já alertava para o fato da internet, na prática, ser gerida pela Internet Corporation for Assigned Names and Numbers (Icann), uma entidade americana "sem fins lucrativos", subordinada ao governo americano e vinculada ao Departamento de Comércio dos Estados Unidos, que reluta em deixar o controle para uma iniciativa conjunta de vários países, apesar de muita pressão atualmente nesse sentido.

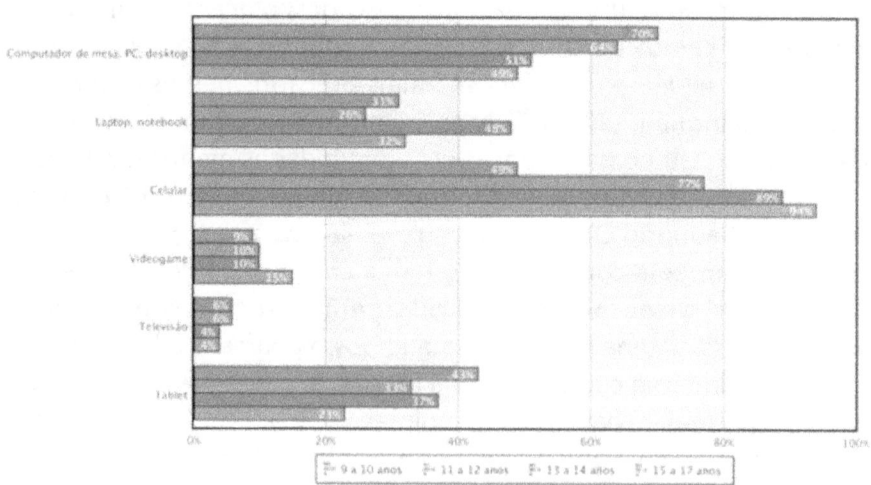

Gráfico 1: Perfil de uso da internet entre crianças e adolescentes, por faixa etária Brasil - 2014
Fonte: TIC Kids Brasil 2014 (CETIC, 2014)

Nessas relações entre criança, cibercultura e consumo, contradições poderão ser observadas entre a) a liberdade de escolher entre assistir e produzir e o controle sobre tudo o que as crianças interagem nas redes digitais conectadas; b) entre o gerenciamento dos atores empresariais que se interessam pelo mercado infantil e a gestão política de grupos de maiorias e minorias relacionadas ao universo infantil; c) entre valores infantis universais e a diversidade das questões regionais; e d) entre a autonomia do brincar e a heteronomia do agir de acordo. Olhar a sociedade conectada não apenas como possibilidade de relacionamento, mas também como ação de controle é compreender o poder da comunicação para além do poder político e econômico (SILVEIRA, 2011). É buscar compreender como as diversas relações de troca de informações e tecnologias de acesso permitem um número exorbitante de dados que se constituem em saberes específicos por parte de quem detém os códigos de *softwares*.

O que compreendemos, entretanto, é que para além dos controles, as sociedades têm se modificado como previsto por Ethevaldo Siqueira (2004), a partir dessa nova ambiência sóciotecnológica, não porque a tecnologia determine as mudanças sociais, mas porque a tecnologia providencia instrumentos e potencialidades e o uso que se faz dela é que são mudanças sociais, como expõe Daniel Bell (1989). Quase como um cumprimento às profecias de Vannevar Bush (1945), a internet tornou-se o *"memex[5]"* mundial, o ciberespaço no qual dados, informações e conhecimentos se entrelaçam a partir da produção, pesquisa e reprodução de e para milhões de usuários nas suas buscas em satisfazer um "Complexo de Prometeu", como salientou Bachelard (*apud* Gama, 1986). Mais ainda do que um *memex* científico a internet hoje se configura num multimemex cultural no qual as crianças, já em plena pré-infância, estão imbricadas em seus relacionamentos cotidianos.

CIBERCOMUNICAÇÃO E INFÂNCIA

Do ponto de vista dos processos comunicacionais junto ao público infantil, o deslocamento do *broadcasting[6]* para o *wikicasting*, ou seja, para a difusão compartilhada, na qual usuários consomem e produzem conteúdos quase que indistintamente, possibilitou o surgimento de novas

---

[5] Vannevar Bush cunhou o termo memex para designar um sistema mundial de acesso à informação.

[6] emissão e transmissão de sons e imagens por meio do rádio ou da televisão

formas de comunicação mediadas por esse grande memex cultural em que se transformou a internet. A profusão de produtos e serviços comunicacionais direcionados às crianças está num ritmo acelerado, possibilitado pelo barateamento de diversos aparatos tecnológicos de comunicação, a partir da miniaturização, como nos lembra Bell (1989). Isso permite, por exemplo, que uma boneca como a Barbie possa incorporar uma câmera de vídeo com conexão USB[7]. Esse fenômeno está diretamente ligado ao conceito do "mundo plano" entendido por Friedman (2005) em seu livro homônimo, pois as mudanças a partir da abertura de capital do Netscape, como as tecnologias digitais de fluxo de trabalho, as comunidades colaborativas conectadas, a terceirização global e o *offshoring*[8] tornaram possíveis a viabilidade de produtos e serviços altamente tecnológicos, mas baratos, em escala global. Se muitos adultos não conseguem entender plenamente os meandros das tecnologias digitais, superconectadas, ubíquas, pervasivas e sencientes (LEMOS, 2005), as crianças por sua vez tendem a crescer com a sensação de que tudo é "natural", que o *software* sempre existiu e que não faz nada além de nos proporcionar aquilo que necessitamos. "O *software* se esconde exatamente no momento em que se expressa mais plenamente" expõe Galloway (2010, p. 99). Desconhecendo o poder do *software*, os cibervivente, ao modo de Wiener (1954), aproveitam todo o potencial de entretenimento, conexão e informação que até pouco tempo atrás eram inimagináveis, sem se preocupar com o que mantêm as superestruturas necessárias para manter *on-line* um serviço de grande complexidade informacional.

Portanto, se há de fato muita investigação sobre os potenciais da rede e os benefícios da conexão em tempo real, é necessária salutar a investigação no campo da Comunicação que possa dar conta dos aspectos críticos que envolvem uma sociedade que mantém bilhões de pessoas interligadas por interesses eletivos. Essa visão crítica é ainda mais necessária quando nos deparamos com o universo infantil nos diversos estratos sociais, na diversidade de gênero e de espaços.

É importante salientar que nesse ambiente de cibercomunicação, produzir, disponibilizar e consumir vídeos tornou-se para a maioria do público infantil algo tão cotidiano quanto ir à escola. Nos grandes centros urbanos, com as mudanças nos comportamentos sociais, queda no

---

[7] Sigla em inglês de *Universal Serial Bus* ("Porta Universal", em português), um tipo de tecnologia que permite a conexão de periféricos sem a necessidade de desligar o computador, além de transmitir e armazenar dados.

[8] *Offshoring* é o modelo de realocação de processos de negócio de um país para outro intensamente suportados por tecnologia da informação e comunicação.

número de filhos por família e tendências ao "encasulamento" (POPCORN, 1993), esses processos estão incorporados no cotidiano infantil, como constatado por Corrêa (2015), em pesquisa na qual detecta que dos 100 maiores canais de YouTube no Brasil, 36 são consumidos exclusivamente pelo público infantil.

Essa revolução tecnológica detectada por diversos autores, como Dertouzos (1997), Negroponte (1995), Rifkin (2001), Gleick (2000), entre outros, tem transformado os processos comunicacionais. Antes, num ambiente analógico, apesar de muitos domicílios e espaços públicos contarem com televisores e rádios, a produção e veiculação era altamente concentrada, o que limitava o número de estradas entre consumidores e produtos comunicacionais. Atualmente com a evolução dos sistemas de produção e disponibilização, às vezes presentes em quase todo aparato, como o *smartphone*, a ubiquidade de *displays* com acesso em banda larga, temos verdadeiros "ecossistemas de comunicação", minimizando a figura do consumidor de mídia e ampliando a figura do "prossumidor", como expõe Toffler (1992), espalhados e interconectados pelo mundo, como no caso do YouTube exposto neste trabalho.

YOUTUBE E INFÂNCIA

Criado em 2005, por Chad Hurley, Steve Chen e Jawed Karim, e adquirido pelo Google em 2006, o YouTube nasceu com a proposta de facilitar o compartilhamento de vídeos na internet, oferecendo ao usuário uma plataforma com interface de fácil interação e que não exige um grau elevado de conhecimento técnico, tanto para publicar, quanto para assistir aos vídeos. Atualmente, o YouTube possui mais de um bilhão de usuários em todo o mundo, quase um terço dos usuários da Internet, e está disponível em 76 idiomas, segundo o próprio YouTube (2016). No Brasil, o site de compartilhamento de vídeos é o terceiro mais acessado, ficando atrás apenas do Google e do Facebook, como constatado em pesquisa da Emarketer (2016), além disso, o país já ocupa a segunda posição entre os países que mais consomem vídeos no portal, segundo a revista Exame (2014).

Um dos fatores preponderantes do YouTube é que ele faz parte de um dos maiores conglomerados de tecnologia digital do mundo: o Google Inc. Segundo Vaidhyanathan (2011), essa empresa americana mundialmente conhecida, domina os mecanismos de busca digital na internet em várias regiões do globo, com exceção de alguns grandes mercados como Japão, Coreia do Sul, Rússia e China.

O Google, como uma empresa constituinte do que podemos denominar como "ecossistemas de comunicação", que está presente quase que permanentemente entre os usuários da internet. Está em celulares e computadores pessoais por diversos aplicativos, como o sistema operacional Android, o sistema operacional Chrome OS para *netbooks*. Está nas buscas com o Google Search, em computação na nuvem com o Google Drive, entre outras dezenas de serviços. No entanto, como constatado por diversos autores (VADHYANATHAN, 2011; ANDERSON, 2008) o que realmente tornou o Google uma empresa gigante financeiramente é o modo como ela usa a matemática para entender pessoas e vender propaganda. Seus sofisticados algoritmos que classificam usuários, *sites* e anunciantes, formam um intrincado sistema que "limpa" os resultados de busca e recomendação em todos os seus aplicativos. Limpar a rede, segundo Vadhyanathan (2011), é proporcionar ao usuário uma navegação tranquila em meio a um turbilhão de informações presentes na internet. Hoje isso é feito por meio de sistemas de *web semântica* que "entendem" o que o usuário quer dizer. Quando uma criança clica no microfone ao lado da caixa de busca e diz "Peppa Pig" o Google calcula instantaneamente que a criança "deseja" assistir a um desenho animado dessa personagem. Talvez possamos nos indagar "nossa, mas o que tem isso de extraordinário?". A tecnologia de web semântica hoje está tão veloz que mal nos damos conta da quantidade de esforço físico e intelectual por trás de ações como essas, quase impensadas anos atrás. Web semântica é um conceito, como entendido por Berners-Lee, Hendler e Lassila (2001), para a técnica de computação que cria ontologias semânticas e metadados. Isso permite que o YouTube, ou outros *sites*, interpretem sentenças inteiras no lugar de apenas palavras. Somando-se a isso os fantásticos *big datas*[9] que o Google tem construído, com acesso a diversas bibliotecas espalhadas pelo mundo, a partir do Google Books, ou troca de mensagens pelo Gmail, documentos pelo Google Docs, comportamentos pelo Google Plus, locais pelo Google Maps e tantos outros aplicativos que usamos sem nos darmos conta de contribuir para a interpretação e posse desse conhecimento. Assim, desde muito cedo, as crianças também estão inseridas nesses *big datas* e cada vez interessam mais a diversos agentes da sociedade, de setores públicos e de setores privados.

---

[9] Megadados, ou seja, um grande conjunto de dados armazenados

Por isso, entre as crianças brasileiras, o YouTube também aparece como um dos sites de grande acesso, como informa o estudo "A voz das crianças" (OFFICINA SOPHIA, 2015). Quando perguntados em quais *sites* de mídia social mais entravam, 20% dos entrevistados responderam que o YouTube era um desses sites. Recentemente, a pesquisadora Luciana Corrêa (2015), citada anteriormente, conduziu uma pesquisa com o propósito de investigar a relação da criança com a tecnologia, obtendo dados relevantes. Segundo essa pesquisa, dos 100 maiores canais de YouTube no Brasil, 36 são consumidos pelo púbico infantil (0 a 12 anos). Ao todo, foram mapeados 110 canais voltados especificamente para esse público, que juntos, atingem uma audiência **de mais de 20 bilhões de visualizações**. Em trabalho recente Pereira e Oliveira (2016) levantaram aspectos de produção dos chamados *toy channels*, no Brasil. Um dos destaques dessa pesquisa foi o crescimento desses canais que produzem conteúdo audiovisual tendo o brinquedo como objeto principal, seja para apresentar suas características, criar historinhas por meio dele ou desenvolver brincadeiras a partir dele. São canais de *unboxing*[10] de brinquedos e vídeos de brincadeiras, cujos conteúdos consistem basicamente em tirar os brinquedos das caixas, apresentando suas características e componentes, e desenvolver historinhas a partir de brincadeiras com os brinquedos.

TECNOLOGIAS POR TRÁS DOS TOY CHANNELS NO YOUTUBE

Para esta investigação, nos interessa os diversos aspectos que envolvem a tecnologia que possibilita o desenvolvimento de canais de *streaming* de vídeo como os *toy channels*. *Streaming* é o nome dado em inglês para o processo mais comum de distribuição de vídeos digitais. Segundo Apostolopoulos *et al.* (2002), diferentemente do *download* de vídeos, em que todo o arquivo é entregue de uma única vez, fazendo com que o usuário tenha de esperar o término do processo, o *streaming* permite a separação do vídeo em pacotes para que eles sejam enviados por partes, em sucessão, ao usuário. Assim o usuário passa a ver o vídeo na medida em que é entregue, sem necessitar esperar até o carregamento total. Para o público infantil, imediatista e ávido por constantes novas experiências, essa tecnologia permite o consumo de vídeos e a navegação por diferentes títulos sem a dificuldade de baixar o arquivo. Isso colabora para a popularização desses *sites* de vídeos, tornando-os

---

10 Desembalamento, ou seja, vídeos demonstrando a retirada de um brinquedo da caixa

orgânicos, como uma extensão da criança.

Uma das grandes questões para a distribuição de vídeos digitais globalmente é a profusão de *displays* com linguagens diferentes, resultado da grande revolução tecnológica das últimas décadas, como vimos no início. A sempre acirrada briga de mercado entre empresas produtoras de *softwares* de vídeo, sistemas operacionais e aplicativos, além de diferentes qualidades de definição e velocidade tem levado a um número grande de formatos possíveis para gravação, distribuição e consumo de vídeos digitais. Os formatos compatíveis para envios de vídeo para o YouTube, segundo o próprio *site* (YOUTUBE, 2016b) são MOV, MPEG4, AVI, WMV, MPEGPS, FLV, 3GPP e WebM. Um serviço como o YouTube tem a capacidade de processar, gerenciar e disponibilizar quantidades enormes de vídeos, sem perder qualidade de informação ou ritmo de acesso em todos os aparelhos. De acordo com os *sites* Tecmundo (HAMMAN, 2013) e Computerphile (2013), quando o usuário faz o *upload* dos vídeos por pacotes de dados para o servidor do YouTube, cada filme é recebido pelos servidores e convertidos em diversos formatos de arquivos diferentes. Isso possibilita o acesso por diferentes tipos de *displays* ao redor do mundo em navegadores comuns, navegadores com HTML5, codecs H.264, WebM e diversos outros formatos para computadores, *smartphones* e *tablets* com diversos sistemas operacionais, além de consoles de videogame ou cibervisores[11] com suporte para funções Smart TV. Esses arquivos podem ser replicados para diferentes servidores do YouTube ao redor do mundo para agilizar e desafogar o tráfego de dados. O YouTube, por meio de algoritmos, identifica as preferências de navegação do usuário, escolhendo qual é o formato e qual é a qualidade de vídeo que melhor se encaixa no perfil de cada um, utilizando informações de navegação capturadas no decorrer da sua utilização. Além disso, também se baseia na qualidade de conexão da internet para evitar que o carregamento acarrete em travamentos.

Em relação à qualidade de conexão da internet móvel, de acordo com a Associação Brasileira de Telecomunicações (TELEBRASIL, 2015), o número de acessos em banda larga chegou a 225 milhões no Brasil até setembro de 2015, somando 469 municípios com rede móvel de quarta geração (4G) de pelo menos uma operadora. A rede móvel de terceira geração (3G) está presente em 4.471 municípios, de um total de 5.570 no país. Vale lembrar que a rede 4G opera em uma frequência distinta da 3G. As antenas 4G são mais baixas e atendem de 300 a 400 telefones. As 3G podem compartilhar o sinal com cerca de 60 a 100 telefones, segundo dados da Tecmundo (ARRUDA, 2016).

---

[11] Atualização do termo "televisores". Nesse sentido ver Squirra (2015).

Figura 1: Fluxograma pictórico do funcionamento do YouTube
Fonte: elaborado pelo o autor

O funcionamento do YouTube pode ser visualizado pelo fluxograma na figura 1.

A transmissão entre YouTube e os usuários, as crianças nesse caso, é feita por pacotes de poucos segundos que ficam em constante *buffering* para mostrar os vídeos aos usuários. *Buffering,* segundo a Wikipedia (2015), é a técnica que permite usar uma região de memória física de um computador ou servidor para armazenar temporariamente dados enquanto estes são movidos de um lugar para outro. Uma inovação em *sites* como o YouTube é que o usuário pode trocar a resolução do vídeo sem a necessidade de carregamento do vídeo inteiro novamente, com a nova resolução. Isso diminui o número de travamentos e evita que o ícone de recarregar apareça na tela, uma vez que é denominado nos meios técnicos como "círculo da morte", pois dificilmente a criança tem paciência para esperar o carregamento. O *buffering* constante altera somente os pacotes que ainda não foram enviados. Inclusive nesse aspecto tecnológico é possível inferir que o imediatismo possível no YouTube, percebido pelas crianças, afetará os sistemas ainda vigentes de *broadcasting*.

A figura 1 permite-nos compreender como as tecnologias viabilizaram que o YouTube passasse a rivalizar com produtores de conteúdo para *broadcasting* pelo tempo de consumo de vídeo dos usuários da internet, inclusive as crianças. Um grande número de pessoas com acesso a equipamentos com câmeras de vídeo, como *smartphones*, produzem seus vídeos e os enviam ou montam em aplicativos que facilitam a edição com aspecto bastante profissional. Em 2011, o YouTube disponibilizou aos usuários um editor de vídeos (fig. 2) direto em sua plataforma, o que facilitou esse processo para os usuários. O YouTube converte 60 horas de vídeos por minuto, a partir dos *uploads* de usuários de várias regiões do mundo, somando 4 bilhões de vídeos por dia (PROXXIMA, 2014) e distribui por meio dos 15 *data centers*, sendo 8 nos Estados Unidos, 1 no

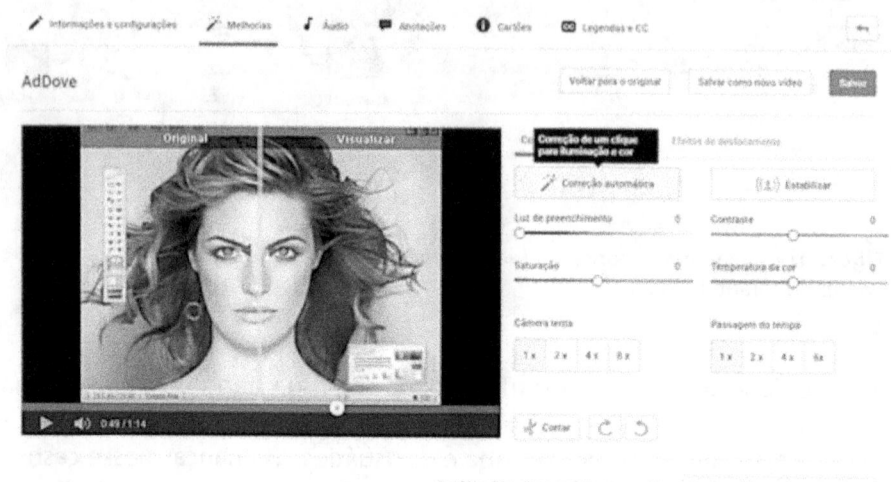

Chile, 2 na Ásia e 4 na Europa, segundo o próprio Google (2016).
Figura 2: Editor de vídeos e melhorias no próprio YouTube
Fonte: o autor

No processo de busca, cada criança se depara, não mais com um número absurdo e desorganizado de respostas, mas com um conjunto coeso de respostas, que tem por base os processos de reconhecimento, medição e recomendação do YouTube. Nesse sentido, não são mais os pais ou responsáveis, ou uma emissora de TV, que determinam os conteúdos que muitas crianças acessam, mas sim o próprio YouTube-Google, por meio de sofisticados algoritmos de web semântica. Por exemplo, o processo de recomendação de vídeos no YouTube, segundo Davidson *et al.* (2010), considera dois campos de dados principais: os metadados do vídeo, como título e descrição e as atividades do usuário, classificadas em explícitas (como gostar ou não gostar, e subscrever); e implícitas (como datas, horários, tempo de visualização). No entanto, salientam os autores, os dados são bastante complexos, uma vez que os metadados são por vezes inexistentes ou incompletos, e os dados do usuário são estimados, uma vez que não se percebe o grau de interesse ou desinteresse, o grau de felicidade ou infelicidade. Entendemos que isso evidencia o crescimento de *youtubers* profissionais que se dedicam a cada um desses passos para deixar seus vídeos com melhores recomendações pelo Google. Evidencia-se a sofisticação dos sistemas de recomendação de vídeos no YouTube pelos trabalhos de Jing *et al.* (2008) sobre algoritmos denominados de adsorção[12] e de Arora (s.d.) sobre o uso da tecnologia de sistemas de recomendação de vídeo a partir das redes sociais virtuais que possibilitam um cruzamento de diversas variáveis sociais e individuais ligadas ao comportamento de cada usuário. Segundo Golnari, Li e Zhang (2012) o YouTube está migrando de uma fase no qual era impulsionado por muitas pessoas que postavam poucos vídeos cada uma, para ser conduzido por um número menor de pessoas com um maior número de postagens cada um. Compreendemos aqui o processo de profissionalização do YouTube com o surgimento dos *youtubers* profissionais, como os produtores de canais de brinquedos. Nesse sentido, somando-se às tecnologias *on-line*, o YouTube ainda disponibiliza o YouTube Space, local no qual uma equipe do YouTube ajuda os criadores de conteúdo por meio de programas e oficinas estratégicas administrados nessas instalações de produção, em 4 cidades: Los Angeles, Nova York, Londres, Tóquio, São Paulo e Berlim (YOUTUBE, 2016).

O que motiva os milhões de produtores de conteúdo em diversas regiões do globo ainda é impreciso, mas é possível estimar que trata-se principalmente de reconhecimento público, de divulgação de ideias e conceitos, e de geração de receita. Nesse último caso, estimamos que os *youtubers* de *toy channels* buscam predominantemente gerar receita com seus vídeos, ou monetizar[13] como ficou usual falar, vinculando seu canal a uma conta Google AdSense. Esse sistema permite aos produtores se associarem ao Google para disponibilizarem anúncios em seus canais ou vídeos, entre outros recursos.

Muito da "limpeza" e precisão no tratamento das informações para reconhecer, medir e recomendar está na busca constante pelo YouTube--Google para compreender e prever o comportamento dos usuários, matéria-prima para o verdadeiro *foco* da organização: a venda de propaganda. Mais do que isso, nos alerta Vaidhyanathan, ao buscar o controle total da informação com objetivo de gerar receita, o Google e, deduzo, o YouTube, pode "se transformar num sistema que privilegia o consumo em vez da pesquisa, a compra em vez do aprendizado" (2011, p.26).

---

[12] Termo emprestado da físico-química que significa a acumulação de uma substância gasosa ou líquida em uma interface sólida. (WIKIPEDIA, 2016)
[13] Cunhar moeda (MICHAELIS, 2016). Na internet, o termo tem o sentido de converter para dinheiro os créditos por espaço publicitário.

TECNOLOGIAS	CARACTERÍSTICAS
LINGUAGEM	HTML5
ALGORITMOS	DE BUSCA, DE RECOMENDAÇÃO, DE MEDIÇÃO DE TRÁFEGO
BUFFERING	ENVIO CONSTANTE DE PACOTES DE DADOS
METADADOS	TÍTULO DO VÍDEO, DESCRIÇÃO, CATEGORIA, TIPO DE LICENÇA, PALAVRAS-CHAVE, CANAL,
CODECS E FORMATOS PRINCIPAIS	MOV, MPEG4, AVI, WMV, MPEGPS, FLV, 3GPP, WEBM
DISPLAYS	COMPUTADORES PESSOAIS, NOTEBOKS, SMARTPHONES, SMARTTVs, CONSOLES DE VIDEOGAMES, TABLETS
DISPOSITIVOS DE GRAVAÇÃO	CÂMERAS DE SMARTPHONES, CÂMERAS 4K, CÂMERAS DE VÍDEO,
EDIÇÃO DE VÍDEO	PREMIERE, MOVIE MAKER, YOUTUBE, QUICKTIME,
MONETIZAÇÃO	GOOGLE ADSENSE
BANDA LARGA	BANDA LARGA FIXA, BANDA LARGA MÓVEL 3G E 4G,

Tabela 1: quadro-síntese com as principais tecnologias envolvidas para a produção e o consumo do YouTube – Brasil - 2016
Fonte: desenvolvido pelo autor

CONSIDERAÇÕES FINAIS

A presente investigação evidencia como a cibercomunicação é um processo social dinâmico no qual a sociedade altera os processos tecnológicos ao mesmo tempo em que os processos tecnológicos alteram a sociedade. Evidencia que a divisão digital é uma realidade, principalmente no Brasil, porém que diminui e se altera muito rapidamente conforme a evolução tecnológica se expande.

O ciberespaço se configura num ambiente propício para o crescimento de relacionamentos eletivos dos *toy channels* pela diversidade de agentes produtores e sistemas de web semântica que permitem às crianças acesso aos conteúdos de forma rápida e fácil, sem a mediação de um adulto.

Do ponto de vista tecnológico, os *toy channels*, por meio do YouTube e do Google, se tornaram um espaço midiático de grande alcance, apoiados na evolução tecnológica de *streaming* de vídeo; dos grandes *data centers* da corporação; do avanço nos algoritmos de reconhecimento, medição e recomendação de vídeos, incluindo pesquisa em redes sociais; da evolução nas técnicas de *buffering*; e da integração de linguagem dos diversos aparelhos de captação e *displays* de reprodução de vídeos, como observado na tabela 1. A tecnologia disponível e os novos modelos de negócios no ciberespaço permitem o desenvolvimento de novas formas de produção e consumo midiático de vídeos destinados a um público infantil

Se faz necessário um aprofundamento em pesquisas posteriores com os produtores de *toy channels*, para identificar as motivações de produção; pesquisas para confirmar a percepção no aumento do volume de horas de vídeo com tendência na redução do número de agentes produtores, devido a uma profissionalização; pesquisas sobre os processos de mediação, relacionamento e consumo de vídeos por crianças nesses canais de brinquedos.

Portanto, as tecnologias que permeiam a cibercomunicação e infância por meio dos canais de brinquedos no YouTube evidenciam como a pós-modernidade de fato configura-se em Sociedades de Conhecimentos e como esses conhecimentos estão incorporados em um ciberespaço constantemente reconstruídos por empresas como Google, por meio de diversos sistemas como o YouTube. Consideramos que os aspectos tecnológicos alteram os processos sociais de comunicação por vídeo destinados às crianças, uma vez que possibilitam a produção e o consumo de vídeos, muitas vezes sem a mediação de adultos.

REFERÊNCIAS

ANDERSON, C. *The End of Theory: The Data Deluge Makes the Scientific Method Obsolete.* Wired Magazine, v. 16, n. 07, p. 1–2, 2008.

APOSTOLOPOULOS, John G., TAN, Wai-tian, WEE, Susie J.. *Video Streaming: Concepts, Algorithms, and Systems.*Palo Alto: Mobile and Media Systems Laboratory, HP Laboratories, 2002. Disponível em: http://www.hpl.hp.com/techreports/2002/HPL-2002-260.pdf. Acesso em 23.06.2016, às 10h20.

ARORA, D. *A Social Video Recommendation System on YouTube.*[s.d.].

ARRUDA, Felipe.3G e 4G entenda as diferenças de infraestrutura.**Tecmundo.** NZN. 30.04.2013. Disponível em http://www.tecmundo.com.br/4g/39145-3g-e-4g-entenda--as-diferencas-de-infraestrutura.htm Acesso em 15.06.2016, às 13h30

BELL, Daniel. *The third technological revolution.* Dissent, Spring 1989, p. 164-176

BERNERS-LEE, T.; HENDLER, J.; LASSILA, O. *The Semantic Web.***Scientific American**, v. 284, n. 5, p. 34–43, maio 2001.

BUCKINGHAM, David. Repensando a criança-consumidora: novas práticas, novos paradigmas. **Comunicação, Mídia e Consumo.** São Paulo. Ano 9, vol.9, n.25, p. 43-72 ago. 2012.

BUSH, Vannevar. *As we may think.**Sine loco*: The Atlantic Monthly, 1945. Disponível em http://web.mit.edu/STS.035/www/PDFs/think.pdf . Acesso em 10.06.2016, às 14h.

CASTELLS, Manuel. **A Galáxia Internet: reflexões sobre a Internet, negócios e a sociedade.**Rio de Janeiro: Jorge Zahar Ed. 2003.

CETIC.BR. **Pesquisa sobre o uso da Internet por crianças e adolescentes no Brasil** – TIC Kids Online Brasil 2014. São Paulo: CETIC.BR, 2014. Disponível em: <http://www.cetic.br/pesquisa/kids-online/> Acesso em: 28 abr 2016

COMPUTERPHILE. *How YouTube works.* Vídeo. Publicado em 15 de nov de 2013. Disponível em https://www.youtube.com/watch?v=OqQk7kLuaK4 Acesso em 15.06.2016, às 15h15

CORRÊA, Luciana. **Geração YouTube.** Um mapeamento sobre o consumo e a produção infantil de vídeos para crianças de zero a 12 anos. Brasil – 2005-2015. São Paulo: ESPM Media Lab, 2015. Disponível em: <http://pesquisasmedialab.espm.br/criancas-e-tecnologia/> Acesso em: 28 abr 2016

DAVIDSON, J. et al. *The YouTube video recommendation system.* Proceedings of the fourth ACM conference on Recommender systems - RecSys '10, p. 293, 2010.

DERTOUZOS, Michael. **O que será**: como o novo mundo da informação transformará nossas vidas. São Paulo: Cia. das Letras, 1997.

EMARKETER. **Top 10 websites among internet users in Brazil, ranked by market share of visits.**Hitwise, a division of Connexity. eMarketer, 2016. Disponível em: <www.eMarketer.com> Acesso em: 28 abr 2016

EXAME. **YouTube afirma que o Brasil é o segundo país em consumo de vídeos do portal.** Exame, São Paulo, 26 jul 2014. Disponível em: <http://exame.abril.com.br/tecnologia/noticias/youtube-afirma-que-brasileiros-sao-maiores-consumidores-de-videos--no-portal> Acesso em: 28 abr. 2016

FRIEDMAN, Thomas L.**O mundo é plano: o mundo globalizado no século XXI**. São Paulo: Companhia das Letras, 2014.

GALLOWAY, Alexander R. Qual o potencial de uma rede? In SILVEIRA, Sérgio Amadeu da (Org.). **Cidadania e redes digitais.** 1ªed.. São Paulo: Comitê Gestor da Internet no Brasil, Maracá – Educação e Tecnologias, 2010. Vários tradutores.

GAMA, R. Uma declaração de intenções: o mito de Prometeu, in **A tecnologia e o trabalho na história**. São Paulo: Nobel/Edusp, 1986, (p.1-7)

GLEICK, James. **Acelerado.** Rio de Janeiro: Editora Campus, 2000.

GOLNARI, Golshan, LI, Yanhua, ZHANG, Zhi-Li. What Drives the Growth of YouTube? *Measuring and analyzing the evolution dynamics of youtube video uploads.* University of Minnesota, Twin Cities HUAWEI Noah's Ark Lab, China. 2012

GOOGLE. *Datacenters.*2016. Disponível em https://www.google.com/about/datacenters/ Acesso em 22.06.2016, às 15h

HAMANN, Renan. Como funciona o YouTube? **Tecmundo.** NZN. 18.12.2013. Disponível em http://www.tecmundo.com.br/youtube/48298-como-funciona-o-youtube-ilustracao-.htm Acesso em 15.06.2015, às 15h

JING, Y. et al.*Video suggestion and discovery for youtube: taking random walks through the view graph.* Proceeding of the 17th international conference on World Wide Web, p. 895–904, 2008.

LEMOS, André. Cibercultura e mobilidade: a era da conexão. In LEÃO, Lúcia (org). Derivas. **Cartografias do Ciberespaço.** São Paulo: Anna Blume, 2004.

MATTELART, A. **História da sociedade da informação.** S.Paulo, Loyola, 2002

MATTELART, Armand. **Sociedade do conhecimento e controle da informação e da comunicação.** Conferência proferida na sessão de aberta do V Encontro Latino de Economia Política da Informação, Comunicação e Cultura, realizado em Salvador, Bahia, Brasil, de 9 a 11 de novembro de 2005.

MICHAELIS. Dicionário Michaelis On-Line. Disponível em http://michaelis.uol.com.br/ Acesso em 15.08.2016, às 15h20.

NEGROPONTE, Nicholas. **A vida digital.** São Paulo: Cia. das Letras, 1995.

OFFICINA SOPHIA. **A voz das crianças.** Officina Sophia, 2015. Disponível em: <http://www.officinasophia.com.br/pt-BR/conhecimento/spreading/86> Acesso em 28 abr 2016

OROFINO, Maria Isabel Rodrigues. **O que pensam as crianças sobre a telenovela: a recepção e a ressignificação de Viver a Vida.** Intercom XXXIV Congresso Brasileiro de Ciências da Comunicação. Recife, PE. 2 a 6 de setembro de 2011.

PEREIRA, Everaldo. OLIVEIRA, Jonatas de. **Comunicação de mercado e *toychannels*: investigações preliminares de produção.** Arquivo digital. 2016.

POPCORN, F. **O relatório Popcorn.** São Paulo: Campus, 1993.

PROXXIMA. Infográfico: 35 fatos e estatísticas sobre o YouTube. **Meio e Mensagem.** Disponível emhttp://www.proxxima.com.br/home/proxxima/2014/06/26/infografico-35--fatos-e-estatisticas-sobre-o-youtube.html. Acesso em 23.06.2016, às 18h30.

RIFKIN, Jeremy. **A era do acesso.** São Paulo: Makron Books, 2001.

RÜDIGER, Francisco. **As teorias da comunicação.**Porto Alegre: Penso, 2011

SHANNON, C. WEAVER, W. *The mathematical theory of communication.*Urbana: University of Illinois Press, 1949.

SILVEIRA, Sergio Amadeu da. **O conceito de *commons* e a cibercultura.**Crítica y Emancipación, (5): 93-110, primer semestre de 2011.

SIQUEIRA, Ethevaldo. **2015:** como viveremos. São Paulo: Saraiva, 2004.

SQUIRRA, S. Cibervisão: a metamorfose da televisão. In OROZCO, Guilhermo. **TV Metamorfosis.** Guadalajara: Universidade de Guadalajara, 2015.

SQUIRRA, S. Sociedade do Conhecimento. In MARQUES DE MELO, José. SATHLER, Luciano (orgs.). **Direitos à comunicação na Sociedade da Informação.** São Bernardo do Campo: Editora Umesp, 2005, ISBN 85-875893-69, p.255-266.

TELEBRASIL. **Setor de telecomunicações em 2015.** Brasília, 24 de novembro de 2015. Disponível em http://www.telebrasil.org.br/posicionamento-apresentacao/8032-setor--de-telecomunicacoes-em-2015-24-11-2015 Acesso em 09.06.2016, às 20h30

TOFFLER, Alvin. **A Terceira Onda.** Rio de Janeiro: Record, 1992.

VAIDHYANATHAN, Siva. **A Googlelização de Tudo.**Cultrix, São Paulo, 2011

WIENER, Norbert. **Cibernética e sociedade:** o uso humano de seres humanos.São Paulo: Cultrix, 1954.

WIKIPEDIA, Adsorção. Disponível em https://pt.wikipedia.org/wiki/Adsorção. Acesso em 15.08.2016, às 15h.

WIKIPEDIA. **Buffer (ciência da computação).** 22 de setembro de 2015.Disponível em https://pt.wikipedia.org/wiki/Buffer_(ci%C3%AAncia_da_computa%C3%A7%C3%A3o) Acesso em 15.06.2016, às 17h

YOUTUBE. **Estatísticas.** 2016. Disponível em https://www.youtube.com/yt/press/pt-BR/statistics.html Acesso em 22.06.2016, às 16h.

YOUTUBE. **Formatos de arquivos compatíveis com o YouTube.** 2016b. Disponível em: https://support.google.com/youtube/troubleshooter/2888402?hl=pt-BR. Acesso em 20.06.2016, às 10h00.

A HIDDEN WEB: A PROTEÇÃO DA PRIVACIDADE EM TEMPOS DE FILTROS BOLHA

Bruno Conrado Demartini Antunes*

RESUMO

A *Hidden Web* ganhou destaque pelo fato de que se constitui como um extraordinariamente grande repositório de informações que, entre outros, veicula toda sorte de atos criminosos, como pedofilia, tráfico de órgãos humanos, vendas de armas, drogas etc. Apesar de a maioria da sociedade navegar numa *Clearnet* (a web "de superfície"), poucos sabem que esta *Hidden Web* é 500 vezes maior e possui enorme variedade de conteúdo, com bibliotecas, pesquisadores e ativistas em volume assustador. A partir da filosofia *cypherpunk*, que prega a liberdade da informação, proteção do anonimato e a transparência das instituições, a *hidden web* faz inédito contraponto comunicacional aos monopólios de grandes empresas da informação e da mídia que, com os algoritmos de filtro bolha, tiram o direito a privacidade e anonimato dos usuários. Este presente trabalho, tem como finalidade revelar esta *web* "escondida" no contexto atual da internet e apresentar a relevância e o impacto que tem nos processos da comunicação.

PALAVRAS-CHAVE

Hidden Web, *Clearnet*, anonimato, comunicação.

INTRODUÇÃO

A *Hidden Web* ganhou visibilidade em 2013 quando o FBI tirou do ar o site *Silk Road*, especializado na venda de drogas ilícitas, e prendeu seu administrado Ross Ulbricht, também conhecido como Dread Pirate Roberts, por tráfico de narcóticos, hackeamento ilegal e lavagem de dinheiro (CIANCAGLINI et al, 2015). Este acontecimento fez com que a mídia tratasse esta parte da internet como um ambiente para cometer

---

* Jornalista, doutorando no Programa de Pós-Graduação em Comunicação Social da Universidade Metodista de São Paulo (UMESP).

crimes e criou um estereótipo negativo da *Hidden Web* (CIANCAGLINI et al, 2015). Porém, a *Hidden Web* não é uma rede que apenas facilita atos ilegais, mas também é um fator de contraponto na atual configuração da *Clearnet* (a web clássica, que a maioria dos usuários acessam) com seus algoritmos de personalização de dados e a criação das bolhas de conhecimento, uma vez que na *hidden Web* o anonimato e a privacidade são as tônicas na qual ela está estruturada.

O primeiro termo que apresentou a *Hidden Web* para o público foi *Darknet*, que ganhou notoriedade pelos pesquisadores da Microsoft Peter Biddle, Paul England, Marcus Pinado e Bryan Willman em um artigo apresentado no ACM Workshop on Digital Rights Management, em 2002, na Universidade de Stanford. Os pesquisadores explicaram que a formação da *Hidden Web* se deu com o desenvolvimento das tecnologias da informação que permitem a troca rápida de informações e arquivos criptografados, onde o usuário navega na rede de forma completamente anônima (2002, online). Outras terminologias também foram usadas para carecterizar esta parte da rede, como *Dark Web, Deep Web, Undernet, Subnet, Hidden Internet, Deep Net, Invisible Web*, etc. (LADEN, 2014). O pesquisador Christian Papsdorf (2016, p.6), professor de sociologia da tecnologia da Technische Universitat Chemnitz, na Alemanha, faz uma análise onde diferencia as definições sobre o que é chamada de *Clearnet* e *Hidden Web*, e afirma que não há definições consistentes nas terminologias usadas atualmente para diferenciar as duas. Para o autor,

> os serviços de comunicação que é relevante para esta discussão é referido como web oculta, web profunda, invisível e darknet. Os termos correspondentes Clearnet, web visível, web indexável e de web superficial são usados para descrever a Internet clássica (PAPSDORF, 2016, p,6)[1].

Papsdorf (2016) continua a explanação sobre as terminologias utilizadas para descrever os tipos de redes presentes na web e explica que o uso do termo *Dark Web*, por exemplo, é utilizado com frequência para definir sites com conteúdos criminosos, como os usados por terroristas (2016, p.6). Papsdorf propõe então duas terminologias para dividir a internet, a *Hidden web* e a *Clearnet*, pois para ele os termos refletem melhor as propostas os critérios para análise de ambas, que são a dimensão

---

[1] Do original: The communication services relevant to this discussion are referred to as the hidden web, deep web, invisible and darknet. The corresponding terms clearnet, visible web, indexable web and surface web are used to describe classic Internet.

pública as quais elas atingem ou não e a visibilidade que possuem ou não (2016, p.6). A divisão é feita através de como as duas classificações de web funcionam: a *Clearnet* permite a comunicação pública, o fácil acesso aos sites e conteúdos indexados através de buscadores, além de alguma anonimicidade. Já a *Hidden Web* possui serviços e dados ocultos, além de que para acessar o site é necessário saber o endereço da página, pois a rede possui buscadores limitados para encontrar conteúdos. Ciancaglini et al (2015, p.6) entendem que "quando se discute a Deep Web (termo usado pelos autores), é impossível a "Surface Web" não aparecer. É exatamente o oposto da Deep Web – parte da internet que os motores de busca convencionais podem indexar e navegadores padrão da web podem acessar sem a necessidade de software e configurações especiais"[2]. Nesta direção, Papsdorf conclui:

> A utilização destes dois termos separados assume que ambas as esferas de comunicação compartilham a mesma infraestruturas básicas: a Internet. A Internet, com as suas condutas de dados físicos, servidores e roteadores e os incontáveis protocolos de software, forma a fundação de uma infinidade de midias na web, o que pode subsequentemente ser dividido em duas esferas de comunicação (que são a *Clearnet* e a *Hidden Web*) (PAPSDORF, 2016, p.6)[3].

Ciancaglini et al (2015) explicam que diversos estudos realizados sobre a *Hidden Web* apresentam um quadro onde a maioria das atividades realizadas nesta parte da rede são dedicadas a venda de drogas ilegais, armas, assassinos profissionais, entre outros. Porém, continuam os autores, esta não é o todo da *Hidden Web*:

> Enquanto há, é claro, sites dedicados a drogas e armas, um enorme pedaço da Deep Web é dedicado a tópicos mais mundanos- blogs pessoais ou políticos, sites de notícias, fóruns de discussão, sites religiosos, e até mesmo estações de rádio. Assim como sites encontrados na Surface Web, este nicho de

---

[2] Do original: When discussing the Deep Web, it's impossible for the "Surface Web" not to pop up. It's exactly the opposite of the Deep Web—that portion of the Internet that conventional search engines can index and standard web browsers can access without the need for special software and configurations.

[3] Do original: The use of these two separate terms assumes that both communication spheres share the same basic infrastructure: the Internet. The Internet, with its physical data pipelines, servers and routers and the countless software protocols, forms the foundation of a plethora of web media, which can subsequently be divided into two communication spheres.

sites da Deep Web atendem os indivíduos com a esperança de falar com pessoas com gostos em comum, ainda que de forma anônima (CIANCAGLINI et al, 2015, p.8)[4].

A importância da *Hidden Web* também se deve pelo seu tamanho. Segundo Michael K. Bergman (2001, p.8) a *Hidden Web* é 500 vezes maior do que a *Clearnet*. Este trabalho, portanto, tem como objetivo analisar o que é a *Hidden Web* e mostrar a importância dela para os estudos de comunicação no cenário atual das mídias digitais. A pesquisa mostrará, através de amplo levantamento bibliográfico sobre o tema, o impacto da *Hidden Web* na internet e a diferença dela para a *Clearnet*.

A INTERNET, UMA TECNOLOGIA DE TIPO I EM UMA CIVILIZAÇÃO TIPO H 0,7

Para melhor entender a importância da *Hidden Web* (neste trabalho *Hidden Web* e Deep Web são sinônimos) e sua relevância na sociedade, é necessário compreender impacto que a internet e as novas tecnologias digitais causam na modernidade. O desenvolvimento cada vez maior de tecnologias móveis e introduzidas ao cotidiano da sociedade, dá aos dispositivos digitais um fator central na vida moderna. Neste contexto, de acordo com postulados de alguns autores, as tecnologias podem ser entendidas como ferramentas que transformam e evoluem a sociedade. O pesquisador Sebastião Squirra (2015, online) sinaliza que "a sociedade está imersa em espécie de caldo tecnológico que se tornou integrado ao meio ambiente". O autor continua a sua análise, ao referenciar Toffler, Gama e Bell, para afirmar que a condição de uma sociedade tecnológica teve início na Revolução Industrial e "para quem as adoções técnicas vêm definindo a sociedade e alterando os processos produtivos" (2015, online). Ao analisar a dimensão gerada pela introdução das tecnologias e a evolução que elas trazem à sociedade, Squirra conclui que estas mudam as práticas sociais, definindo este processo como tecnosfera.

---

4 Do original: *While there are, of course, sites dedicated to drugs and weapons, a huge chunk of Deep Web sites are dedicated to more mundane topics— personal or political blogs, news sites, discussion forums, religious sites, and even radio stations. Just like sites found on the Surface Web, these niche Deep Web sites cater to individuals hoping to talk to like-minded people, albeit anonymously.*

Em contexto onde a introdução de novas tecnologias transforma a sociedade, a web ganha importância por inserir coletivamente as técnicas citadas por Squirra, espraiando as mudanças advindas delas, pois trouxe consigo uma nova forma de como as pessoas se comunicam e buscam informações ou conhecimentos. Assim, a internet

> Trouxe comodidade, pois a velocidade com que se tem acesso ao conhecimento não tem precedente, para além de estar facilmente acessível. Em qualquer cidade é possível encontrar redes wifi com as quais acedemos à Internet, não só através de computadores, mas também de smartphones (DUARTE; MEALHA, 2016, p.5).

A análise feita por estes autores demonstra a importância da internet para os dias de hoje, uma vez que mudou mercados e criou outros novos, impulsionou a inovação tecnológica e transformou a forma como nos comunicamos. Li et. all (2015, s.p.) completam que "em uma variedade de domínios, tais como a ciência, negócios, tecnologia, artes, entretenimento, governo, esportes e turismo, pessoas dependem da Web para cumprir as suas necessidades de informações"[5]. Em análise do desenvolvimento da civilização humana, o físico Michio Kaku (2012, p.365) diz que "estamos na terceira onda, na qual a riqueza é gerada pela informação. A riqueza de nações agora se mede por elétrons que circular ao redor do mundo em cabos de fibra óptica e satélites". O físico indaga onde todas estas inovações tecnológicas irão levar a humanidade e ele mesmo responde ao dizer: "todas as revoluções tecnológicas descritas aqui estão conduzindo a um único ponto: a criação de uma civilização planetária" (2012, p.363). O autor apresenta o conceito de classificação de civilizações, que são organizadas de acordo com base no consumo de energia (2012, p.364-365). As classificações, como explica Kaku (2012), foram criadas pelos astrofísico Nikolai Kardashev, que procurava por civilizações extraterrestres avançadas. Kardashev chegou a três tipos teóricos de classificação das civilizações:

> [...] uma civilização do Tipo I é planetária, e consome o fiapo de luz solar que cai sobre seu planeta, ou cerca de 1.017 watts. Uma civilização do Tipo II é estelar, e consecoma toda a energia que o Sol emite, ou cerca de 1.027 watts. Uma civilização do

---

[5] Do original: *In a variety of domains, such as science, business, technology, arts, entertainment, government, sports, and tourism, people rely on the Web to fulfill their information needs.*

Tipo III é galáctica, e consome a energia de bilhões de estrelas, ou cerca de 1.037 watss (2012, p.365-366).

Kaku então analisa em qual estágio está a Terra. O físico afirma, "nossa civilização é do Tipo 0. Nós não estamos nessa escala, porque retiramos nossa energia de plantas mortas, isto é, do petróleo e do carvão" (2012, p.366). Ao aprofundar a classificação de nosso planeta, Kaku traz a análise feita pelo físico Carl Sagan, que calculou o gasto de energia da Terra e propós que a classificação precisa do planeto é do Tipo 0,7 Porém, o físico Michio Kaku analisa que nosso planeta está em fase de transição de uma civilização de Tipo 0,7 para uma de Tipo I, e uma tecnologia atual que se enquadra na primeira classificação de civilização, é a internet.

> A internet é o início de um sistema telefônico planetário Tipo I. Pela primeira vez na história, uma pessoa em um continente pode com toda a facilidade trocar ilimitadas informações com alguém que está em outro continente. [...] Este processo vai se acelerar conforme as nações estenderem ainda mais cabos de fibra óptica e lançarem mais satélites de comunicações. Este processo também é inevitável. [...] Existe quase 1 bilhão de computadores pessoais no mundo hoje, e cerca ¼ da humanidade já esteve na internet pelo menos uma vez (KAKU. 2012, p.367).

O físico continua sua análise da internet como uma tecnologia do Tipo I ao analisar a existência da língua predominante na rede. "Na web, por exemplo, 29% dos visitantes conectam-se em inglês, seguidos de 22% em chinês, 8% em espanhol, 6% em japonês e 5% em francês" (KAKU, 2012, p.367-368). Kaku atesta que o inglês é a segunda língua no planeta e que pe de fato a língua da ciência, negócios, finanças e entretenimento (2012, p.368). E completa ao dizer que "a revolução das telecomunicações está acelerando este processo, quando até pessoas que vivem nas regiões mais remotas da Terra estão expostas ao inglês" (2012, p.368). Outro aspecto que para Kaku faz da internet uma tecnologia planetária, é de que as notícias possuem alcance global, "com a televisão por satélite, os telefone celulares, a internet, etc., é impossível para uma nação ter controle total das notícias e filtrá-las" (2012, p.371). O físico exalta as tecnologias digitais móveis quando enaltece a capacidade de qualquer pessoa gravar vídeos e transmití-los em tempo real através da rede (2012).

Ao analisar a importância que as tecnologias digitais tem na evolução da civilização humana, Kaku apresenta outro tipo de classificação de civilização que "com o espetacular aumento da potência dos computadores, as atenções voltaram para a revolução da informação, na qual o número de bits processados por uma civilização se tornou tão relevante quanto a sua produção de energia" (2012, p.379-380). O físico Carl Sagan criou outra escala de classificação centrada no processamento de informações que a civilização consegue realizar (Apud KAKU, 2012, p.380) e explica:

> um sistema no qual as letras do alfabeto, de A a Z, correspondem a informações. Uma civilização Tipo A é a que processa apenas 1 milhão de informações, o que corresponde a uma civilização que tem apenas uma língua falada, mas não escrita. Se compilarmos todas as informações que sobreviveram da Grécia antiga, que teve uma língua escrita e uma literatura exuberantes, são cerca de 1 bilhão de bits de informação que a fazer uma civilizações do Tipo C (2012, p.380).

Ao utilizar a escala apresentada por Sagan para classificar uma civilização através da quantidade de informações que processa, é possível classificar em qual estágio está a humanidade. Michio Kaku entende que "uma suposição bem informada nos coloca numa civilização do Tipo H. Assim, a energia e o processamento de informações da nossa civilização produzem uma civilização do Tipo H 0,7" (2012, p.380). As inovações tecnológicas modernas, tendo como carro-chefe a internet, colocaram a humanidade nos trilhos para desenvolver sua civilização do Tipo H 0,7 para uma do Tipo I, já que as tecnologias digitais, segundo Kaku, já estão neste patamar. As classificações apresentadas por Kaku e Sagan demonstram a importância que a internet tem, teve e terá para o desenvolvimento da sociedade cada vez mais integrada com a tecnologia.

A CLEARNET

A internet, tanto a *Clearnet* quanto a *Hidden Web* possui mais de 3 bilhões de usuários, o que corresponde a 40% da população mundial (Internet Live Stats in PAPSDORF, 2016, p.9). Porém, deste número de 3 bilhões de internautas, apenas apenas um pouco mais de 2,5 milhões utilizam a Tor Network (uma das redes da *Hidden Web* a ser explicado melhor mais adiante), sendo apenas 0,1% dos usuários (Tor Metrics in PAPSDORF, 2016, p.9). Por isso, antes de nos aprofundar na *Hidden Web* se faz necessário analisar a *Clearnet* e os serviços que ela oferece.

Papsdorf (2016, p.9) entende que as mídias disponíveis na *Clearnet* são muitas e diversificadas. O autor analisa:

> A variedade de mídias digitais tornar-se incalculável, como resultado da grande capacidade de inovação e tecnologia avançando rapidamente. Novas plataformas, redes sociais e meios de comunicação digitais estão constantemente a serem criados, particularmente na forma de aplicativos para dispositivos móveis. O panorama da mídia da clearnet é, portanto, extensa, diferenciada e também hierárquica porque os provedores individuais de determinadas categorias de mídia (streaming, armazenamento em nuvem, e-mail, plataformas de vídeo, redes sociais, microblogs, plataformas de vendas, motores de busca, enciclopédias on-line) têm, em muitos casos alcançado posições dominantes no mercado (PAPSDORF, 2016, p.9)[6].

A *Clearnet*, como analisa Papsdorf, ainda é a mais importante parte da Internet, que engloba a maioria dos usuários e produz inovações constantes as quais mudam mercados e comportamentos. Um fator importante que fez a *Clearnet* se tornar eficiente é a indexação de páginas utilizados pelos buscadores, como o Google. A indexação funciona quando são adicionadas ao buscador uma sequência de *tags* (palavras-chave) ou outras características do documento que permitam que o mesmo seja reconhecido entre o grande número de dados disponíveis na rede. Suely Fragoso define a indexação:

> A expressão 'páginas indexáveis' designa o conteúdo da web normalmente acessível às ferramentas de busca. As páginas não-indexáveis compõem a web profunda (*deep web*), que agrega as páginas que não enviam (ou recebem) links; o conteúdo dinâmico, gerado em resposta a consulta de bancos de dados e material de acesso restrito (2007, online).

A importância da indexação e dos buscadores se dá porque "antes de mais nada, um grande número de emissores implica em um elevado número de mensagens" (FRAGOSO, 2007, online). O Google, que mono-

---

[6] Do original: *The variety of digital media has become incalculable as a result of the great innovativeness and rapidly advancing technology. New platforms, social networks and digital mass media are constantly being created, particularly in the form of apps for user devices. The media landscape of the clearnet is therefore extensive, differentiated and also hierarchical because individual providers of particular media categories (streaming, cloud storage, e-mail, video platforms, social networks, microblogs, sales platforms, search engines, online encyclopaedias) have in many cases achieved dominant market positions.*

poliza as ferramentas de buscas, além da indexação de arquivos, inovou ao implementar um algortimo em sua ferramenta chamado de *PageRank*, onde analisa a quantidade de páginas de um site, a relevância destas páginas e o número de acessos que elas tiveram, para, assim, ranquear os melhores sites na busca (DE MELO; MARQUES; CUNHA, 2013, p.16-17). Além disso, a atualização da base de dados do Google é feita diariamente através do *Googlebot*, um robô que faz buscas por novas informações na internet, o que possibilita que minutos após um documento ser publicado na rede, já aparece na busca realizada no site (DE MELO; MARQUE; CUNHA., 2013, p.17).

As ferramentas de buscas se fazem necessárias em um cenário de grande quantidade de dados disponíveis na rede. Permitem que o usuário consiga encontrar um norte dentro do grande oceano de dados que se tornou a internet. Porém, o Google monopolizou o mercado de buscas. Neste sentido, a internet começa a não se diferenciar dos meios de comunicação de massa, que também monopolizam o mercado. Van Couvering (apud FRAGOSO, 2013, online) analisa a estrutura da rede com empresas dominantes como a Google.

> Pode-se argumentar que a internet não é um meio de massa no sentido clássico, que os milhares ou mesmo milhões de sites visíveis na web não são um resultado de um processo industrial de produção e nem representam um substrato comum da vida cotidiana (...)

Eu sugiro que ao aceitar o argumento de que algum conteúdo é produzido em pequena escala [e escolher concentrar sua atenção nesse conteúdo] os acadêmicos estão negligenciando o estudo de um importante novo meio de comunicação de massa (VAN COUVERING apund FRAGOSO, 2013, s.p.).

Nesta direção de uma rede dominada pelas empresas de ferramentas de buscas, estas corporações além de possuírem vasta quantidade e controle de sites na *Clearnet*, também têm em mãos enorme volume de dados pessoais dos usuários da rede. Assim, o Google fez outra inovação em seu algoritmo, que é a personalização de dados para cada usuário. A gigante americana da informação expandiu seu negócio, deixou de ser apenas a empresa com o melhor buscador da rede, e passou a oferecer serviços de email, mídias sociais, anúncios, ferramentas de métrica para sites, etc., o que aumentou consideravelmente a quantidade de dados pessoais coletados. Sérgio Amadeu da Silveira (in ASSANGE, 2015, p.15) alerta sobre o Google e "sua capacidade de obeter dados de milhões de pessoas no planeta e curzá-los a fim de formar perfis de consumidores pessoais, organizar características finas dos comportamentos e agrupar os diversos tipos de preferências culturais, econômicas e até mesmo ideológicas".

Silveira (in ASSANGE, 2015, p.15) detalha como o Google realiza a personalização de conteúdo ao indicar que a gigante da informação estadunidense utiliza um processo chamado de *filter bubble* (filtro bolha). O pesquisador aprofunda sua análise sobre o filtro bolha, e alerta:

> O software do Google identifica quem está fazendo a busca e, por meio de um algoritmo, seleciona informação que considera úteis e importantes para cada usuário, conforme cada perfil. O Facebook utiliza a mesma tecnologia bolha para inserir uma e não outra postagem na *timeline* dos seus membros. Esse processo de filtragem faz com que uma mesma busca tenha resultados bem diferentes conforme a quem realiza (in ASSANGE, 2015, p.15).

Eli Pariser (2012, p.8) completa a análise de Silveira, e atesta:

> A maior parte das pessoas imagina que, ao procurar um termo no Google, todos obtemos os mesmos resultados – aqueles que o PageRank, famoso algoritmo da companhia, classifica como mais relevantes, com base nos links feitos por outras páginas. No entanto, desde dezembro de 2009, isso já não é verdade. Agora, obtemos o resultado que o algoritmo do Google sugere ser melhor para cada usuário específico – e outra pessoa poderá encontrar resultados completamente diferentes. Em outras palavras, já não existe Google único.

Pariser conclui que "o mundo digial está mudando em suas bases" (2012, p.11). O pesquisador denuncia que a internet, no caso especificamente a *Clearnet*, já deixou de ser uma meio de comunicação e de busca por informação anônimo. O filtro bolha impede que o pleno acesso a informação para cada usuário se realize de forma plena, e com o monopólio que o Google e Facebook possuem sobre o mercado da informação, os usuários da *Clearnet* não possuem muitas alternativas para escaparem da personalização de conteúdo. É dentro deste cenário, onde a liberdade de informação e anonimato estão em cheque, que a *Hidden Web* se torna importante, pois nela a principal característica de sua estrutura é anonimicidade do usuário, a liberdade de postar e compartilhar qualquer dado.

A FILOSOFIA DA *HIDDEN WEB* E A CRIPTOGRAFIA

Antes de adentrar de vez na *Hidden Web* é necessário entender os membros que a constroem e porque a fazem. Christian Papsdorf (2016, p.11-12) analisa que "acredita-se que a *Clearnet* tornou-se menos atraente para alguns grupos de usuários a partir de finais dos anos 1990 em diante, como resultado de sua popularização, comercialização, institucionalização e por causa do aumento da vigilância"[7]. Isso se deve, continua a explicar Papsdorf (2016, p.12), que no começo da *Clearnet* os primeiros usuários dela construiam sua própria rede, através da colaboração entre os membros e sem a interferência externa do mercado e da grande mídia. Porém, a partir da popularização da internet, empresas midiáticas e outras corporações começaram a explorar o mercado digitial e começaram a desenvolver a *Clearnet* atual, com o algoritmo de filtro bolha. "Os desenvolvedores iniciais e ativistas não estavam equipados para se defender de tal competição poderosa e, assim, perdeu influência e se retiraram para seus nichos (como o open-source)"[8] (PAPSDORF, 2016, p.12).

A partir da análise feita por Papsdorf sobre o comportamento que levaram os usuários à *Hidden Web* também se faz necessário entender a filosofia por trás dos ativisitas e desenvolvedores que abandonaram a *Clearnet*. Também durante a década de 1990, teve início o movimento *cypherpunk*, como caracteriza Sérgio Amadeu da Silveira (2015, online), "é um ativista que defende o uso generalizado da criptografia forte como caminho para a mudança social e política". O movimento tem forte influência na cultura hacker e em ideias libertárias (SILVEIRA, 2015). Na obra *Cypherpunks: liberdade e o futuro da internet*, de Julian Assange et. al. (2013, p.5), os autores definem o movimento:

> Os cypherpunks defendem a utilização da criptografia e de métodos similares como meio para provocar mudanças sociais e políticas. Criado no início dos anos 1990, o movimento atingiu

---

[7] Do original: *It is believed that the clearnet became less attractive to some user groups from the late 1990s onwards as a result of its popularisation, commercialisation, institutionalisation and because of increasing surveillance.*

[8] Do original: *The early developers and activists were not equipped to fend off such powerful competition and thus lost influence and retreated into their niches (such as the open-source arena).*

seu auge durante as "criptoguerras" e após a censura da internet em 2011, na Primavera Árabe. O termo *cypherpunk* – derivação (criptográfica) de *cypher* (escrita cifrada) e *punk* – foi incluído no *Oxford English Dictionary* em 2006 (grifos dos autores).

As criptoguerras aconteceram durante a década de 1990, quando Philip Zimmerman desenvolveu e distribuiu um software que permitiria o uso de criptografia por todos os usuários (SILVEIRA, 2015, online). A iniciativa de Zimmerman encontrou forte resistência das empresas que entravam no mundo digital e também do governo, o que iniciou o choque entre hackativistas e as agências de inteligência, que acontece até hoje.

A filosofia *cypherpunk* permite entender também porque a *Hidden Web* existe e qual é o propósito dela. Os *cypherpunks* defendem que a internet precisa ser anônima e que a informação tem de ser livre, o que não acontece na *Clearnet* atual. Julian Assange et. al. (2013, p.10) detalha o funcionamento da *Clearnet*:

> Quando nos comunicamos por internet ou telefonia celular, que agora está imbuída na internet, nossas comunicações são interceptadas por organizações militares de inteligência. É como ter um tanque de guerra dentro do quarto [...] Nesse sentido, a internet deveria ser um espaço civil, porque todos nós a utilizamos para nos comunicar uns com os outros, com nossa família, com o núcleo mais íntimo de nossa vida privada. Então, na prática, nossa vida privada entrou em uma zona militarizada. É como ter um soldado embaixo da cama.

O engenheiro eletrônico Timothy C. May, ou Tim May, ex-cientista da Intel, foi um dos membros mais ativos do movimento *cypherpunk* (SILVEIRA, 2015, online). May eternizou a doutrina *cypherpunk* na publicação online *The Cyphernomicon*, em 1994, onde descreveu as características e crenças do movimento:

> - Que o governo não deve ser capaz de espionar as atividades das pessoas;
> - Que a proteção de conversas e negociações das pessoas é um direito básico;
> - Que esses direitos podem ser assegurados pela tecnologia ao invés das leis;
> - Que o poder da tecnologia muitas vezes cria novas realidades políticas (daí o mantra: "Cypherpunks escrevem códigos") (in SILVEIRA, 2015, s.p.).

Silveira (2015, online) continua a analisar os *cypherpunks* ao destacar a importância que os membros do movimento dão para a privacidade dos usuários. O pesquisador analisa:

Como a lei do Estado não pode garantir o direito à privacidade, uma vez que o governo é o grande interessado na coleta de informações dos seus cidadãos, os cypherpunks enaltecem o uso da tecnologia como forma política de assegurar esse direito. A tecnologia é então um recurso claramente político e pode alterar o jogo de poder (2015, online).

A jornalista Natália Viana, destaca a filosofia *cypherpunk* ao analisar o site WikiLeaks, do hacker australiano Julian Assange, responsável por vazamentos de documentos secretos e que ganhou destaque em 2010 ao publicar documentos relacionados as guerras do Iraque e Afeganistão e das embaixadas estadunidenses. Para Viana, o WikiLeaks trouxe para o público geral a filosofia do movimento e "tratava-se da aplicação radical máxima cypherpunk "privacidade para os fracos, transparência para os poderosos" e do princípio fundamental da filosofia *hacker*: "A informação quer ser livre"" (in ASSANGE et. al., 2013, p.12, grifos da autora).

A criptografia, então, é a técnica que permite o anonimato na rede e a liberdade de informação desejada pelo movimento *cypherpunk* e que é amplamente usada na *Hidden Web*. A criptografia permite enviar mensagens de forma segura através de um canal inseguro (MOORE; RID, 2016, p.5). Também pode ser entendida como

> [..] um conjunto de técnicas matemáticas para proteger informações. Usando a criptografia, você pode transformar palavras escritas e outros tipos de mensagens de modo que eles são ininteligíveis para que não possui uma chave matemática específica necessária para desbloquear a mensagem. O processo de utilizar a criptografia para codificar uma mensagem é chamado de *encriptação*. O processo de ordenar a mensagem através da utilização da chave apropriada é chamado de *decriptação* (GARFINKEL; SPAFFORD, p.79).

A técnica é utilizada a séculos, e uma das mais conhecida é a Cifra de César, utilizada pelo imperador romano Júlio César. Ele utilizava uma fórmula simples onde cada letra no texto era substituída por outra do alfabeto e criava um padrão para decifrar a mensagem, ou seja, se a letra D significava da letra A, a letra E seria a letra B, a F seria a letra C, etc, assim o imperador conseguia se comunicar com os seus generais no campo de batalha (WIKIPÉDIA, s.d.). Daniel Moore e Thomas Rid (2016, p.8) contam que a evolução da criptografia não apenas melhorou a troca de mensagens de forma segura, mas aprimorou a comunicação em geral. Os autores estabelecem cinco propriedades para a criptografia (2016, p. 11-13). A primeira é a privacidade, a segunda é a autenticação de documentos, a terceira corresponde ao anonimato, a quarta se refere a preservação da propriedade privada, tal como dinheiro, e a quinta são as trocas ou comércio oculto (hidden exchanges). "De repente, tornou-se possível a criação de troca on-line e mercados em que as transações são seguras, autenticadas e anônimas" (MOORE; RID, 2016, p.13)[9].

A união entre a filosofia cypherpunk com as cinco propriedades criptográficas destacadas por Moore e Rid, formatam a coluna central de como a Hidden Web funciona. Apesar de que não são todos os usuários da Hidden Web que fazem parte do movimento cypherpunk ou são especialistas em criptografia, a proteção do anonimato, da privacidade, do compartilhamento de mensagens seguras por qualquer são a pedra angular da Hidden Web e é o que um usuário procura quando entra nela.

A ESTRUTURA TECNOLÓGICA DA *HIDDEN WEB*

A Hidden Web aparece dentro do contexto de uma Clearnet monopolizada pelas gigantes da informação, que utilizam algoritmos de filtro bolha para personalizar o conteúdo dos usuários. Como descrito anteriormente, desenvolvedores e usuários que estavam no início da Clearnet, quando esta ainda era uma plataforma feita pelos usuários e de forma colaborativa, migraram para a Hidden Web, inspirados na filosofia cypherpunk onde a informação tem de ser livre, sem controle de grandes corporações e preservar a privadade e o aninimato do usuário. Para realizarem esta tarefa, utilizam a criptografia para criar softwares que permitam a navegação anônima e a livre troca de dados.

O software mais famoso utilizado para acessar a Hidden Web é o Tor (The Onion Router- O Roteador Cebola). O programa foi criado pela marinha estadunidense para realizar comunicações seguras na rede, de forma anônima, com a máxima da criptografia que é levar uma informação segura a um canal de informação inseguro. O Tor é um browser, como o Firefox e o Chrome, porém permite a navegação anônima do

---

[9] Do original: *Suddenly, it became possible to create online exchange and marketplaces in which transactions were secure, authenticated and anonymous.*

usuário. Daniel Moore e Thomas Rid (2016, p.15-16) detalharam a estrura do software:

> A arquitetura Tor fornece dois serviços - a navegação anônima [...], e hospedagem de intercâmbio de informações anônimas [...] - através de um pedaço de software, o chamado 'Tor Navegador'. Apesar de distintas, ambos os serviços empregam aproximadamente os mesmos protocolos e contam com amesma infra-estrutura distribuída[10].

O Tor funciona da seguinte forma: quando um pacote de dados é enviado, ele segue caminhos randômicos até chegar ao destino, ou seja, ele passa por mais de um servidor, e a cada passagem os rastros e registros são apagados, o que dificulta rastrear os dados e preserva o anonimato do emissor. "Cada pacote de informação a ser transmitido através da rede seria envolto em múltiplas camadas de criptografia, cada um para ser sequencialmente descoladas pelo nó subsequente no circuito. Consequentemente, nós intermediários só pode decifrar uma camada de criptografia[11]" (MOORE; RID, 2016, p.16). Este é o princípio básico da *Hidden Web*, com a construação de softwares que permitem a navegação em sites que não são indexados nas ferramentas de buscas normais e que possuem níveis maiores de criptografia para serem acessados do que na *Clearnet*. Moore e Rid detalham a criação de sites na *Hidden Web*:

> Esse recurso, chamado de serviço oculto, permite qualquer um a criar um servidor virtualmente indetectável hospedado dentro da rede Tor, simplesmente adicionando duas linhas curtas de código para um arquivo de configuração curta. Isto permite a evasão de todas as formas conhecidas de restrições de conteúdo ou a vigilância. Nem os Internet Service Providers (ISPs) que encaminha o tráfego, nem pela aplicação das leis das agências, nem mesmo os desenvolvedores do projeto Tor em si

---

[10] Do original: *The Tor architecture provides two services – anonymous browsing [...], and hosting of anonymous information exchanges [...] – through one piece of software, the so-called 'Tor Browser'. Although distinct, both services employ roughly the same protocols and rely on the same distributed infrastructure.*

[11] Do original: *Each packet of information to be relayed over the network would be encased in multiple layers of encryption, each to be sequentially peeled away only by the subsequent node in the circuit. Consequently, intermediary nodes could only decrypt one layer of the encryption*

tem visibilidade sobre a localização do serviço hospedado ou a identidade do seu operador[12].

Este contexto onde usuário e desenvolvedores realizam suas ações de forma anônima, é a base central da *Hidden Web*. Apesar da rede Tor ser a mais famosa, existem outras que formam a Deep Web, dentre elas estão as redes públicas, como a Tor, e ainda podem ser citadas a Freenet, GNUnet, Marabunta e I2P; as redes privadas que só consegurem serem acessadas através de convites dos desenolvedores, entre elas a Hamachi, Hybrid Share e ExoSee; e também as friend-to-friend, usadas para círculos sociais, entre elas há uma versão da Freenet, Retroshare (que possui um software próprio para acessá-la) e anoNet. Estima-se que o número de documentos postados todas as redes da *Hidden Web* são 500 vezes maior do que na *Clearnet* (BERGMAN, 2001, s.p.). A disparidade de tamanho entre a *Hidden Web* e a *Clearnet* demonstra a importância que ela vem ganhando, e portanto, traz consigo um enorme impacto social.

O IMPACTO DA *HIDDEN WEB* NA SOCIEDADE E NO PROCESSO COMUNICATIVO

Os conteúdo que ganharam destaque da *Hidden Web* são associados a crimes. As notícias sempre falam sobre a pedofilia, o mercado negro de drogas e armas, o tráfico humano e outros atos ilícitos que acontecem nesta parte da internet e dá a impressão de que todos os usuários destas redes são criminosos. "A comunidade Tor é frequentemente retratada na mídia como sendo composto apenas de imoral, injusto, e indivíduos mal-intencionados. Isso poderia ser verdade, considerando o mundo cibernético sem fronteiras em que vivemos hoje"[13], explica Colton Chrane e Satish Alampalayam Kumar (2015, p.146). Porém, a *Hidden Web* fornece uma gama de conteúdos e ferramentas que vão muito além dos crimes. A comunicação feita através da *Hidden Web* tem

---

[12] Do original: *This capability, called a hidden service, allows anybody to create a virtually untraceable server hosted within the Tor network, simply by adding two short lines of code to a short configuration file. This allows circumvention of all known forms of content restrictions or surveillance. Neither the Internet Service Providers (ISPs) that route the traffic, nor law-enforcement agencies, nor even the developers of the Tor project itself have visibility into the hosted service's location, or the identity of its operator.*

[13] Do original: *The Tor community is often portrayed in the media as being comprised only of immoral, unjust, and malicious individuals. This could be true considering the borderless cyber world we live in today.*

papel importante para a democracia, já que a criptografia utilizada por ela permite o anonimato em países com governos opressores e, assim, conseguem escapar da censura imposta à imprensa (PAPSDORF, 2016, p.15), além de conter um conteúdo vasto, sobre todos os temas. Chrane e Kumar (2015, p.146) detalham o conteúdo da *Hidden Web*, ao analisarem a rede Tor, da seguinte forma:

> No entanto, acreditamos firmemente que os maus atores nesta arena são poucos e não compõem o núcleo de usuários da comunidade Tor. A comunidade Tor consiste em uma grande variedade de pessoas, grupos e organizações que todos compartilham uma visão comum: a privacidade é importante e o anonimato tem um lugar na vida diária. Jornalistas muitas vezes usam o Tor para se comunicarem de forma mais segura com contatos e dissidentes. Organizações Não Governamentais (ONGs) usam o Tor para que os seus funcionários se conectem com segurança e privacidade, enquanto eles estão em um país estrangeiro, sem notificar todos nas proximidades que eles estão trabalhando. Grupos ativistas recomendam o Tor como um mecanismo para manter as liberdades civis on-line; por exemplo, a Electronic Frontier Foundation (EFF) é um torcedor aberto do Projeto Tor (2015, p.146)[14].

Chrane e Kumar ainda completam que "corporações veem o valor no Tor de realizar análise competitiva com segurança, proteger os sistemas de abastecimento sensíveis de bisbilhoteiros, e, em alguns casos, substituir as tradicionais VPNs[15]" (2015, p.146). Christian Papsdorf (2016, p.16) descreve que "as pessoas que não querem evitar formas particulares de comunicação na Internet, mas fazer valer a comunicação que mantém os dados seguros, o significado social da *Hidden Web* se torna

---

[14] Do original: *However, we firmly believe that the bad actors in this arena are few and do not make up Tor's core user community. Tor community consists of a wide variety of people, groups, and organizations that all share a common vision: Privacy is important and anonymity has a place in daily life. Journalists often use Tor to communicate more safely with whistleblowers and dissidents. Non-governmental organizations (NGOs) use Tor to allow their employees to connect securely and privately while they're in a foreign country, without notifying everybody nearby who they're working for. Activist groups recommend Tor as a mechanism to maintain civil liberties online; for example, the Electronic Frontier Foundation (EFF) is an open supporter of The Tor Project.*

[15] Do original: *Corporations see the value in Tor to conduct competitive analysis safely, protect sensitive procurement patterns from eavesdroppers, and, in some cases, replace traditional VPNs.*

claro"[16]. O pesquisador alemão ainda exalta a proteção que a *Hidden Web* dá contra a vigilância e censura online na comunicação, principalmente sobre assuntos sensíveis (PAPADORF, 2016, p.16). Além disso, destaca Papsdorf (2016, p.16), "ela também protege os dados pessoais para além dos conteúdos da comunicação on-line, incluindo um de endereço, estatuto profissional ou conjugal"[17].

O jornalista David Chacos (2013, online) explica a importância das ferramentas da *Hidden Web* para escapar da censura?

> Darknets concedem a todos o poder de falar livremente, sem medo de censura ou perseguição. De acordo com o Projeto Tor, tornar anônimos serviços ocultos tem sido um refúgio para dissidentes no Líbano, Mauritânia e nações da Primavera Árabe; blogs hospedados em países onde a troca de ideias é desaprovada; e serviu como espelhos para sites que atraem angústia governamental ou corporativo, tais como GlobalLeaks, Indymedia, e Wikileaks[18].

A *Hidden Web* então garante a segunça de sites que permitem a informantes publicarem conteúdos de form anônima e denunciarem práticas ruins de governos e empresas. David Duarte e Tiago Mealha (2016, p.19) ainda analisam:

> Além de movimentos de ativismo através da Deep Web, um outro fenómeno viria a surgir cimentado pelas mesmas bases: o jornalismo online ganhou um enorme impulso graças à Deep Web. Pelas mesmas razões, vários foram os acontecimentos divulgados em países que adotam a censura na Internet, os jornalistas passaram a adotar esta técnica para contornar os mecanismos de censura, e, assim, aumentar a sua rede de trabalho e divulgação.

---

[16] Do original: *people do not want to eschew particular forms of Internet communication but do value communication that keeps data secure, the social significance of the the hidden web becomes clear.*

[17] Do original: *It also protects personal data beyond the contents of online communication, including one's address, professional or marital status.*

[18] *Darknets grant everyone the power to speak freely without fear of censorship or persecution. According to the Tor Project, anonymizing Hidden Services have been a refuge for dissidents in Lebanon, Mauritania, and Arab Spring nations; hosted blogs in countries where the exchange of ideas is frowned upon; and served as mirrors for websites that attract governmental or corporate angst, such as GlobalLeaks, Indymedia, and Wikileaks.*

Os serviços e ferramentas descritas pelos autores colocam a *Hidden Web* como um importante fator social na modernidade, dado que as gigantes da informação usam os dados pessoais para realizarem o filtro bolha e a invasão da privacidade online. Outro fator que explica a importâncias das ferramentas que a *Hidden Web* fornece foram as revelações do ex-agente de inteligência da NSA (sigla em inglês para Agência Nacional de Segunraça), Edward Snowend, de que os governos rastream e monitoram dados pessoais sem o consentimento do público.

Porém, como alerta Chacos (2013, online) apesar da vasta gama de informação disponível na *Hidden Web*, ainda é pouco atrativo para os usuários que apenas buscam utilizar serviços e ferramentas como streaming de vídeos, mídia sociais ou qualquer outro serviço *mainstream*, que não são disponibilizados na *Hidden Web*. Lá, não há site de vídeos e as mídias sociais também são focadas no anonimato, portanto, fazer amigos e compartilhar momentos 'reais', ainda não é possível. Chacos (2013, online) ainda é enfático ao registrar que "a Darknet é repleta de bichos-papões apenas esperando por você para baixar a guarda[19]", devido a quantidade de *crackers* (hackers que cometem crimes).

CONSIDERAÇÕES FINAIS

As tecnologias digitais mudaram a comunicação e transformou diversos mercados com a criação de novos serviços e técnicas. Michio Kaku e Carl Sagan atribui a internet e as inovações que a acompanharam como uma tecnologia que, para além de transformar as práticas sociais, lançará a humanidade em uma comunidade planetária. Nesta direção, pode-se dizer que a internet e as tecnologias digitais são uma inovação capaz de evoluir toda a civilização moderna a um outro patamar, a um grau de desenvolvimento tecnológico nunca visto antes. Porém, a história das tecnologias criadas pela humanidade mostra que sempre que uma inovação é criada, há sempre alguém que quer tomá-la para si e tomar vantagem dela em detrimento de lucro e poder.

A internet foi criada e desenvolvida, primeiro, para garantir a segurança na transmissão de informações pelo exército americano. Quando esta tecnologia chegou ao poder da sociedade civil, se transformou em um ambiente de construção de conhecimento e compartilhamento de

---

[19] Do original: *the Darknet is fraught with bogeymen just waiting for you to let down your guard.*

informação e técnicas. A internet, apesar de ter começado em um ambiente militar, foi desenvolvida entusiastas, que a compuseram como uma ferramenta que permite a troca de informações livre e na construção de grandes bancos de dados de conhecimento, além da proteção da privacidade e sem a interferência da grande mídia e das corporações. Só que o seu crescimento exponencial e a penetrabilidade no cotidiano social, a grande mídia e empresas começaram a explorar a internet, e a transformaram em um ambiente controlado por estas corporações e também pelas gigantes da informação. Google e Facebook introduziram no mercado da informação o filtro bolha, que personaliza o conteúdo a cada usuário, o que contraria uma internet de livre fluxo de informação, uma vez que cada usuário agora está preso em sua bolha de conhecimento e não é lhe dado uma alternativa para sair, até mesmo porque ele não sabe que está preso dentro dela.

A alternativa foi criada, pelos mesmo desenvolvedores do início da internet, que é a *Hidden Web*. Porém, apesar de o tamanho da *Hidden Web* ser de 500 vezes da *Clearnet*, o número de usuários é baixo e as tecnologias necessárias para garantir o anonimato não recebem tanta divulgação. A tecnologia Tor não foi feita para ser utilizada apenas para acessar a *Hidden Web*, mas sim para ser utilizada para navegar na internet em geral, pelo simples fato de proteger o anonimato e a privacidade de cada usuário. Mas, a grande mídia demonizou a *Hidden Web* e as tecnologias vinculadas a elas, ao utlizar um discurso de que quem as utiliza é um crimoso em procura de drogas, assassinatos, pedofilia e qualquer outra atrocidade.

Porém, pelo caráter social da *Hidden Web*, que garante a segurança a informantes denunciarem más práticas de governos e empresas, de auxiliar jornalistas na obetenção de informações relevantes e na conservação da privacidade, os técnicos em criptografia e os porta-vozes da *Hidden Web* precisam ser mais ativos. Fenômenos como o WikiLeaks apresentam que o bom uso das tecnologias da *Hidden Web* unidos com a exposição que se consegue na *Clearnet* traz o interesse dos usuários em ouvir e aprender mais sobre a situação atual da internet. É necessário, portanto, que os ativistas digitais de uma internet neutra pensem em alternativas (no caso, softwares) de acesso e manuseio mais fácil ao público geral e desmitifiquem a má fama que a *Hidden Web* ganhou.

REFERÊNCIAS

ASSANGE, Julian et. al.. **Cypherpunks:** liberdade e o futuro da internet. São Paulo. Boitempo, 2013.

ASSANGE, Julian. **Quando o Google encontrou o WikiLeaks**. São Paulo. Boitempo, 2015.

BERGMAN, Michael K. White paper: the deep web: surfacing hidden value. **Journal of electronic publishing** v. 7, n. 1, 2001. Disponível em: <http://quod.lib.umich.edu/cgi/t/text/idx/j/jep/3336451.0007.104/--white-paper-the-deep-websurfacing-hidden-value?rgn=main;view=fulltext>. Acesso em: 30 maio 2016.

CHACOS, B. *Meet Darknet, the hidden, anonymous underbelly of the searchable Web.* Disponível em: <http://www.pcworld.com/article/2046227/meet-darknet-the-hidden--anonymous-underbelly-of-the-searchable-web.html>. Acesso em: 30 maio 2016.

CIANCAGLINI, Vicenzo; BLADUZZI, Marco; MACARDLE, Robert; RÖSLER, Martin. **Below the surface:** exploring the deep web. Trend Micro, 2015. Disponível em: < https://www.trendmicro.com/cloud-content/us/pdfs/security-intelligence/white-papers/wp_below_the_surface.pdf >. Acesso em: 5 agosto 2016.

DE MELO, Fernarndo P.; MARQUES, Rafael F.; CUNHA, Sara. Buscadores da internet e sua importância na ecnomia das empresas. , [S.d.].

DUARTE, David; MEALHA, Tiago. Introdução à deep web. **IET Working Papers Series** p. 1–26 , 2016. Disponível em: <http://run.unl.pt/handle/10362/18052>. Acesso em: 20 jun. 2016.

GARFINKEL, Simson; SPAFFORD, Gene. **Web security, privacy & commerce**. O'Reilly Media Inc. Estados Unidos, 2011.

LADEN, Kash. **The dark web:** exploration of the deep web. Future Gothic Publishing. Estados Unidos, 2014.

MOORE, Daniel; RID, Thomas. Cryptopolitik and the Darknet. **Survival** v. 58, n. 1, p. 7–38 , jan. 2016. Disponível em: <http://www.tandfonline.com/doi/full/10.1080/00396338.2016.1142085>. Acesso em: 30 maio 2016.

PAPSDORF, Christian. What is the Hidden Web? , 2016. Disponível em: <http://monarch.qucosa.de/fileadmin/data/qucosa/documents/20217/Papsdorf_2016_What_is_the_Hidden_Web.pdf>. Acesso em: 30 maio 2016.

SILVEIRA, Sergio Amadeu. A DISSEMINAÇÃO DOS COLETIVOS CYPHERPUNKS E SUAS PRÁTICAS DISCURSIVAS. , [S.d.]. Disponível em: <https://www.researchgate.net/profile/Sergio_Silveira2/publication/275715418_A_DISSEMINAO_DOS_COLETIVOS_CYPHERPUNKS_E_SUAS_PRTICAS_DISCURSIVAS/links/5544fd7d0cf24107d397ae41.pdf>. Acesso em: 23 maio 2016.

SQUIRRA, Sebastião Carlos. A tecnologia e a evolução podem levar a comunicação para a esfera das mentes. **Revista FAMECOS** v. 23, n. 1, p. 21275 , nov. 2015. Disponível em: <http://revistaseletronicas.pucrs.br/ojs/index.php/revistafamecos/article/view/21275>. Acesso em: 22 jun. 2016.

A CONVERGÊNCIA TECNOLÓGICA E O LOCALISMO: NOVAS OPORTUNIDADES PARA A COMUNICAÇÃO REGIONAL

Francisco Machado Filho
Peterson De Santi
Carlos Eduardo de Lima
Wanessa Medeiros Alves

RESUMO

A convergência tecnológica vem alterando a forma como as pessoas se relacionam com a mídia tradicional, principalmente a Televisão. Isto vem impondo desafios para emissoras manterem sua importância e relevância nesse contexto social. Nas emissoras locais o desafio é ainda maior, pois a nova audiência vem se afastando da programação linear. O presente texto explora esse cenário e analisa fatores que possibilitam caminhos sustentáveis para as emissoras regionais focados no localismo da programação e da publicidade baseada em dados, por meio do hibridismo na televisão e na transmediação da programação.

PALAVRAS-CHAVE
 TV híbrida, Marketing Digital, Transmídia.

A sociedade se constrói e se renova a partir de diferentes fatores estruturais e subjetivos que podem reestruturar ou consolidar identidades, culturas e valores. Neste âmbito, não somente a política, economia e cultura influenciam a maneira como as pessoas se organizam e percebem o mundo; a comunicação ainda é um dos mecanismos primordiais nos processos de transformação da sociedade. A capacidade inata de qualquer ser humano de transformar o meio em que vive e o poder de reordenar as estruturas sociais por meio das relações comunicacionais é o artefato mais importante da humanidade.

A comunicação é um mecanismo que está baseado em narrar histórias, informar e formar opiniões através de diferentes canais que veiculam diferentes mensagens a diferentes receptores. Essa estrutura se modifica e se reformula com o tempo e se adapta aos anseios das novas gerações. Com o advento da internet como parte essencial da comunicação contemporânea, a interatividade, assim como os novos meios de produção independentes transformaram as relações entre consumidores e produtores. Os papéis se modificam e se reinventam a todo o momento de acordo com o contexto; nessa nova organização não há uma separação eficiente da estrutura comunicativa, os receptores são produtores e vice-versa, o canal é o meio e a mensagem é transmitida de um para todos, todos para um e de todos para todos. Os "novos" produtores direcionam, editam e divulgam por meio de plataformas democráticas e autorreguláveis, como os blogs e redes sociais aquilo que deverá ser pauta de discussão dentro do nicho social, cultural e político em que o indivíduo está inserido. Ou seja, a repercussão de um fato isolado pode ter alcance mundial possibilitado pela convergência dos meios e a dinamização proposta pela internet.

> Los jóvenes de la sociedad multimedia nacieron en el mundo binario y no sienten sus características como participantes de sus vidas. Los trazos son binarios y hacen parte de su vida. Son seres intertextuales. Conviven, al mismo tiempo, con distintos "textos", con una naturalidad que no existe para los que pertenecen a otras generaciones. Estos son factores para la búsqueda constante de producir contenidos intertextuales en los medios de comunicación. Hoy en día los usuarios empiezan a utilizar los medios, y estarán al frente de los usuarios del ayer. Ellos ya crean sus contenidos y si los médios tradicionales no buscan soluciones, viviremos, en breve, un caos comunicacional. (FLORES;RENNÓ, 2012, p.41)

O caos comunicacional a que os autores se referem está na dificuldade de veículos tradicionais de comunicação utilizarem as novas tecnologias e estruturas de linguagens para ampliar a divulgação de conteúdos produzidos e o choque de gerações que são divididos entre aqueles que detêm o domínio das novas estruturas tecnológicas comunicacionais e os que não têm. Ou ainda, a generalização da produção e edição das informações que se tornam superficiais e se estruturam em aspectos quantitativos em vez de qualitativos. A democratização das ferramentas de produção e o advento da internet estão democratizando também o espaço de construção de conteúdos. Dessa maneira, os produtores tradicionais de conteúdos precisam inovar de forma mais constante e assertiva para permanecerem no espaço do poder simbólico da mídia.

No processo de convergência e ampliação dos canais de comunicação mundial, os processos de mediação precisam se reestruturar. Como alternativa estratégica, os meios de comunicação podem se apoiar na exploração qualitativa dos fatos locais em que atuam, pois a comunicação generalizada e global não é onipresente e não consegue explorar as subjetividades dos fatos locais. Disso, nasce a necessidade de segmentação da comunicação, da criação de nichos e grupos que se interessam por recortes temáticos sem a necessidade e um entendimento globa, ou seja, a manifestação das subjetividades locais e a multidimensionalidade interpretativa do contexto em que cada veículo atua.

As multiculturas organizacionais se inserem na produção, edição e veiculação de informações. Além disso, na atual esfera da informação, a tecnologia assume um papel importante como ferramenta para auxiliar no desenvolvimento de linguagens e novas formas de criar, gerir e divulgar conteúdos, além de democratizar e expandir tais processos. Neste âmbito, os processos comunicacionais estabelecem ligações intrínsecas entre o localismo, rede de subjetividades e a tecnologia. Portanto, a narrativa transmídia colaborativa se mostra como alternativa estrutural de linguagem e até mesmo como nova forma de estruturação da informação em que o conhecimento - assim como os valores culturais - é construído a partir de diferentes perspectivas e o processo colaborativo é o mais eficiente na construção de um conhecimento coletivo.

A narrativa transmídia, por princípio, deve transitar em diferentes plataformas, linguagens, interpretações e sensações. A interação e as diversas fontes de informações sobre o assunto abordado devem estar inseridas na construção da narrativa. O interlocutor, o qual também possui papel de produtor, nesse contexto, é transformado em outro canal inserido no texto fonte o qual pode levar o leitor a outros canais e buscar novas informações sobre o assunto, ou seja, não há autoridades sobre a notícia, ela é construída de forma colaborativa e por múltiplos usuários e plataformas. Ao utilizar essa estrutura organizacional midiática, os veículos de comunicação podem e devem aprofundar a análise sobre a pauta criada nas redes em vez de meramente reproduzi-las. Os esforços devem se canalizados para a criação de conceitos e narrativas originais diante de um fato já exposto. A informação não é mais exclusiva. É preciso criar conteúdos sinérgicos que traduzam aspectos locais de forma eficiente e autêntica e que criem redes de relações de credibilidade e confiança com a população local, transformando o veículo de comunicação em mais um canal de comunicação diante de uma rede comunicativa, e não mais em um canal exclusivo.

Assim, este texto explora a possibilidade do uso da televisão local como veículo capaz de criar uma estrutura sinérgica e colaborativa por meio de uma atuação focada nas questões locais e em seus mercados, otimizando o uso das ferramentas digitais que hoje permitem uma relação completamente nova entre os veículos e seus públicos, principalmente para as regiões que possuem uma emissora de televisão e que podem atuar de uma forma inovadora na relação com seu público por meio de uma plataforma híbrida de televisão, modelo que já vem sendo praticado em países como Japão e em alguns países da Comunidade Europeia.

A transmidiação, oportunizada pela TV híbrida, sustentada por uma publicidade baseada em dados fornecidos pelos motores de busca, abre um novo caminho para a comunicação regional, uma oportunidade, talvez, sem igual na história das emissoras locais, capaz de lhes configurarem uma liberdade econômica que lhes possibilite atuarem de forma independente e realmente comprometidas com a democracia e o desenvolvimento local.

TV HÍBRIDA E COMUNICAÇÃO LOCAL

O século XXI apresenta um momento produtivo e tecnológico que é diferente da era industrial e de eras anteriores, justamente por conta da configuração e das necessidades da sociedade vigente. Para Vieira Pinto (2005, p. 49) o que se produz atualmente é o que configura a estrutura econômica e política da sociedade, pois para o autor: "os homens nada criam, nada inventam nem fabricam que não seja expressão das suas necessidades, tendo de resolver as contradições com a realidade".

Nesse cenário, surge um novo comportamento social, principalmente no que tange a comunicação midiática, que é a cultura da convergência. Jenkins (2008) explica que, diferente da Era Analógica, os públicos vão a qualquer parte em busca das experiências de entretenimento que desejam e não mais estão dependentes dos programadores midiáticos, desencadeando assim um fluxo cada vez mais múltiplo entre os suportes midiáticos e uma maior cooperação entre os múltiplos mercados de mídia, justamente para atender a essa migração de audiências, pelo menos aqueles que possuem acesso à tecnologia disrruptiva da Internet.

Um dos veículos mais tradicionais afetados por este fenômeno é a TV, que ao longo de sua trajetória também evoluiu (em termos tecnológicos e de programação/conteúdos) e, que durante muito tempo, manteve o envolvimento da audiência, pois sua evolução estava restrita ao melhoramento na transmissão e recepção de seus conteúdos, até que a internet permitiu não só um novo modo de distribuição de conteúdo audiovisual, mas também o envolvimento da audiência por meio das redes sociais. Isto forçou a televisão a evoluir mais uma vez, justamente apara atender ao comportamento em rede e migratório dos públicos, uma nova audiência descrita por Castells (2009, p. 88) como aquela que é capaz de excluir ou incluir conexões que gerem ou não interesse, se autoconfigurando e se inter-relacionando numa escala de velocidade jamais vista, atribuindo a esta nova forma histórica de comunicação o conceito de autocomunicação de massa.

Todavia, a TV passa por situações distintas em diferentes localidades do globo. No Brasil, por exemplo, a TV continua retendo grande parte audiência daqueles que consomem produtos audiovisuais. De acordo com a Secretaria de Comunicação Social da Presidência da República, por meio do documento "Pesquisa brasileira de mídia 2015: hábitos de consumo de mídia pela população brasileira", 95% dos brasileiros afirmam ver TV, sendo que 73% têm o hábito de assistir todos os dias. Em média, os brasileiros passam 4h31 por dia em frente ao televisor, de segunda a sexta-feira, e 4h14 nos finais de semana, números superiores aos encontrados na mesma pesquisa do ano 2014, que eram 3h29 e 3h32, respectivamente.

É fato que a televisão o Brasil vem mantendo sua relevância, não apenas em audiência, mas também em investimentos publicitários. De acordo com texto de Ribeiro (2015) no sítio na internet da Editora Meio & Mensagem, em termos de participação, o Projeto Inter-Meios aponta que em 2014 a TV aberta no Brasil seguia como líder dos investimentos publicitários, com 58,5% da verba destinada conforme figura a seguir:

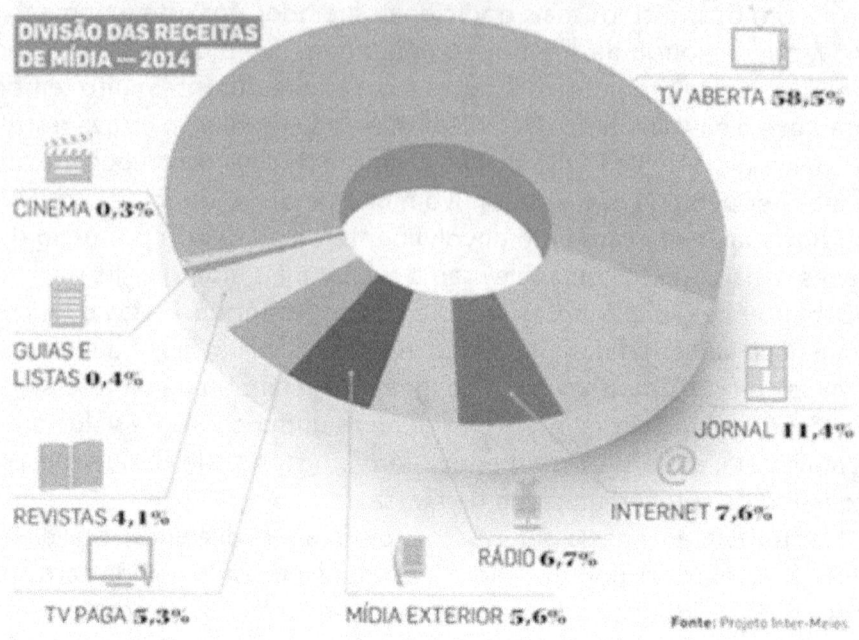

Figura 1: Divisão das receitas de mídia em 2014
Fonte: Projeto Inter-Meios (apud RIBEIRO, 2015)

Portanto, a TV ainda é o principal veículo escolhido pelos anuncian-tes brasileiros e é sob este modelo de negócio, principalmente, que a TV no Brasil se edificou ao longo dos seus 60 anos de história e se mantém até os dias de hoje. Machado Filho (2015) explica que a audiência é o que move esses investimentos. Quanto menor a audiência, menores serão os investimentos publicitários, consequentemente, os anunciantes seguirão a audiência aonde ela for e onde a relação de custo benefício for mais interessante e viável (MACHADO FILHO, 2015).

A televisão no Brasil conta, em geral, com uma programação diver-sificada e com conteúdos produzidos e veiculados em escala nacional e local, o que acaba por reter a audiência também em escala nacional e local, bem como os anunciantes da mesma forma. Alinhados à qualidade das produções nacionais (como as telenovelas da Rede Globo, reconhe-cidas mundialmente), possivelmente essas sejam algumas das principais razões para o sucesso do modelo de mercado televiso brasileiro.

No entanto, todo esse cenário de otimismo e crescimento, caracte-rísticos da televisão brasileira, não é uma realidade global. A BBC (*British Broadcasting Corporation*), renomada emissora britânica, por exemplo, tem realizado esforços para estar presente no nível local, o que tem causado problemas para a emissora (de ordem política e financeira). Para a *Networked Television*, organização inglesa, sediada em Londres, que produz e distribui programação de rede com o objetivo de potencializar a execução da televisão local, essa tentativa é um erro, pois a BBC deveria focar seus esforços naquilo que faz de melhor, ou seja, na exibição em grande escala de conteúdos de esporte, drama, entretenimento, documentários, noticiários, entre outros. E as emissoras locais, por sua vez, devem continuar fazendo o que fazem de melhor: manter o foco no local.

Todavia, para compreender os gargalos da televisão local no Reino Unido, o artigo faz uma comparação entre a TV britânica e um outro modelo de sucesso, que é a TV norte-americana, e estabelece três grandes diferenças: a primeira é que o modelo norte-americano permite a publicidade como forma de financiamento e o britânico não; a segunda é o *must-carry* com taxas de retransmissão, situação que não ocorre no modelo britânico; e a terceira é a natureza da afiliada da televisão local, que no modelo norte-americano faz parte de uma das grandes emissoras (como ABC, CBS, NBC, etc.,) e que com elas obtém programação nacional, fazendo *opt-out* (envio) por meio de estações locais.

O modelo brasileiro de televisão é muito parecido com modelo americano, o que evidencia que alguns elementos presentes nesses dois formatos são essenciais para o sucesso. Um desses elementos, sem sombra de dúvidas, é o localismo. Para a *Networked Television*, a televisão local norte-americana tem obtido resultados bem-sucedidos porque as três situações anteriormente apresentadas (publicidade, *must-carry* com taxas de retransmissão e natureza de afiliação) estão intimamente ligadas com um ponto central: custo. A parte mais essencial para uma televisão local é permanecer local, e para a *Networked Television* essa é a principal meta a ser mantida em vista. No entanto, atingir essa meta envolve outros dois pontos: conteúdo e mensuração de audiência, e ambos demandam custos, principalmente a produção de conteúdo.

No caso da televisão britânica, essas duas peças-chave são o que a televisão local parece não ter no momento. Isso porque o televisor é um consumidor em potencial de conteúdos audiovisuais e a sua produção tem custos bem mais elevados quando comparada a outros veículos, como o rádio por exemplo. Assim, para as emissoras locais é árdua a tarefa de produzir e veicular conteúdos de qualidade. Além disso, mesmo com toda a tecnologia que os televisores apresentam na atualidade, a mensuração da audiência local, que é outra questão importante, ainda é insuficiente para mostrar com precisão os números dos telespectadores. Como respostas parciais, com relação ao conteúdo a *Networked Television* apresenta duas possíveis soluções: a primeira seria a consolidação das emissoras locais sob um único proprietário (modelo de afiliação com um mix de programação local e regional/nacional, como similar e fortemente presente no modelo norte-americano e brasileiro de televisão), que é a opção mais fácil e viável; e a segunda seria ignorar tudo e manter-se "hiperlocal", o que na visão da *Networked Television* não funcionaria pelos motivos já explicitados anteriormente (conteúdo e mensuração de audiência e alto custo).

A *Networked Television* define como modelo ideal de televisão local aquele que está realmente focado nas questões locais e que carrega consigo também um conteúdo presente na televisão de larga nacional, que são os conteúdos sobre informação, educação e entretenimento. Se retomarmos as considerações de Jenkins (2008) e Machado Filho (2015), de que os públicos (audiência) vão a qualquer parte em busca dos conteúdos que lhes interessam, podemos entender que a televisão local precisa ser cada vez mais estimulada a estar presente localmente, tanto nos modelos televisivos que estão enfrentando dificuldade, como a televisão britânica, como nos que estão obtendo resultados satisfatórios, como a televisão norte-americana e brasileira. Como uma possível alternativa para o modelo de televisão britânica, bem como de maximização de oportunidades e crescimento para os modelos de televisão norte-americana e brasileira, uma nova e convergente tecnologia televisa vem atraindo a atenção de radiodifusões, tanto no Brasil, como nos EUA: a TV híbrida. Atualmente, a TV como conhecemos está passando por dois períodos distintos de maneira simultânea: o possível fim de uma era de transmissão exclusivamente pelo ar e novas modalidades de entrega de conteúdo seja por *streaming* ou por IP (*internet protocol*), o que abre espaço para uma tendência de convergência tecnológica e comportamental que une o mundo *broadcast* (transmissão em rede por cabos ou pelo ar) e o *broadband* (transmissão por sistemas em banda larga via internet) denominada TV híbrida.

A TV híbrida surge não apenas como uma convergência natural da cultura da sociedade atual, conforme defendido por Jenkins (2008), mas também como uma forte tendência no modo de se fazer e ver televisão.

> Na verdade, a TV e a internet já estão integradas. As novas gerações já fazem uso dos dois sistemas simultaneamente no dia-a--dia. Cabe aos produtores de conteúdo, gestores e engenheiros criarem as melhores condições de uso e melhor experiência na TV Híbrida. (MACHADO FILHO, 2015, p. 90).

É cada vez mais comum, principalmente entre as novas gerações, a integração do consumo dos conteúdos televisivos tradicionais, em formato de grade fechada e a transmissão por ar e *on demand*, proporcionadas pela transmissão por IP. Netflix e Youtube são casos de sucesso em todo mundo e que apresentam uma maneira de distribuir conteúdo diferente da TV tradicional, seja ela com sinal gratuito ou por assinatura.

A TV híbrida apresenta a possibilidade de facilitar e maximizar para os telespectadores a experiência de consumir conteúdos em grade e *on demand*, além de outras funcionalidades, sem ter a necessidade de migrar entre as plataformas de transmissão. Por meio de um *set-top-box* ambos os sinais (*broadcast* e *broadband)* são decodificados sem que o usuário perceba os diferentes sinais enviados, podendo, por exemplo, assistir conteúdos que estão sendo transmitidos em grade ou acessar conteúdos extras ou exibidos anteriormente, inclusive em dispositivos móveis.

Essa configuração híbrida de televisão é extremamente favorável para a TV local, pois teríamos um modelo de televisão em que a integração entre conteúdo local e nacional permitiria uma maior oferta de programas e serviços para a audiência. Isso ocorreria porque a plataforma híbrida permite que conteúdos exibidos anteriormente fiquem disponíveis no formato *on demand* para que o telespectador assista no horário que lhe for mais conveniente. Para exemplificar, atualmente no Brasil um telespectador da TV Tem, afiliada da Rede Globo de Televisão na região de Bauru/SP, que perde um capítulo do programa local Revista de Sábado transmitido em horário normal na grade televisiva aberta pode assistir esse episódio na página na *web* do Revista de Sábado pelo Gshow, acessando esse conteúdo por meio do *browser* (navegador de internet). Se a Rede Globo de Televisão já trabalhasse com um sistema de TV híbrida, o usuário possivelmente poderia assistir este episódio acessando-o a qualquer horário por meio do próprio aparelho televisor, ou realizar essa operação por um dispositivo móvel, conectado à rede doméstica sem interferir na programação linear aberta.

Como citado acima, por meio do aplicativo GShow o usuário atualmente pode consumir o conteúdo que deseja, mas há uma diferença importante quando esta ação é possibilitada pela TV híbrida: controle. Atualmente o aplicativo não permite nenhuma integração entre a primeira tela (televisão) e a segunda tela (smartphones e *tablets)*. Quando o conteúdo adicional é consumido pela TV híbrida, o radiodifusor e produtor de conteúdo podem aplicar estratégias de comunicação que permitam fortalecer o vínculo entre a audiência e a programação da emissora. Sem mencionar as inúmeras possibilidades de ações de *marketing* e publicidade, principalmente para o mercado local. A TV híbrida, por estar diretamente conectada com o sinal por IP (*internet protocol*), também ampliaria as oportunidades tecnológicas para mensuração da audiência, outro ponto fundamental para o desenvolvimento da televisão local.

Por estas razões, a TV brasileira tem à sua frente, uma grande oportunidade para aturar nessa plataforma convergente, visto que seu modelo e sua grade de programação, ainda possuem grande relevância para a audiência. O fato da programação em rede das emissoras ocuparem grande parte da programação local, tem permitido às emissoras afiliadas manter essa relevância, mas ao mesmo tempo, perdem oportunidades de negócios por não entregar conteúdo local e de qualidade. Por esta razão a TV híbrida apresenta, dentre tantas outras vantagens, grandes oportunidades para a TV local: disponibilização de conteúdos *on demand* nacional e conteúdo local, mensagens publicitárias direcionadas por público ou região e novas oportunidades para mensuração de audiência.

OPORTUNIDADE DE NEGÓCIOS NA COMUNICAÇÃO LOCAL

A convergência das mídias vem provocando inúmeras transformações no ambiente dos negócios e nas culturas empresariais, principalmente no que tange a comunicação das organizações com seus clientes. Com o fortalecimento das tecnologias e a globalização da informação as organizações são forçadas a rever suas ferramentas e processos de comunicação, produção e inovação de forma a se adaptarem e construírem relacionamentos fluidos e duradouros com seus atores. Essa relação vem sofrendo profundas transformações e esses atores são impactados e moldados pelo simbolismo e pelo significado que esses símbolos têm em sua vida, como, emotividade, cognição entre outros.

O mercado físico clássico, baseado em produtos e na sua distribuição estava situado numa rede de significados simbólicos coletivos, onde se encontram cada fragmento percebido e os eventos cotidianos e tomam sentido dos movimentos corporativos, a partir da interpretação e concepção de que as pessoas constroem suas próprias experiências de relação com a empresa. As mudanças nos ambientes de negócio e na estrutura das organizações nos traz uma contemporaneidade vislumbrada por Bauman (2001), onde o incerto é certo no cotidiano, isto é, estamos acostumados - ou nos deixando acostumar - com interrupções, incertezas, surpresas, novidades e mudanças repentinas que nos levam a não aceitar uma ideia, uma notícia. Um dos aspectos mais importantes da convergência midiática é a capacidade de captar uma grande diversidade de expressões culturais e disponibilizá-las ao redor do mundo, quebrando a separação entre mídia impressa e audiovisual, entre cultura popular e erudita, e entre informação, educação, entretenimento e persuasão, pois todas essas expressões podem ser encontradas juntas no ambiente digital.

Porém, mesmo com essa mudança de cenário ainda há muitas empresas que ignoram os dados gerados por essa convergência e não sabem como traduzir isso e aplicar os dados em estratégias competitivas, principalmente em mercados locais e regionais. Apesar de todo desenvolvimento tecnológico a grande maioria das empresas ainda utilizam o *feeling* como principal instrumento para definição de investimentos em comunicação e estratégias gerenciais, baseadas em saberes desenvolvidos durante a Era Analógica. As campanhas de comunicação e *marketing,* desenvolvidas por meio das agências de publicidade e propaganda, sempre tiveram como base a ideia, a criatividade e o surpreendente. É realmente um desafio para o mercado de comunicação medir os resultados de suas ações. As ferramentas para medir a eficiência de uma campanha publicitária em múltiplos meios sempre geraram incômodo nos anunciantes e nas próprias agências. As pesquisas de recepção possuem alto custo de aplicação e, no geral, são realizadas apenas nos grandes centros ou muito esporadicamente nos mercados locais.

Com a popularização da internet, tornou-se necessário desenvolver e aplicar novas ferramentas que permitissem não apenas aferir o consumo de produtos, mas o comportamento das pessoas, o que pensam sobre o produto ou a marca, o que faz com que busquem informações sobre um determinado assunto e causas e consequências do compartilhamento de informações em sua rede de relacionamento, influenciando suas escolhas e as de seus contatos. Com o fortalecimento das ferramentas de busca e pesquisa, proporcionados pela chegada da internet comercial, abriu-se um novo cenário, onde mesmo sem se relacionar diretamente com o *target* (público alvo) é possível identificar e entender seu comportamento, e até mesmo entender as tendências. Ferramentas como o *Google Insights for Search* tornam possível a qualquer empresa identificar a intensidade dos assuntos procurados pelos internautas ao longo do tempo e utilizar as informações para definir a sua estratégia. Buscadores como Google,

Yahoo, Bing e muitos outros permitem múltiplos cruzamentos de dados para entender o comportamento do consumidor, pelo simples ato de como essas pessoas pesquisam, o que elas pesquisam, para onde vão depois de pesquisar e como se comportam frente aos assuntos pesquisados. Os buscadores permitiram, ainda, entender o comportamento humano com fidelidade de opinião de uma maneira que uma pesquisa jamais conseguiria ter.

Antes do fortalecimento da internet, principalmente após o crescimento dos mecanismos de busca, ao se fazer um anúncio de um determinado produto na TV, as métricas utilizadas para avaliar o impacto daquela comunicação eram poucas e simples, como número de ligação para a *call center* da empresa, número de pedidos, interesse de novos distribuidores, aumento no volume de procura no ponto de venda e número de itens vendidos. Esses eram os indicativos se a comunicação foi percebida ou não. Agora os hábitos de compras mudaram e a busca por informações sobre o mesmo produto, ou o impacto que nossa rede de contatos exerce por meio de opiniões e indicações, tornou-se quase intrínseca antes da decisão de compra. Entretanto, mesmo com todas as possibilidades geradas pelo volume de dados oferecidos pelos motores de buscas, muitas empresas e agências subutilizam o potencial estratégico que esses dados proporcionam e algumas nem sequer fazem essa coleta ou análise, principalmente as emissoras locais de televisão. Essa é uma oportunidade que pode ser explorada se o conteúdo local for relevante, pois atrairia o espectador e motivaria o compartilhamento em sua rede de contatos. Todos esses dados estão disponíveis gratuitamente e devem ser utilizados estrategicamente nos planos de comunicação das emissoras de televisão.

CONSIDERAÇÕES FINAIS

A convergência das mídias tradicionais com as novas mídias criou um universo no qual tudo é integrado, passa-se a ter uma comunicação híbrida, transmidiática de forma que a utilização de uma altera o comportamento na outra. De acordo com dados da Kantar IBOPE Media, que acompanha e monitora os principais meios de comunicação do país, os investimentos em publicidade no ano de 2015 somaram R$ 132 bilhões no Brasil. Entre os meios, a TV (aberta+paga) tem a maior participação do bolo publicitário, com 69,6% do volume total de investimentos. Na sequência aparecem o jornal (R$ 16,9 bilhões) e *display*, que alcançou R$ 8,7 bilhões e participação de 6,6% no montante total. Já os gastos em mídia exterior (*out-of-home*), que agora representam outdoor e mobiliário urbano, somaram R$ 1,5 bilhão no ano passado (1,2% do total). Em 2015, a Kantar IBOPE Media ampliou o monitoramento de *sites* e portais, além de reformular a metodologia de coleta sobre publicidade *online*. Apenas a partir de 2015 a empresa passou a mensurar o investimento dos principais anunciantes na categoria de *search*, que chegou a R$ 1,6 bilhão. Essa é a principal fonte de investimento no meio internet. A participação conjunta destes formatos digitais chega a 8% do bolo publicitário.

Os buscadores são poderosas ferramentas de inteligência e geração de dados que podem ser usados em setores estratégicos dos negócios. Ao utilizar as bases de dados geradas por meio de pesquisas podemos entender o comportamento do consumidor e até mesmo identificar tendências. Com as pesquisas é possível, por exemplo, identificar se seu anúncio de TV no programa local foi ou não assimilado pelos espectadores, se esses fizeram algum tipo de busca por seu produto ou pela categoria do seu produto. Mesmo que isso não represente dados absolutos, é possível identificar comportamentos.

Para Tancer (2009), as ferramentas de inteligência geradas pela internet e pelos mecanismos de busca permitem que as empresas olhem para o comportamento das pessoas *online* como um indicativo do que, quando e como agem os consumidores:

> Os dados da internet relativos a nossos vícios demonstram o quanto os dados da inteligência competitiva podem ser atraentes, desde a compreensão do fluxo e refluxo do tráfego a websites até a descoberta de quem são as pessoas que visitam esses sites, e o que exatamente está por trás de sua decisão de visitá-los. (TANCER, 2009, p.25)

Ao utilizar-se dos motores de busca para encontrar informações de um determinado termo, como um produto, o usuário está demonstrando muito mais do que dados, ele está mostrando suas intenções, como cita Battelle (2005):

> De conexão em conexão, de clique em clique, a busca está construindo possivelmente o mais duradouro, forte e significativo artefato cultural da história da espécie humana: a Base de Dados de Intenções. (...) Uma enorme base de dados de desejos, necessidades, vontades e preferências que podem ser descobertas, citadas, arquivadas, seguidas e exploradas para todos os fins. (Batelle, 2005, p.5)

Desta forma, a comunicação local pode explorar estrategicamente estas informações e aplicá-las em seus produtos de comunicação gerando engajamento na audiência e relevância para seus produtos e serviços. Contudo, desde que estas ferramentas sejam utilizadas como estratégias e não apenas recursos. Para isso, é preciso entender que a comunicação hoje não é mais linear e nem utiliza apenas um veículo na entrega de conteúdo de um para muitos. A comunicação hoje é transmidiática como salientamos no início deste trabalho.

REFERÊNCIAS

BATTELLE, John. **A Busca**: Como o Google e seus competidores reinventaram os negócios e estão transformando nossas vidas. Rio de Janeiro: Campus. 2005.

BAUMAN, Zygmunt **A sociedade individualizada**: vidas contadas e histórias vividas. Tradução José Gradei. Rio de Janeiro: Zahar, 2008.

BRASIL. Presidência da República. Secretaria de Comunicação Social. **Pesquisa brasileira de mídia 2015**: hábitos de consumo de mídia pela população brasileira. Brasília: Secom, 2014

CASTELLS, Manuel. **A sociedade em Rede – a era da informação**: economia, sociedade e cultura. Volume 1. São Paulo: Paz & Terra, 2002.

JENKINS, Henry. **Cultura da Convergência**. São Paulo: Aleph, 2008.

LÉVY, Pierre. **Cibercultura.** Tradução de Carlos Irineu da Costa. São Paulo: Editora 34 LTDA, 1999

MACHADO FILHO, Francisco. **A TV híbrida e o impacto no modelo de negócios da TV aberta no Brasil**. In: Congresso Brasileiro de Ciências da Comunicação, 38, 2015, Rio de Janeiro. **Anais**... São Paulo, 2015.

NETWORKED TELEVISION. A Vision for Local Television. 22 jun. 2015. Disponível em: < http://networkedtelevision.com/blog/a-vision-for-local-television>. Acesso em: 10 mai. 2016.

RENÓ, Denis; FLORES,Jesús. **Periodismo Transmedia**: Reflexiones y técnicas para el ciberperiodista desde los laboratorios de medios interactivos. Madrid, 2012.

RIBEIRO, Igor. **Mercado cresce 1,5% em 2014**. 27 abr. 2015. Disponível em: <http://www.meioemensagem.com.br/home/midia/noticias/2015/04/27/Mercado-cresce-1-5-porcento--em-2014.html>. Acesso em: 16 jan. 2016.

SANTAELLA, Lúcia. **Culturas e artes do pós-humano**: da cultura das mídias a Cibercultura. 2ª Ed. São Paulo: Paulus, 2004.

TANCER, Bill. **Click: O Que Milhões de Pessoas Estão Fazendo On-line e Por Que Isso é Importante**. Rio de Janeiro: Globo, 2009.

VIEIRA PINTO, Álvaro. **O conceito de tecnologia**. Rio de Janeiro: Contraponto, 2005.

ROBÔS EXECUTAM AS TAREFAS MAIS ELEMENTARES DO JORNALISTA

Krishma Carreira*

RESUMO

Em algumas redações na Europa, nos Estados Unidos e na China, algoritmos apuram, redigem e distribuem textos automaticamente, executando funções básicas do jornalismo. O robô-jornalista é usado, em geral, em tópicos muito estruturados em dados, como matérias esportivas e financeiras. Por meio de uma revisão bibliográfica transdisciplinar e exploratória, observa-se que esta prática disruptiva está sendo adotada na tentativa de driblar os problemas com o modelo de negócios do jornalismo, o que gera várias implicações para os jornalistas, empresas e consumidores de notícias. Este artigo vai discutir as questões em torno da automação, mostrar sua lógica, processos e técnicas como a geração de linguagem natural e apresentar um mapa do jornalismo automatizado no mundo. Emprega-se, no texto, a abordagem da Teoria Ator-Rede.

PALAVRAS-CHAVE

Jornalismo automatizado. Robô-jornalista. Automação no jornalismo. Algoritmo e jornalismo. Teoria ator-rede e jornalismo.

1. INTRODUÇÃO

O jornalismo encontrou na tecnologia uma ferramenta de mediação, de produção e distribuição, que sob várias formas, diminui distâncias e ameniza as pressões sobre o fator tempo. Não se defende aqui uma visão determinista da tecnologia, mas uma concepção sistêmica, que inclui o contexto, a intencionalidade, o instrumental, "as habilidades e organização humanas necessárias" (DUSEK, 2009, p.50). Como sintetiza, John Pavlik (2000, tradução da autora), a atividade jornalística sempre foi impactada pelos avanços tecnológicos em pelo menos quatro áreas: 1) como os jornalistas fazem o seu trabalho; 2) o conteúdo de notícias; 3) a estrutura ou organização da redação; e 4) as relações entre organizações

---

* Mestranda no Programa de Pós-Graduação em Comunicação Social da Umesp. Bolsista do CNPq. E-mail: krishmacarreira@gmail.com

de notícias, jornalistas e os seus diversos públicos. [1] Assim, o próprio "surgimento do jornalismo enquanto atividade remunerada está ligado à emergência dum dispositivo tecnológico, à emergência do primeiro *mass media*, a imprensa", que permitiu, a partir do século 19, expandir a comercialização, as tiragens, o número de jornais e de leitores (TRA-QUINA, 2012, p.35). Com a introdução das tecnologias interconectáveis e convergentes e da *web*, todo o ecossistema jornalístico foi alterado, mais uma vez, nas quatro áreas apresentadas por Pavlik. O impacto foi tão profundo que alguns autores passaram a questionar se os jornais podem chegar ao fim (MEYER, 2007). Para Leão Serva (2014, p. 88), a ameaça de desaparecimento "não é de todo apocalíptica. Ao contrário, parece muito possível". No entanto, o autor completa que a possibilidade de sobrevivência também existe, mas "depende de diversas mudanças no modo de produção e circulação de notícias de tal magnitude que pode se caracterizar como revolução" (idem, p.88). C. W. Anderson, Emily Bell e Clay Shirky, (2013, p. 37) sugerem que esta mudança profunda deve incluir uma redução no custo de produção de notícias e uma reestruturação de modelos e processos organizacionais. Para o trio de pesquisadores norte-americanos, a diminuição de gastos pode ocorrer "com parcerias, terceirização, *crowdsourcing* ou automação. Não há uma solução universal: qualquer saída para ter mais receita do que custo é uma boa saída, seja a organização grande ou pequena, de nicho ou generalista" (idem, 35). Só assim o jornalismo poderia ser mantido como atividade essencial e insubstituível nos regimes democráticos, uma vez que ele expõe "a corrupção, chama a atenção para a injustiça, cobra políticos e empresas por promessas e obrigações assumidas. Informa cidadãos e consumidores, ajuda a organizar a opinião pública, explica temas complexos e esclarece divergências fundamentais" (ANDERSON; BELL; SHIRKY, p.33).

A automação como solução para a crise atual do jornalismo é analisada também por outros autores (COSTA, 2014; HAAK; PARKS; CASTELLS, 2012) e nomeada como *robot journalism* (CLERWALL, 2014; LATAR, 2014, 2015; ALJAZAIRI, 2016); *automated journalism* (LECOMPTE, 2015; GRAEFE, 2016) ou jornalismo automatizado (SANTOS, 2016a); *algorithmic journalism* (ANDERSON, 2013; DIAKOPOULOS, 2013; VAN DALEN, 2012); *algorithmic news* e *automated content* (LEVY, 2012; ANDERSON, 2013). Neste trabalho optamos pelo termo jornalismo automatizado. No contexto do

---

[1] Tradução feita a partir do original: *"1) how journalists do their work; 2) the content of news; 3) the structure or organization of the newsroom; and 4) the relationships between or among news organizations, journalists and their many publics"* (PAVLIK, 2000).

jornalismo, os algoritmos por trás da automação têm sido denominados como *robot reporters (*VAN DER KAA; KRAHMER, 2014); *robot journalist* (DIAKOPOULOS, 2014; LATAR, 2015); *robotic reporter* (CARLSON ,2015); *machine-writing news* (VAN DALEN, 2012). Neste trabalho, optamos pelo termo *robot journalist* ou robô-jornalista, por ser mais difundido e porque denota facilmente a presença de uma máquina produtora de notícias. No entanto, vale ressaltar que, no contexto do jornalismo, a máquina por trás da automação não é um robô de fato que tem corpo e se movimenta no mundo físico, mas um *softbot (software + bot),* que pode ser entendido como um programa de computador que coleta e analisa dados por meio de operações lógicas, redige e distribui texto.

O robô-jornalista é um novo ator que passou a fazer parte do processo de produção de notícias e para compreender seu papel no ecossistema jornalístico, emprega-se a abordagem da Teoria Ator-Rede (TAR) por possuir uma visão menos antropocêntrica do social. Como pela TAR, um agregado não humano (como o robô) pode ter relação e conectar-se com outro humano (como jornalista), dentro de uma concepção do social como uma associação momentânea e dinâmica, os algoritmos que redigem notícias são entendidos, aqui, como atores (ou actantes) e como mediadores[2], uma vez que eles modificam o ambiente que atuam, fazendo diferença no processo. Se a tecnologia sempre foi vista como uma ferramenta ou artefato no jornalismo, a partir da automação, passou ela própria a produzir o jornalismo. Os pesquisadores Alex Primo e Gabriela Zago (2014), em um artigo que questiona quem faz jornalismo e o que fazem no jornalismo, concluem que os artefatos são atualmente cocriadores desta atividade. "Artefatos tecnológicos têm sido tratados como intermediários no jornalismo - portadores que podem ser usados para melhorar a cada etapa as rotinas jornalísticas. Mas, em certas circunstâncias, a tecnologia pode atuar como mediadora, transformando o processo de notícias" (idem, p.43, tradução da autora)[3].

Para cumprir seus objetivos, este artigo fará uma breve explicação

---

[2] Para a Teoria Ator-Rede (TAR) ou Sociologia das Associações, qualquer coisa que modifica "uma situação fazendo diferença" (LATOUR, 2012, p. 108) é considerada como um ator ou actante. Assim, para a TAR, "nenhuma ciência do social pode existir se a questão de o quê e quem participa da ação não for logo de início plenamente explorada" (ibidem). Para a TAR, um intermediário transporta significado ou força sem transformar o que intermedia e o mediador modifica os dados que entram nele (idem, p.65).

[3] Tradução feita a partir do original: *"Technological artifacts have been treated as intermediaries in journalism - carriers that can be used to enhance each step of journalist routines. But under certain circumstances, technology can act as a mediator, transforming the news process"* (PRIMO; ZAGO, 2014, p.43).

sobre inteligência artificial e algoritmos, mostrando sua lógica e processos de tomada de decisão. Depois, serão abordados o que é automação no jornalismo, seus objetivos, que assuntos ela tem melhor atuação, quem está por trás dela e onde já foi implantada. Em seguida, o *lead* automatizado e a geração de linguagem natural serão analisados. Por fim, serão apontadas possíveis implicações e consequências levantadas nos trabalhos acadêmicos que foram incluídos nesta análise.

2. INTELIGÊNCIA ARTIFICIAL E O PODER DOS ALGORITMOS

Há muito tempo a humanidade preocupa-se com a criação de artefatos que podem imitar o comportamento humano de uma forma aparentemente inteligente. Mas foi somente a partir de 1950 que começou o campo de estudo da inteligência artificial (IA). O cientista da computação John McCarthy lançou este termo como tema da Conferência no *Dartmouth College*, nos Estados Unidos, em 1956. O primeiro trabalho publicado sobre IA foi editado em 1963 por Edward Feigenbaum e Julian Feldman, com o título *Computers and Thought* e reuniu 21 *papers*, entre eles um do matemático britânico Alan Turing, de 1950, onde ele propunha um procedimento para determinar se um sistema teria atingido ou não a inteligência do nível humano. Inteligência artificial pode ser definida com a "atividade de fazer máquinas inteligentes" (NILSSON, 2009, p.13) através de "formas pelas quais esse comportamento possa ser transformado em qualquer tipo de artefato por meio da engenharia" (WHITBY, 2004, p. 19). Para o cientista da computação e um dos fundadores de uma das empresas de automação que veremos adiante, Kristian Hammond, a IA é um "subcampo da ciência da computação que visa desenvolver computadores capazes de fazerem coisas normalmente feitas por pessoas – em particular as coisas associadas às pessoas que agem de forma inteligente" (HAMMOND, 2015, p.5, tradução da autora).[4] Já o filósofo brasileiro, João de Fernandes Teixeira (2014, p.7) conceitua a IA como "uma tecnologia que fica a meio caminho entre a ciência e a arte. Seu objetivo é construir máquinas que, ao resolverem problemas, pareçam pensar". A palavra 'parecer' deve ser destacada para que se entenda que a inteligência artificial é "diferente da inteligência natural. Entretanto, ainda

---

[4] Tradução feita a partir do original: *"Artificial intelligence (AI) is a sub-field of computer science aimed at the development of computers capable of doing things that are normally done by people — in particular, things associated with people acting intelligently"* (HAMMOND, 2015, p.5).

assim é inteligência" (WHITBY, 2004, p.120). Não faz parte do objetivo deste trabalho discutir mais profundamente a questão da inteligência, mas apenas apontar essas definições gerais quanto à IA. Além da ciência da computação, ela está relacionada com vários outros campos, como psicologia, biologia, lógica, linguística, filosofia, engenharia etc.

A história da inteligência artificial é cheia de altos e baixos, mas nos últimos anos ela teve uma espécie de renascimento, de acordo Kristian Hammond (2015, p.7), em função de 5 razões: 1) aumento de recursos computacionais; 2) crescimento explosivo de dados (sistemas de apren-dizado de máquina, em particular, melhoram com o maior volume de dados); 3) mudança de um foco muito amplo para outro mais específico; 4) transformação de um problema complexo de engenharia de ter que colocar sempre novas regras em um sistema em uma determinada forma de aprendizagem, que vai se aperfeiçoando com o tempo; e 5) adoção do modelo de raciocínio alternativo com base no entendimento de que o sistema não tem que ter o mesmo raciocínio que o ser humano para ser inteligente. A máquina deve "pensar" como uma máquina. Não é preciso, em todos os casos, tentar modelar o pensamento humano com perfeição.

Segundo Hammond (2015, p.12-13), as tecnologias de inteligência artificial operam com a seguinte lógica: a) detecção (dar sentido aos dados via reconhecimento de voz, palavras, imagens etc.); b) raciocínio (avaliação da situação, fazer inferências, planejamento/resolução de pro-blemas; aprendizagem etc.); e c) ação (geração de texto, áudio, imagem etc.). Para resumir sua concepção, Hammond (2015, p.18, tradução da autora) explica que a IA "não é magia, mas a aplicação de um conjunto de algoritmos alimentados por dados, escala e poder de processamento"[5].

O algoritmo é uma espécie de guia para resolver um problema ou tarefa. Com as tecnologias digitais, a convergência tecnológica e a ex-plosão de dados, os algoritmos transformaram-se em atores com grande poder e com reconhecimento formal (GLEICK, 2013, p.214). Do ponto de vista computacional, eles operam em uma sequência de passos que, conforme a figura 1, transforma o dado que entra *(input)*, por meio de uma seleção *(throughput)*, em um resultado *(output)*. A seleção algorítmi-ca, portanto, é o processo onde são escolhidos dados automaticamente com o objetivo de atribuir algum tipo de relevância a eles (SAURWEIN; JUST; LATZER, 2015, p. 35).

---

[5] Tradução feita a partir do original: *"It is not magic, but is instead the application of a collection of algorithms powered by data, scale, and processing power"* (HAMMOND, 2015, p.18).

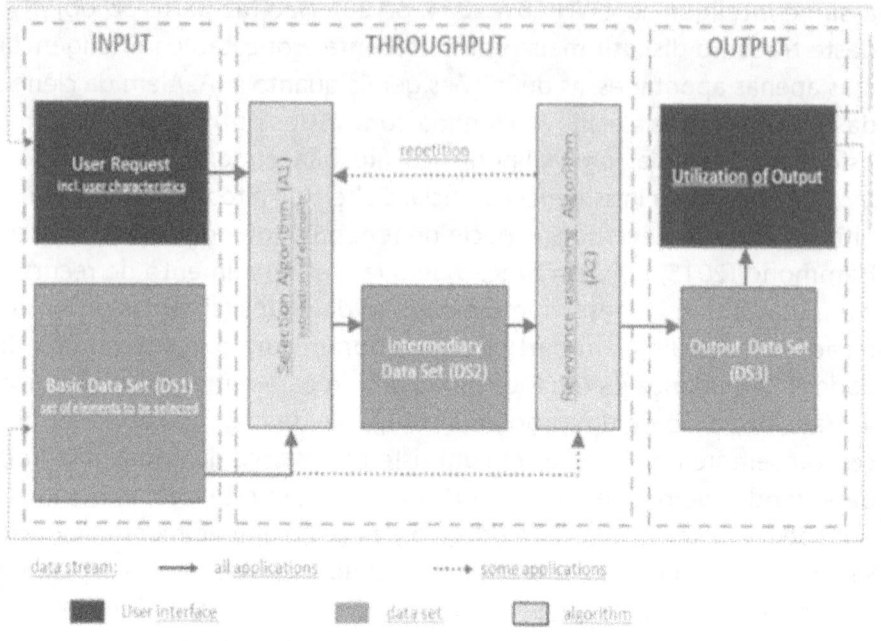

Figura 1: Modelo de seleção algorítmica na internet
Fonte: Latzer et al, 2014

Segundo Latzer et al (2014), existem nove aplicações de seleção algorítmica (busca; agregadores; vigilância; previsões; filtro; recomendações; pontuação; geolocalização e produção de conteúdo como o algoritmo jornalístico). Diakopoloulos (2013) demonstra que os algoritmos envolvidos com a produção de conteúdo estão escondidos em uma espécie de caixa-preta e que o poder deles pode ser pensado por meio das decisões que tomam e que incluem priorização (ênfase e descarte de certas informações); classificação (categorização de um dado ou informação particular de acordo com as características que atribui a eles); associação (estabele relações); e filtro (inclui ou exclui dados e informações de acordo com certos critérios). A análise dos algoritmos responsáveis pelo conteúdo automatizado revela que ela não pode ser restrita aos cálculos de custo e de benefício, mas também deve incluir a projeção de riscos sociais (Latzer et al, 2014), tais como: impacto da mediação da realidade; manipulação; criação de preconceitos e distorções da realidade; discriminação social; crescimento da dependência do algoritmo para aquisição de informação; plágio; ampliação do filtro bolha; etc. Diakopolous (2013) reforça a necessidade de uma espécie de prestação de conta dos algoritmos que seja responsável por revelar, por exemplo, como são tomadas as decisões de priorização. Torna-se necessário ressaltar que, na atividade jornalísica, existem algoritmos por trás das operações do "jornalismo em base de dados" e no "jornalismo guiado por dados" (SCHWINGEL; CORREA, 2013)[6], que são diferentes, em termos de objetivos, dos algoritmos responsáveis pela automação da notícia. Cabe também destacar que, neste texto, é usada uma distinção entre os termos dado e informação. São adotadas as definições de Luciano Floridi (2000), segundo o qual dado é uma unidade elementar de informação que existe antes da interpretação e do processamento cognitivo do sujeito e de Peter Drucker, para quem informação é um dado dotado de relevância e propósito (apud DAVENPORT, 1998, p.19).

3. JORNALISMO AUTOMATIZADO

Ainda que esteja na primeira onda (LINDEN, 2016) da automação[7], o jornalismo produzido por um *software* é a maior disruptura teconológica enfrentada até o momento. Para Clayton Christensen (2012), "as tecnologias de ruptura frequentemente possibilitam que seja feito algo que, anteriormente, teria sido julgado impossível". O jornalismo automatizado pode ser definido como a ação de algoritmos que geram notícias a partir de dados estruturados e sem nenhuma intervenção humana direta, isto é, com a presença humana apenas na criação do *software*. O robô-jornalista trabalha a partir de dados, os interpreta, redige um texto e muitas vezes o distribui. Ele pode elaborar centenas e até milhares de versões das mesmas histórias em pouco tempo e de acordo com o perfil do consumidor de notícias, seguindo a tendência de personalização apontada pelo canadense Don Tapscott (2010). No dia 17 de março de 2014, por exemplo, o *Quakebot*, plataforma de inteligência artificial do jornal *Los Angeles Times*, produziu e postou no *blog* deste jornal americano, uma notícia sobre um tremor de terra de 4.7 graus de magnitude apenas 3 minutos depois que ele começou.

Quando o jornalista e programador do *Los Angeles Times*, Ken Schwencke acordou por causa do tremor às 6h25 da manhã, ele foi

---

6 Os autores propõem uma distinção entre "jornalismo em base de dados" e "jornalismo guiado por dados" baseada em diferenças de processo de produção e no produto. "O primeiro é mais voltado para a composição do conteúdo, e o segundo tem um papel determinante no processo de apuração" (SCHWINGEL; CORREA, 2013, p.13).

7 'Autor' em grego quer dizer 'ele próprio'.

para o computador e encontrou uma história que já tinha sido postada pelo robô[8]. A *Associated Press* (AP) é outra empresa que já trabalha com automação de conteúdo. Antes dela, os jornalistas da AP faziam textos com 130 palavras, em média, que eram distribuídos de 15 a 20 minutos após a divulgação de dados sobre o desempenho de algumas empresas. Depois do robô, os textos aumentaram para 500 palavras, em média, e são postados 1 minuto após a divulgação (LECOMPTE, 2015). Na cobertura das eleições de 2015, o *Le Monde* usou um robô jornalista para produzir 150 mil páginas de *web* em 4 horas. Ele cobriu e elaborou notícias dos mais de 36 mil municípios franceses, incluindo uma vila pequena com 35 habitantes, o que seria inviável do ponto de vista da rotina tradicional de uma redação que opera com um número limitado de jornalistas, mesmo contando com a participação de amadores e *freelancers*[9].

O jornalismo automatizado depende do volume, da qualidade e da adequação de dados. Quanto mais dados estiverem disponíveis, mais os algoritmos "aprendem" a produzir notícias. A automatização tem sido mais usada em textos esportivos, financeiros, estatísticas de crimes e previsão de tempo, que são fortemente baseados em dados e até na cobertura política, como no citado resultado das eleições francesas. Em relação ao jornalismo automatizado, cabe destacar a distinção entre notícia e reportagem, uma vez que, até o momento, só é possível automatizar as "notícias". Elas são compreendidas como "produção da informação primária sobre evento concreto e objetivo. Já a reportagem é resultado de operação analítica ou crítica da realidade, o que exige alto grau de subjetividade, algo, portanto, pouco propício à automação" (ARCE, 2009, p. 4). Como descreve, Traquina (2013, p.43), a reportagem é a essência do jornalismo, isto é, "a forma mais 'verdadeira' de ser jornalista".

Segundo Haak; Parks; Castells (2012, tradução da autora), na sociedade global e em rede, novas práticas tecnologicamente habilitadas na atividade jornalística permitem 1) colecionar dados; 2) interpretá-los; e 3) contar uma estória a partir deles. Estas atividades estão relacionadas com as três principais funções do jornalismo: 1) observar os fatos; 2) compreender os fatos; e 3) explicar o que foi encontrado.[10] Portanto, o

---

[8] Disponível em: < http://knowledge.wharton.upenn.edu/article/will-robot-journalists--replace-humanl-ones/>. Acesso: 10 jul. 2016.

[9] Disponível em: < http://mediashift.org/2016/07/upsides-downsides-automated-robot--journalism/> . Acesso: 28 ago.2016.

[10] Tradução feita a partir do original: "*1)Observe the relevant facts and ask good questions to the right people, 2) understand the observations and answers in context, and 3) explain these finding well to others. In the global network society, these could be summarized as*

robô cumpre com as funções básicas do jornalista, ainda que em um nível operacional mais simples. Alguns pesquisadores explicam esse estágio alegando que os algoritmos executam tarefas típicas de jornalistas mais em fase inicial de carreira, que ficam encarregados de trabalhos menos complexos e mais repetitivos (VAN DALEN, 2012; CLERWALL, 2014; AL-JAZAIRI, 2016).

Para o israelense Noam Latar (2014), os jornalistas de sucesso têm três qualidades: 1) curiosidade; 2) ceticismo inato; e 3) contam estórias claras que podem ser entendidas por um grande número de pessoas. Segundo ele, os *softwares* que produzem notícias automatizadas também possuem essas três características: 1) eles despertam curiosidade porque encontram padrões não triviais em grandes volumes de dados não percebidos pelos jornalistas humanos em função da proporção; 2) O ceticismo também é um valor que pode ser traduzido para as estatísticas. Um bom *software* pode ser cético quanto aos resultados; e 3) as histórias automatizadas podem ser claras porque os programadores vão até os melhores editores, seguem suas melhores práticas e, então, escrevem um programa que vai tentar segui-las.

A tabela 1 poussui um balanço contendo dados sobre o país onde o jornalismo automatizado está sendo implantado, a empresa desenvolvedora e a contratante, entre outras informações. Algumas organizações não divulgam dados sobre clientes ou negociações em andamento. A tabela pode não ser completa, mas permite apontar as iniciativas mais consolidadas até momento, como o exemplo da *Narrative Science,* uma *startup* americana que foi lançada por Kristian Hammond, professor de Ciência da Computação e Jornalismo na *Northwestern University,* que desenvolveu a plataforma de geração de conteúdo automatizado chamada *Quill* e presta serviço para grupos como *Forbes.* No *site* da *Narrative Science* há um estudo de caso sobre a empresa, [11] que explica que a *Forbes* enfrentava problemas com a receita publicitária em função de desaceleração econômica, que foi um dos fatores por trás do declínio da audiência *online,* além de manter as mesmas estratégias que desenvolveu no começo da *web.* A *Forbes,* necessitava, portanto, potencializar sua plataforma digital e o modelo de monetização, além de ampliar a audiência. Com a automatização, esta empresa de mídia teria tido três benefícios como resultado, segundo a *Narrative Science:* 1) aumentou o tráfego no *site*; 2) gerou *page views* adicionais; e 3) melhorou a mone-

---

1) *data collection, 2) interpretation, and 3) storytelling"* (HAAK; PARKS; CASTELLS, 2012).
[11] Disponível em: <http://resources.narrativescience.com/i/513939-forbes-case-study/1>. Acesso: 25 jun. 2016.

tização[12]. A *Bloomberg* pertence a outro grupo de mídia que implantou a automatização. A iniciativa foi divulgada como sendo uma forma eficiente de cobrir notícias comoditizadas e que pode liberar os jornalistas para coberturas mais relevantes para a empresa e para a sociedade. Para o editor-chefe da empresa, John Micklethwait, ela é "crucial para o futuro do jornalismo de uma forma muito mais ampla do que muitos de nós percebemos: ela certamente se estende muito além do que somente a geração de manchetes". Ele completa que se a automação for aceita na redação aplicando o esforço de 2.400 jornalistas e analistas da *Bloomberg*, bem como os valores de independência, transparência e rigor, então, eles vão poder "escrever um monte de histórias surpreendentes"[13].

Empresa do software	País	Lançamento e nome do software	Línguas dos textos gerados	Tópicos de cobertura	Empresas de jornalismo
Automated Insights	EUA	2013 Word-smith	Inglês	Finanças Esporte	Associated Press Yahoo
Narrative Science	EUA	2011 Quill	Inglês	Finanças Esporte	Forbes Big Ten Network Game Changer ProPublica 5-10 contratos assinados com empresas de mídia nos EUA que ainda não foram divulgados
Los Angeles Times (desenvolvido por equipe interna)	EUA	2012 Quakebot	Inglês	Crime Clima	Los Angeles Times
Washington Post (desenvolvido por equipe interna)	EUA	2016 Heliograf	Inglês	Esporte	Washington Post
Bloomberg	EUA	2016	Inglês	Finanças	Bloomberg

Tabela 1: Mercado de jornalismo automatizado

---

[12] Disponível em:< http://resources.narrativescience.com/i/513939-forbes-case-study/1> Acesso: 19.ago.2016.

[13] Tradução feita a partir do original: *"I think it is crucial to the future of journalism in a much broader way than many of us realize: It certainly stretches much further than just generating headlines. (...) Write a lot of amazing stories"*. Disponível em: http://www.poynter. org/2016/bloomberg-eic-automation-is-crucial-to-the-future-of-journalism/409080/>. Acesso: 02 mai.2016.

Empresa do software	País	Lançamento e nome do software	Línguas dos textos gerados	Tópicos de cobertura	Empresas de jornalismo
Aexea	Ale-manha	2009 AX Semantics	Inglês, alemão, francês, espanhol, holandês, dinamar-quês, sueco, norueguês, italiano, indonésio, português.	Finanças Esporte Entreteni-mento Clima	5 clientes com acordo de não divulgação SID (Sports Information Service)
Tex-On	Ale-manha	2014 Text-On	Alemão	Finanças	Berliner Morgenpost Finanzen 100.de
2txt NLG	Ale-manha	2013 2txt	Alemão	Finanças Esporte	Começando nego-ciações
Retresco	Ale-manha	2013 Rtr text engine	Alemão	Esporte	FussiFreunde Neue Osnabrücker Zeitung Weserkurier Radio Hamburg Rheinfussball Gökick.info Fubanews.org
Textomatic	Ale-manha	2015 Textomatic	Alemão, inglês, espanhol, holandês, francês, italiano	Finanças Esporte Viagem Clima	2 clientes de mídia do Handelsblatt 1 jornal regional
Mittmedia	Suécia	Dado não disponível	Sueco	Esporte Clima	Mittmedia (grupo com 16 jornais)
Syllabs	França	2012 Data2content	Inglês, francês, espanhol	Política	Le Monde
Labsense	França	2013 Scribt	Francês, in-glês, alemão	Economia	Começando nego-ciações
Arrlu	Reino Unido	2012 Arria NLG Engine	Inglês	Clima	MeteoGroup
Tencent	China	2015 Dreamwriter	Chinês	Finanças	Informação não divulgada

continuação da Tabela 1: Mercado de jornalismo automatizado
Fonte: Konstantin Nicholas Dörr (2015) e da autora

4. ESTRUTURA DO *LEAD* E GERAÇÃO DE LINGUAGEM NATURAL

O jornalismo automatizado foi possível em função de avanços como os da área de geração de linguagem natural (GLN) - *natural language generation (NLG)*. Mas como lembram os pesquisadores Márcio Carneiro dos Santos (2016a) e Tacyana Arce (2009), a possibilidade de automação da notícia já havia sido apontada anteriormente. Aqui no Brasil, por exemplo, em 1997,

> durante o XX Congresso da Intercom, em Santos, Nilson Lage, coordenador do curso de Jornalismo da Universidade Federal de Santa Catarina, apresentou uma possibilidade de automação do discurso jornalístico a partir do lead, como é chamado o primeiro parágrafo de uma notícia, uma vez que este, ao menos como previsto na Teoria do Jornalismo, é uma estrutura lógica (ARCE, 2009, p.3).

Mas para Kristian Hammond (2015) existe uma diferença entre possibilidade de simples geração automática de palavras e geração de linguagem natural. O "avançado sistema de GLN tem que determinar o que é verdadeiro, o que significa e o que é importante e, em seguida, dizê-lo" para um determinado público (idem, p.35, tradução da autora)[14].

Figura 2: Como contar estórias através dos dados
Fonte: Kristian Hammond (2015)

---

[14] Tradução feita a partir do original: *"Advanced NLG systems have to determine what is true, what it means, what is important, and then how to say it"* (HAMMOND, 2015, p.35).

A geração de linguagem natural pode ser definida como um *software* ou sistema de computador que automaticamente produz linguagem humana natural a partir de representações computacionais de informação (DÖRR, 2015). Ela não é um campo novo de pesquisa, pois surgiu por volta de 1950. Mas com a explosão de dados disponíveis e com o aumento da importância das análises estatísticas, a GLN avançou muito. Dörr parte do pressuposto que a geração de linguagem natural pode executar funções em um nível mais técnico do trabalho profissional do jornalista. Ela pode ser explicada dentro do modo de operação de seleção algorítmica já citado anteriormente: a partir de um conjunto de dados *(input)*, que são processados de acordo com regras estatísticas e linguísticas *(throughput*, é produzido um texto em linguagem natural *(output)*.

Dessa forma, o processo de geração é divido em três estágios:

a) Planejamento de documento: identifica que tipo de dado e fonte são úteis. Estabelece códigos, regras e dicionários que devem ser codificados. Resumindo, "trata-se de parâmetros, tais como comprimento do texto, o conteúdo / fatos, forma jornalística da apresentação, tema, tonalidade, bem como a data e o local de publicação (DÖRR, 2015, p.6)[15];

b) Microplanejamento: fase em que são selecionadas as palavras que serão usadas e a ordem em que serão apresentadas; as expressões, sintaxes, tipos de sentença (idem) e os sinônimos. Reiter et al (2005, p. 143) lembram que "diferentes pessoas escolhem palavras diferentes para descrever a mesma quantidade de dados. Além disso, as pessoas podem mudar suas preferências de palavras ao longo do tempo"[16], por isso, esta etapa é muito complexa;

c) Realização: texto gerado automaticamente.

Desta forma, é possível aplicar o passo a passo da GLN à estrutura lógica do *lead* jornalístico para gerar textos automaticamente. Assim, como cita Santos (2016a, p.169) com base em Clerwall e Graefe, informações disponíveis revelam um "típico específico de modo narrativo, baseado em uma série de dados estruturados, na possibilidade de geração de inferências e em relações semânticas a partir do uso intensivo sobre

---

[15] Tradução feita a partir do original: *"This involves parameters such as text lenght, content/ facts, journalistic form of presentation, theme, tonatlity as well as the time and place of publication"* (DÖRR, 2015, p.6).

[16] Tradução feita a partir do original: *"Different people choose different words to describe the same chunk of data. Furthermore, people may change their word preferences over time"* (REITER et. al, 2005, p. 143).

grandes quantidades de informação e na ausência da ação humana no processo". [17] Um exemplo de relato produzido por algoritmos é o texto da *Associated Press* – AP (Figura 3), que foi feito pela plataforma *Wordsmith* da empresa *Automated Insights*.

```
FedEx reports fourth-quarter loss of $895 million, [1]falls short of
[2]forecasts

MEMPHIS, Tenn. (AP) _ FedEx Corp. (FDX) on Wednesday reported [3]
fiscal fourth-quarter loss of $895 million, after reporting a
profit in the same period a year earlier.

On a per-share basis, the Memphis, Tennessee-based company said it
had a loss of $3.16. Earnings, adjusted for non-recurring costs and
asset impairment costs, were $2.66 per share.

The results did not meet Wall Street expectations. The average
estimate of 12 analysts surveyed by [4]Zacks Investment Research was
for earnings of $2.70 per share.

The [5]package delivery company posted revenue of $12.11 billion in
the period, [6]which also fell short of Street forecasts. Six
analysts surveyed by Zacks expected $12.39 billion.

For the year, the company reported [7]profit of $1.05 billion, or
$3.65 per share. Revenue was reported as $47.45 billion.

[8]FedEx expects full-year earnings in the range of $10.60 to $11.10
per share.

FedEx shares have risen roughly 5 percent since the beginning of
the year, while the Standard & Poor's 500 index has increased
almost 2 percent. The stock has climbed 31 percent in the last 12
months.

[9]This story was generated automatically by Automated Insights
(http://automatedinsights.com/ap) using data from Zacks Investment
Research. Full Zacks research report: FDX.
```

Figura 3: Texto redigido por robô jornalista
Fonte: Celeste Lecompte (2015)

Os números (figura 3) não fazem parte da notícia original. Eles apenas indicam locais onde será explicado um resumo das etapas da automação no texto exemplificado (LECOMPTE, 2015):

---

[17] Tradução feita a partir do original: "*A specific form of narration is evidenced here, one based on a series of structural data, on the possibility of inference and semantic relations through the heavy use of large amounts of information devoid of human action*" (SANTOS, 2016a, p .169).

1. Expressões como *falls short* (aquém) fazem parte do vocabulário do manual de estilo usado pelos repórteres da AP e que foi repassado aos algoritmos do *Wordsmith;*
2. O robô compara o desempenho da *FedEx Corp.* com as previsões de *Wall Street,* bem como às próprias expectativas anunciadas pela empresa, para avaliar o desempenho que vai ser anunciado;
3. O *Wordsmith* analisa diversos fatores para escrever o *lead* da estória, como dados de ganhos atuais, dados históricos da empresa, o desempenho das empresas similares ou expectativas de *Wall Street* (semelhante às orientações dadas aos repórteres da AP). O lucro é considerado o ponto de referência principal para o sucesso de uma empresa, por isso ele deve ser comparado com o mesmo trimestre do ano anterior para avaliar se a empresa está tendo desempenho melhor ou pior;
4. A plataforma se baseia em dados inseridos por seres humanos na Zacks Investment Research[18];
5. O *Wordsmith* evita repetir o nome da empresa e busca descrições de um banco de dados de instalações de empresas e negócios definidos de acordo com o estilo AP;
6. A plataforma de inteligência artificial verifica o fluxo global da língua nas sentenças, parágrafos e níveis de história para não ter repetições. Por isso, redige *witch also* (que também). O *software* redige novas frases com base no que ele já escreveu;
7. Evita repetir *profit* (*lucro*) várias vezes;
8. Os dados sobre os lucros esperados da *FedEx Comp.* para o ano nem sempre são incluídos quando *Zacks Investment Research* envia o relatório inicial. Quando os dados adicionais são entregues, todo o conjunto é reavaliado e uma nova história é gerada;
9. Cada notícia automatizada da AP tem um aviso sobre a autoria e um *link* para uma página que oferece mais detalhes sobre como a automatização funciona. Se um repórter reescrever a história, vai aparecer a informação de que parte dela foi gerada pela *Automated Insights.*

---

[18] *Zacks Investment Research* pertence a uma empresa que fornece resultados financeiros corporativos.oor outro lado, mais coerentes, deritmo etst(CLERWALL, 2014).oftware is doing a good job or it may indicate that the journalist oor outro lado, mais coerentes, deritmo etst(CLERWALL, 2014).oftware is doing a good job or it may indicate that the journalist

5. BENEFÍCIOS E DESVANTAGENS: O QUE ESPERAR DO JORNALISMO AUTOMATIZADO?

Na revisão bibliográfica para a produção deste texto não foi encontrado nenhum trabalho que alega ser possível substituir o jornalista humano em matérias investigativas, analíticas e que exigem texto mais sofisticado, nem mesmo nos artigos mais otimistas com a automatização. Muitos autores indicam vantagens no emprego do robô-jornalista em algumas áreas, outros apontam possíveis implicações negativas. E alguns discutem a resistência que a automatização vai enfrentar nas redações. O finlandês Carl-Gustav Linden (2016) argumenta que os empregos mais criativos como os de alguns jornalistas vão continuar existindo, mas que o jornalismo enquanto ideologia (forma que os jornalistas dão significado ao trabalho que fazem) será muito afetado devido às características culturais dos jornalistas, grupo que passou por um longo processo de profissionalização e que ainda não foi completado em muitos países. Como mostra Traquina (2013, p. 183), o "ingrediente indispensável da cultura jornalística é todo um sistema de valores que esboçam um retrato bem claro da identidade profissional dos membros da tribo e todo um conjunto de noticiabilidades que formam toda uma cultura noticiosa". Mas como Dörr (2015) indica, quando o *software* respeitar pré-requisitos como atualidade, notoriedade, universalidade e periodicidade, ele vai poder executar tarefas do jornalista. Traquina (2013, p. 39), com base em Ericson, Baraneck e Chan (1987) explica que os jornalistas têm um 'saber de reconhecimento', o 'saber de procedimento' e o 'saber de narração'. E como demonstrado no presente trabalho, os robôs-jornalistas detêm os mesmos conhecimentos, ainda que sejam exercidos em um nível mais básico e limitado das tarefas jornalísticas e aplicados em matérias curtas e fundamentadas em dados. Numa espécie de divisão de funções e de competição com os algoritmos, os jornalistas enfrentam impacto na questão da autoridade, a partir do momento que delegam a tomada de decisão para os algoritmos (NAPOLI, 2014, p.35).

Não existe ainda uma cartilha de ética para o robô-jornalista. Por isso, não há um padrão quanto à especificação da autoria nos *sites* para mostrar se o texto foi produzido por algoritmos ou não. Em função deste desconhecimento, foram realizados três estudos para diagnosticar tanto a credibilidade, quanto a percepção da qualidade do conteúdo produzido automaticamente. Torna-se importante lembrar que os estudos apresentam algumas variações no tocante às definições de credibilidade e qualidade.

O pesquisador sueco Christer Clerwall (2014) fez uma pesquisa experimental com 46 estudantes de comunicação (19 deles leram textos sobre futebol americano produzidos por jornalista e 27, por *software*). No entanto, nenhum deles conhecia a autoria do texto que estava sendo lido. Uma das questões levantadas era se os leitores eram capazes de discernir se o conteúdo era feito pela máquina ou pelo jornalista. O resultado não apontou diferenças significativas em como os textos eram percebidos (dos 27 que leram textos produzidos automaticamente, por exemplo, 17 pensaram que ele era feito pelo *software* e 10, por um jornalista). Apesar da amostra ser pequena, o resultado chama a atenção pelo fato dela ser composta por estudantes de comunicação. A partir dos apontamentos do estudo, Clerwall (2014, p.526) questiona se o algoritmo está trabalhando bem ou se o jornalista está trabalhando mal. "A ausência de diferença pode ser vista como um indicador de que o *software* está fazendo um bom trabalho ou pode indicar que o jornalista está fazendo um mau trabalho - ou talvez ambos estejam fazendo um bom (ou pobre) trabalho"[19] (idem, tradução da autora).

Os holandeses Hille van der Kaa e Emiel Krahmer (2014) apresentaram textos sobre esportes e finanças, cujas fontes foram manipuladas, a 232 consumidores de notícias e a 64 jornalistas. A pesquisa quis analisar a percepção da credibilidade (da fonte e do conteúdo) e de *expertise* (especialidade), entendida como qualidade de selecionar elementos importantes, de fazer pesquisa correta, de estruturar bem a matéria, entre outras características. O resultado revela que os consumidores de notícias têm visões semelhantes sobre a credibilidade e *expertise* tanto do robô quanto do jornalista. Já os jornalistas se percebem como depositários de maior credibilidade, mas atribuem maior *expertise* aos robôs.

Os alemães Graefe, Brosius e Haim (2016) usaram um método diferente das pesquisas apresentadas até aqui. Os autores aplicaram uma espécie de Teste de Turing no jornalismo: ao entrevistarem 986 alemães, eles variaram a autoria declarada das fontes para detectar se os entrevistados reconheciam ou não quando um texto era feito por um computador. Assim, a) alguns artigos escritos por jornalistas foram corretamente declarados; b) outros redigidos por jornalistas foram declarados como produzidos pelo *software;* c) textos redigidos pelo computador foram corretamente declarados e d) algumas notícias feitas pelo robô foram declaradas como produzidas pelo jornalista. A pesquisa sinaliza que os textos do jornalis-

---

[19] Tradução feita a partir do original: *"The lack of difference may be seen as an indicator that the software is doing a good job or it may indicate that the journalist is doing a poor job – or perhaps both are doing a good (or poor) job"* (CLERWALL, 2014, p. 526).

tas foram considerados mais legíveis e que os dos robôs obtiveram mais credibilidade. Segundo os autores, os resultados têm uma conservadora estimativa favorável aos algoritmos. Portanto, os achados corroboraram os outros dois estudos, feitos com metodologias diferentes e em países diversos. A partir das pesquisas analisadas é possível considerar que os consumidores tendem a obter mais prazer da leitura de um texto escrito por humano e que as diferenças em termos de credibilidade e *expertise* tendem a ser pequenas, talvez em função dos algoritmos seguirem rigorosamente as convenções padronizadas de redação de notícias (GRAEFE; BROSIUS; HAIM, 2016, p. 17). Van der Kaa e Emiel Krahmer (2014, p.3, tradução da autora) resumem, assim, a questão: "a ideia de que consumidores de notícias não têm fortes sentimentos negativos ou positivos em relação às notícias escritas por computador" foi reforçada [20].

Neste artigo foram elaboradas duas tabelas com base na bibliografia revisada: a tabela 2 aponta os benefícios da automação sugeridos pelos autores analisados e a 3, os pontos negativos.

Anderson, Bell e Shirky (2013, p.45) lembram que "a criação de programas e algoritmos que substituem o trabalho humano (...) envolve uma série de decisões que devem ser passíveis de explicação e responsabilização para todos os afetados". Em função de uma falta de um código de ética da automação, o jornalista Tom Kent (2016) elaborou uma espécie de guia, propondo checar pontos como:

a) O dado é preciso? Qual é a fonte?

b) A empresa jornalística tem direitos sobre os dados?

c) O assunto é apropriado para a automação?

d) Como a empresa automatiza os dados? É preciso ter uma equipe capaz de tirar as estórias do piloto automático quando for necessário.

e) A empresa vai divulgar que a notícia é produzida por robôs? Como?

f) O responsável pode defender como a estória automatizada é escrita? Os processos automatizados são documentados?

g) Dentro da empresa, quem está observando a atuação das máquinas?

h) Como é feita a manutenção? A empresa deve constantemente checar os dados e rever as escolhas que os algoritmos fazem.

---

[20] Tradução feita a partir do original: *"the idea that news consumers have no strong negative or positve fellings toward computer-written news is still strenthened"* (VAN DER KAA E EMIEL KRAHMER, 2014, p.3).

Vantagens	Autor(es) / ano do trabalho
Útil para histórias de rotina, tópicos repetitivos e descritivos.	GRAEFE (2016); ALJAZAIRI (2016); CLERWALL (2014)
Válido quando a velocidade é essencial. O robô economiza tempo de produção de notícias e também, ao mesmo tempo, pode postar notícias rapidamente em redes sociais, principalmente no Twitter. Satisfaz a necessidade de imediatismo e instantaneidade.	LATAR (2014, 2015); GRAEFE (2016); LINDEN (2016)
Permite expansão da cobertura e aumento da receita por meio da personalização. Maior potencial de comercialização. Acrescenta coberturas que não eram rentáveis antes do robô. Custo baixo para produzir história até para uma pessoa. Permite produção de conteúdo em massa. Ajuda no problema do modelo de negócios.	VAN DALEN (2012); LEVY (2012); ANDERSON, BELL, SHIRKY (2013); CLERWALL (2014); CARLSON (2014); SAURWEIN, JUST, LATZER (2015); LECOMPTE (2015); LATAR (2015); DÖRR (2015)
Identifica fatos despercebidos em grandes volumes de dados e gera decisões e processos editoriais mais eficientes ao fazer previsões e detectar tendências. Encontra padrões impossíveis para os jornalistas.	CARLSON (2014); LINDEN (2016); LATAR (2015)
Libera repórteres de tarefas mais mecanizadas. Permite que eles se dediquem aos trabalhos que exigem mais qualificação, análise, investigação e contextualização.	VAN DALEN (2012); MOROZOV (2012); CLERWALL (2014); CARLSON (2014); LECOMPTE (2015); LINDEN (2016); ALJAZAIRI (2016)
É útil quando a presença humana for dispensável.	LINDEN (2016)
Comete menos erros. Erro corrigido não se repete.	GRAEFE (2016); LECOMPTE (2015)
Permite fazer histórias sob demanda. Produz várias versões diferentes dos mesmos dados. Como serviço é focado em processar dados em tempo real, os consumidores de notícias podem receber as matérias certas, na hora certa, no local certo e de acordo com seus interesses. Gera texto em múltiplas linguagens e estilos	VAN DALEN (2012); LEVY (2012); GRAEFE (2016); LECOMPTE (2015); DÖRR (2015)
Válido quando há pouca expectativa com a qualidade do texto.	GRAEFE (2016)
Mais preciso.	DOLL (2015)
Tem potencial de aumentar número de assinantes. Permite maior visibilidade de conteúdo.	LECOMPTE (2015); DÖRR (2015)
Ninguém sabe ao certo o que passa na cabeça de um jornalista quando faz uma matéria. Talvez o jornalismo automatizado seja mais transparente.	LECOMPTE (2015)
Não cansa nunca. Trabalha sem parar em todos os dias.	LATAR (2015)
Permite multimidialidade, convergência, interação, produz hipertexto, faz links.	DÖRR (2015)
Melhora produção editorial.	ANDERSON, BELL, SHIRKY (2013)
Cria novos empregos para jornalistas.	GRAEFE (2016)

Tabela 2: Características positivas do robô-jornalista

Problemas	Autor (es) / ano do trabalho
Texto mais chato. Qualidade inferior ao dos jornalistas. Linguagem mais burocrática. Narrativa limitada.	CLERWALL (2014); CARLSON (2014); LATAR (2015); GRAEFE (2016); DÖRR (2015)
Elimina empregos de rotina dos jornalistas. Perda de espaço de jornalistas para engenheiros de *software* e gestores de base de dados.	CLERWALL (2014); GRAEFE (2016); LATAR (2014); ALJAZAIRI (2016); LINDEN (2016)
Vai fazer com que muitos jornalistas fiquem limitados ao treinamento de algoritmos para escolha de palavras adequadas.	LINDEN (2016)
Reduz diversidade, complexidade e curiosidade.	LINDEN (2016)
A automação também pode induzir o comportamento automatizado do jornalista.	LINDEN (2016)
Amplia filtro-bolha: consumidor de informação só vê o que deseja e o que está adequado à sua visão de mundo. Isto pode levar à fragmentação da opinião pública, uma vez que ela será submetida a múltiplos assuntos. Diminui chances de ler anonimamente. Pensamentos críticos serão cada vez mais difíceis.	MOROSOV (2012); NAPOLI (2014); ALJAZAIRI (2016); GRAEFE (2016)
Dependendo de como os dados são coletados pode haver problemas com direitos autorais. Plágio.	ARVIN (2015); BUKRO (2015)
Cresce tendência de adaptar o conteúdo para garantir retorno do investimento.	LATAR (2015)
Jornalista não pode competir com a performance do robô de velocidade e corte de custos.	LATAR (2015)
Problemas possíveis de linguagem em função da produção simultânea de estilos e de diversidade de público: problemas com metáforas e contexto cultural. Problemas com palavras ambíguas.	LATAR (2015); DÖRR (2015)
Com uma aparência de precisão e objetividade, pode esconder preconceitos.	DIAKOPOULOS (2013); GRAEFE (2016)

Tabela 3: Características negativas e possíveis consequências do robô-jornalista

CONSIDERAÇÕES FINAIS

O robô-jornalista está sendo usado, em diversas redações no mundo, para enfrentar as consequências da expansão das tecnologias digitais interconectadas, como a crise do modelo de negócios do jornalismo, que causou o fechamento de publicações tradicionais e que continua longe de uma solução definitiva. Os algoritmos que geram textos automatizados resultam de diversos avanços tecnológicos, como a inteligência artificial e a geração de linguagem natural. Eles representam uma transformação do uso tecnologia como ferramenta para uma fase em que a tecnologia é capaz de produzir uma notícia sem interferência humana direta. Desta forma, artefatos tecnológicos cumprem a função de actantes e mediadores dentro do dinâmico ecossistema jornalístico, conforme a concepção da Teoria Ator-Rede.

Como foi demonstrado anteriormente, o robô é capaz de trabalhar com grande volume de dados e de satisfazer exigências cada vez maiores de velocidade, além de permitir ampliar a cobertura, entre outras tantas características. Ele cumpre as funções mais elementares dos jornalistas: apuração, análise e redação e pode fazer notícias tanto comoditizadas como personalizadas. Os *softwares* fazem narrativas mais simples, com pouca ou nenhuma criatividade, mas três pesquisas recentes, que foram analisadas, revelam que os consumidores de notícias têm sentimentos neutros em relação a eles, o que pode mostrar um sinal positivo para as empresas de jornalismo interessadas no uso dos robôs. Já em relação à cultura dos jornalistas, apesar dos algoritmos cumprirem os critérios de noticiabilidade, eles podem enfrentar resistência nas redações. Alguns autores apostam na eliminação de empregos de jornalistas, enquanto outros apontam que, apesar de alguns cortes, outras funções podem ser criadas dentro das redações, sinalizando a necessidade de maiores estudos a este respeito.

Durante a revisão bibliográfica, foram encontradas fortes preocupações em relação à ampliação da oferta de notícias customizadas, o que pode fazer com que cada consumidor tenha menos acesso à informações que não sejam do gosto dele, mas que sejam importantes do ponto de vista social. No entanto, até agora, em função dos tópicos de cobertura do robô, essa preocupação ainda não representa uma problema concreto. Os estudos sobre jornalismo automatizado indicam a necessidade de discutir questões éticas sobre os algoritmos, uma vez que, sob a aparência de precisão e objetividade, existem prenconceitos, priorizações e filtros que não aparecem para o consumidor de notícias. Numa possível divisão de tarefas com os robôs, os jornalistas devem ser responsáveis pela validação de dados, pela produção de textos mais analíticos, prazerosos e narrativas mais sofisticadas. A eles cabe a tarefa de exercer a função de guardião da democracia e dos direitos humanos.

Conclui-se, portanto, que o robô representa soluções e sugere ameaças para o jornalismo, para os jornalistas e para a sociedade. Mas vale lembrar que a simples existência de uma tecnologia não determina que ela será usada nem como isso ocorrerá. Essa decisão, pelo menos, pertence aos humanos.

REFERÊNCIAS

ALJAZAIRI, Sena. **Robot journalism**: threat or na opportunity. Örebro University. 2016. Disponível em: < http://www.diva-portal.org/smash/get/diva2:938024/FULLTEXT01.pdf>. Acesso: 15 jun. 2016.

ANDERSON, C. W; BELL, Emily; SHIRKY, Clay. Jornalismo pós-industrial: adaptação aos novos tempos. **Revista da ESPM**, maio./jun. 2013. Disponível em: <http://www.espm.br/download/2012_revista_jornalismo/Revista_de_Jornalismo_ESPM_5/files/assets/common/downloads/REVISTA_5.pdf>. Acesso: 20 mar. 2016.

_____ . Towards a sociology of computational and algorithmic journalism. **New Media & Society**. 2013.p.1005-1021.

ARCE, Tacyana. O lead automatizado: uma possibilidade de tratamento da informação para o jornalismo impresso diário. **Revista Exacta**, Belo Horizonte, v.2, n. 3, 2009.

ARVIN, Motjaba. **Rise of the robotic journalist**: welcome to the future (includes interview). 16 nov.2015. Disponível em: <https://www.artificialintelligenceonline.com/2414/rise-of-the-robotic-journalist-welcome-to-the-future-includes-interview/>. Acesso: 3 fev.2016.

BUKRO, Casey. **What the ethical robô-journalist needs to know**. 18.dez.2015. Disponível em: <https://ethicsadvicelineforjournalists.org/2015/12/18/machine-learning-journalism--ethics/>. Acesso: 17 jun.2016.

CARLSON, Matt. The robotic reporter: automated journalism and the redefinicion of labor, compositional forms and journalistic authority. In: LEWIS, Seth C. (Org.). **Digital journalism**. v.3, n.3. New York: Taylor&Francis Online, 2014.

CHRISTENSEN, Clayton M. **O dilema da inovação:** quando as novas tecnologias levam empresas ao fracasso. Tradução de Laura Praetes Veiga. São Paulo: M. Books, 2012.

CLERWALL, Christer. Enter the robot journalist: user's perception of automated content. **Journalism practice special issue**: future of journalism in na age of digital media and economic uncertainly. V.8, issue 5. New York: Taylor&Francis Online, 2014.

COSTA, Caio Túlio. Um modelo de negócio para o jornalismo digital: como os jornais devem abraçar a tecnologia, as redes sociais e os serviços de valor adicionado. **Revista de Jornalismo da ESPM**, n.9, abr. a jun. 2014. Disponível em: <http://caiotulio.com.br/2014/04/um-modelo-de-negocio-para-o-jornalismo-digital/>. Acesso: 25 out. 2014.

DAVENPORT, Thomas H. **Ecologia da informação:** por que só a tecnologia não basta para o sucesso na era da informação. São Paulo, Futura, 1998. Disponível em: <http://amormino.com.br/livros/20141114-ecologia-informacao.pdf>. Acesso em: 10 de ago. 2015.

DIAKOPOULOS, Nicholas. Algorithmic accountability reporting: on the investigation of black boxes. **Town Center for Digital Journalism**. 2013. Disponível em: < http://towcenter.org/wp-content/uploads/2014/02/78524_Tow-Center-Report-WEB-1.pdf>. Acesso: 10 abr. 2016.

_____. The anatomy of a robot journalist. **Town Center for Digital Journalism.** 12.jun. 2014. Disponível em: < http://towcenter.org/the-anatomy-of-a-robot--journalist/>. Acesso: 18 fev. 2016.

DÖRR, Konstantin Nicholas. Mapping the field of algorithmic journalism. 2015. Disponível em: <http://www.tandfonline.com/doi/full/10.1080/21670811.2015.1096748>. Acesso: 24 set.2016.

DUSEK, Val. **Filosofia da tecnologia**. Tradução de Luis Carlos Borges. São Paulo: Loyola, 2009).

FLORIDI, Luciano. The language of information. In: _____ **Information:** a very short introduction. New York: Oxford University Press, 2000. p. 19-36.

GLEICK, James. **A informação**: uma história, uma teoria, uma enxurrada. Tradução de Augusto Calil. São Paulo: Companhia das Letras, 2013.

GRAEFE, Andreas. Guide to automated journalism. **Town Center for Digital Journalism**. Jan. 2016. Disponível em: < http://towcenter.org/research/guide-to-automated-journalism/ > Acesso em 08 abr. 2016.

_____; BROSIUS, Hans-Bernd; HAIM, Mario. **Perception of automated Computer-Generated news**: credibility, expertise, and readability. Feb. 2016. Disponível em: < https://www.researchgate.net/publication/289529002_Perception_of_Automated_Computer-Generated_News_Credibility_Expertise_and_Readability >.

HAAK, Bregtje; PARKS, Michael; CASTELLS, Manuel. The future of journalism: networked journalism. **Internacional Journal of Communication**. v.6, 2012.

HAMMOND, Kristian. **Practical artificial intelligence for dummies.** 2015. Disponível em: <http://gunkelweb.com/coms493/texts/AI_Dummies.pdf>. Acesso: 28 mai. 2016.

KENT, Tom. **Ethical Checklist for Robot Journalism**. Mar. 2016. Disponível em: < https://medium.com/@tjrkent/an-ethical-checklist-for-robot-journalism-1f41dcbd7be2#.i8eq49ijb>

LATAR, Noam. The Robot Journalism in the Age of Social Physics: the end of human journalism? **The New World of Transitioned Media.** *Springer*, 2015.

_____. Robot journalists: 'Quakebot' is just the beginning. **Wharton Pennsylvania University**. 2014. Disponível em: < http://knowledge.wharton.upenn.edu/article/will-robot-journalists-replace-humanl-ones/> . Acesso: 20 jan. 2016.

LATOUR. Bruno. **Reagregando o social:** uma introdução à teoria Ator-Rede. Tradução de Gilson César Cardoso de Sousa. Salvador: Edufba, 2012.

LATZER, Michael et al.**The economics of algorithmic selection on the internet**. Out. 2014. Disponível em: <https://www.researchgate.net/profile/Michael_Latzer/publication/267777665_The_economics_of_algorithmic_selection_on_the_Internet/links/545a6a820cf2c46f664300cb.pdf>. Acesso: 7 set. 2016.

LECOMPTE, Celeste. Automation in the Newsroom. **Nieman Foundation**, 1º. set. 2015. Disponível em: < http://niemanreports.org/articles/automation-in-the-newsroom >. Acesso em: 02 mar. 2016.

LEVY, Steven. Can an algorithm write a better news story than a human reporter? **Wired**, Abr. 2012. Disponível em: <http://www.wired.com/2012/04/can-an-algorithm-write-a--better-news-story-than-a-human-reporter/.>

LINDEN, Car-Gustav. **Decades of automation in the newsroom**: why are there still so many jobs in journalism? Mar. 2016.

MEYER, Philip. **Os jornais podem desaparecer?** Como salvar o jornalismo na era da informação. Tradução de Patricia de Cia. São Paulo: Contexto, 2007.

MOROZOV, Evgeny. **A robot stoled my Pulitzer!** 2012. Disponível em: <http://www.slate.com/articles/technology/future_ tense/2012/03/narrative_science_robot_journalists_customized_news_ and_the_danger_to_civil_discourse_.html>. Acesso: 15 set. 2015.

NAPOLI, Philip M. On automation in media industries: integrating algorithmic media production into media industries scholarship. **Media Industries Journal**, 2014. Disponível em: <http://www.mediaindustriesjournal.org/index.php/mij/article/view/14>. Acesso: 02 ago. 2016.

NILSSON, Nils J. **The quest of artificial intelligence**: a history of ideas and achievements. Standard University. 2009.

PAVLIK, John. The impact of techonology on journalism. **Journalism Studies.** London, p.229-237, 2000.

PRIMO, Alex; ZAGO, Gabriela. Who and what do journalism? An actor-network perspective. **Digital Journalism**, 2014. Vol. 3, no. 1, p. 38-52.

REITER, Ehud et. al. **Choosing words in computer-generated weather forecasts.** 2015. Disponível em: <http://www.sciencedirect.com/science/article/pii/S0004370205000998>. Acesso: 29 set. 2016.

SANTOS, Márcio Carneiro dos. Automated narratives and journalistic text generation: the lead organization structure translated into code. **Brazilian Journalism Research**: Revista da Associação Brasileira de Pesquisadores em Jornalismo (SBPJor), Brasília, v.12, n.1, 2016a. P. 150-175. Disponível em: < https://bjr.sbpjor.org.br/bjr/article/view/921>. Acesso: 30 jun.2016.

_____. **Comunicação digital e jornalismo de inserção:** como big data, inteligência artificial, realidade aumentada e internet das coisas estão mudando a produção de conteúdo informativo. São Luis: Labcom Digital, 2016b.

SAURWEIN, Florian; JUST, Natascha; LATZER, Michael. 2015. **Governance of algorithms**: options and limitations. Set. 2015. Disponível em:< http://www.mediachange.ch/media/pdf/publications/GovernanceOfAlgorithms.pdf>. Acesso: 2 ago. 2016.

SCHWINGEL, Carla; CORREA, Ben-Hur. Dados, sistemas e circulação no jornalismo: análise do fluxo de produção do jornalismo em bases de dados com preceitos da teoria sistêmica e gestão da informação. In: ABERCIBE, 2013, Paraná. **Anais eletrônicos**... Disponível em: <http://www.abciber.org.br/simposio2013/anais/pdf/Eixo_2_Jornalismo_Midia_Livre_e_Arquitetura_da_Informacao/carla_schwingel_ben-hur_correa.pdf>. Acesso: 03 out.2016.

SERVA, Leão. **A desintegração dos jornais.** São Paulo: Reflexão, 2014.

SHIRKY, Clay. **A speculative post on the idea of algorithmic a**uthority. 15 nov. 2009. Disponível em: <http://www.shirky.com/weblog/2009/11/a-speculative-post-on-the-idea--of-algorithmic-authority/>. Acesso: 12 ago. 2016.

TAPSCOTT, Don. **A hora da geração digital:** como os jovens que cresceram usando a internet estão mudando tudo, das empresas aos governos. Rio de Janeiro: Agir Negócios, 2010.

TEIXEIRA, João de Fernandes. **Inteligência artificial.** São Paulo: Paulus, 1a.reimp. 2014.

TRAQUINA, Nelson. **Teorias do Jornalismo:** porque as notícias são como são. 3.ed.rev. Florianópolis: Insular, 2012.

_____ . **Teorias do Jornalismo**: a tribo jornalística – uma comunidade interpretativa transnacional. 3.ed.rev. Florianópolis: Insular, 2013.

VAN DALEN, Arjen. The Algorithms Behind the Headlines: How machine-written news redefines the core skills of human journalists. **Journalism Practice**. Volume 6, Issue 5-6. New York: Routledge, 2012.

VAN DER KAA, Hille; KRAHMER, Emiel. **Journalist versus news consumer: the perceived credibility of machine written news.** 2014. Disponível em: < http://compute-cuj.org/cj-2014/cj2014_session4_paper2.pdf > Acesso: 13 set. 2016.

WHITBY, Blay. **Inteligência Artificial**: um guia para iniciantes. Tradução: Claudio Blanc. São Paulo: Madras, 2004.

A REALIDADE MISTURADA E OS LIMITES ENTRE REALIDADE VIRTUAL E REALIDADE AUMENTADA

Fabio Palamedi*

RESUMO

A recente ascensão das tecnologias dedicadas a ambientes sintéticos demandam uma nova discussão conceitual sobre as propostas de Realidade Virtual, Realidade Aumentada e derivações destas, com a Realidade Misturada, que exploradas por diversos campos do conhecimento como a Engenharia de Software, Ciências da Informação, Design Industrial, entre outros, assumem multiformes que, ao se adequarem no corpus teórico de cada uma, acaba por tornar disforme a intenção inerente ao projeto de comunicação expandida. Constata-se que não existe uma uniformidade sobre os conceitos mesmo nas disciplinas exatas como Ciências da Computação e Sistemas de Informação e de como tais tecnologias que as embarcam; pois, ora se trata da tecnologia sem separar o conceito, ora se trata apenas o conceito pelo aspecto tecnológico da solução sem refletir sobre o conceito de expansão cognitiva. Essa prática tem causado uma grande profusão de termos, que não contribuem para o pleno entendimento destas soluções de tecnologia. Portanto, qual apropriação cabe para o pleno entendimento destas tecnologias, que impactam profundamente a sociedade, em especial nos últimos 10 anos? A partir de um resgate histórico-bibliográfico, esta reflexão demonstra que a partir da visão e da teoria descrita por diversos pioneiros, somadas *às* tentativas de explorar os limites da percepção visual do mundo se unem em dado período da história para constituir o que hoje chamamos de Realidade Misturada. Elenca ainda algumas das principais questões relacionadas *à* Comunicação com recortes no design de ambientes sintéticos.

PALAVRAS-CHAVE

Realidade misturada. Realidade Virtual. Comunicação Expandida. Comunicação. Interação Homem Computador.

---

* Doutorando pela Universidade Metodista de São Paulo, pesquisador integrante do ComTec, e-mail: fabio.palamedi@gmail.com.

1. CONCEITO E RECORTES

Muitas tecnologias não são aceitas ou encontram espaço para serem desenvolvidas quando são apresentadas a sociedade e isso pode ser explicado de diversas formas. Alguns autores sustentam que a tecnologia não era suficientemente madura na ocasião do seu lançamento (ISAACSON, 2014, p.47). Outros, ainda afirmam que tal tecnologia estava a frente do seu tempo, portanto, inevitavelmente incompreendida (BUSH, 1945, p.101). Não podemos, nem iremos afirmar nesta reflexão, que as tentativas iniciais de dispositivos de realidade virtual e realidade aumentada foram o caso dessas análises, mas podemos aferir que, a sua história não é recente (NEGROPONTE, 2006, p.116-117) e que somente ganhou protagonismo nos últimos anos.

De fato, a história da realidade virtual e da realidade aumentada são tão antigas quanto a história do próprio computador. E essa história tem raízes profundas nas questões relacionadas a capacidade cognitiva do homem ser mais do que sua natureza corpórea-cognitiva lhe permitiam ser. E em função da época tecnológica fértil na qual todas as questões relacionadas a tecnologia pareciam fervilhar de todos os cantos, laboratórios e disciplinas, tais tecnologias eram parte vistas como dispositivos protéticos extensores, parte visto como a ponte da realização simbiótica com computadores, uma vez que permitiam um manuseio prático diferenciado do uso tradicional por inserção de linhas de comando ou da inserção de inúmeros cartões perfurados para computação de dados dos antigos computadores.

Outro aspecto que é importante ressaltar repousa sobre a ambiguidade inerente da tecnologia de realidade virtual e de realidade aumentada. Ambas possuem semanticamente o mesmo principio tanto tecnológico, quanto conceitual: introduzir informações visuais através da projeção em displays. O que difere uma, da outra, é o que se objetiva a partir do uso do individuo que a utiliza. Enquanto a realidade aumentada, procura projetar informações sobre o mundo real, a realidade virtual procura sequestrar a cognição fazendo com que o cérebro acredite que está em outro lugar, fora do seu lugar de origem. O conceito da aplicação tecnológica da realidade misturada, tem sido vista como nada mais que uma justaposição de ambas tecnologias. Abordaremos cada um em detalhe mais a frente nesta reflexão, mas por hora é valido apresentar todos os aspectos importantes para delimitar o recorte desta reflexão.

Existe ainda dois fatores importantes que são necessários serem feitos sobre o tema. Um relacionado aos conceitos de fato de uma realidade alternativa mediada por computador, na qual a ideia é de se refletir como o homem poderia expandir suas capacidades independente da tecnologia. Já a outra foca e objetiva aspectos tecnológicos dos dispositivos de realidade sintética. Esse recorte se faz necessário, em razão de como será demonstrado a seguir, o conceito da relação homem-computador e realidade natural e sintética, não estavam necessariamente ligados com o nobre objetivo de expandir a percepção da realidade do homem a partir de projeções visuais, mas que em dado momento histórico e em decorrência da relação entre cientistas que atuaram em objetivos de pesquisa cientifica similares, essas duas vertentes convergem, tornando--se um desafio compreender uma sem a outra, sem uma reflexão mais densa, na qual este artigo se proposiciona.

Para delimitar o viés desta reflexão, entendemos que os conceitos tanto de comunicação expandida quanto de realidade aumentada não se limitam tão somente as questões da realidade misturada. Para fins desta análise, abordaremos somente os conceitos de realidade expandida a partir do uso de um artefato tecnológico específico para tal fim, e por entender que a delimitação do conceito antecede a criação do dispositivo, dedicado a esse fim. Isso acontece em função da disponibilidade de componentes para a produção, ou seja, a teoria já existia antes de ser possível se construir aparatos para a execução dessas mesmas ideias. Um exemplo clássico dessa situação, é o calculador diferencial de Babbage, que apesar de seu conceito ser claramente exequível, nunca fora terminado em função da capacidade de se desenvolver tal tecnologia a seu tempo (ISAACSON, 2014, p.33). Dessa forma, partimos da ideia de que os conceitos antecedem os dispositivos físicos.

Uma ressalva em particular precisa ser feita sobre a ideia de realidade. Não é intenção desta reflexão discutir o conceito, definição e delimitações epistemológicas do que é realidade, apesar de entendermos que o debate sobre o tema se torna ainda mais relevante, se não, fundamental nos dias de hoje. Sabe-se que não é tarefa simples, dada a apenas um campo do conhecimento, e que tal tema é motivo de profundas reflexões da Filosofia, Psicologia Cognitiva, Neurociência e da Cibernética. Portanto, usaremos o conceito básico e objetivo de realidade, sendo objetivamente

---

Tradução nossa: National Center for Supercomputing Applications (NCSA)

Tradução nossa de Associative Director for Human-Computer Interaction at the Institute for Computing in Humanities, Arts and Social Science (I-CHASS).

a realidade percebida naturalmente pelo homem e que não é mediada por nenhum tipo de artefato tecnológico.

2. AMBIENTE NATURAL E AMBIENTE MODIFICADO

Antes mesmo das antigas civilizações existirem, o homem não só observava a natureza, como procurava descrevê-la, retratá-la em seus próprios termos de percepção. Fosse para contar uma história, ser usado como mapa para uma região especifica ou mesmo para decoração nas pinturas das cavernas, o homem aprendeu a modificar seu ambiente desde cedo através da criação e transformação da informação simbólica em imagens.

Na busca de representar aquilo que contemplava, o homem acaba por modificar o ambiente natural de forma que a natureza para ele passa a ser modificada em resposta as ações do homem. Ruy Gama, em sua obra A Tecnologia e o trabalho na história, evidencia essa busca de modificar a condição do homem natural ilustrada pelo mito de Prometeu, que em um ato rebelde entregou ao homem o fogo, livrando este por sua vez do fatídico destino de estar sujeito as vontades dos deuses. A ideia de um Prometeu rebelde perdeu força ao longo do tempo e este por sua vez passou a representar o espirito inventivo, criativo do homem, que aprendeu a dominar a natureza pela técnica do uso das mãos, ferramentas e instrumentos, objetivando ampliar suas habilidades (GAMA, 1986, p.30; MORAIS, 1940, p.101), a partir da inserção e manipulação das suas invenções tecnológicas.

A introdução de tais intervenções na própria natureza, não apenas modificaram (como ainda modificam constantemente) a percepção que o homem tem de si mesmo, e como isso impacta sua própria realidade. Squirra observa que:

Tradução nossa de "Augmented reality"

ACM é Uma das maiores Associações de Computação espalhadas pelo mundo dedicadas aos avanços dos estudos na computação envolvendo pesquisadores, profissionais e educadores ao redor do tema.

Tradução nossa de "Computation has become an infrastructure for the pursuit of research in a growing number of fields of science and technology, including sociology, economics, and behavioral studies."

"Na história humana, a evolução e a massiva adesão social a essas inovações demonstram sólida decisão de consumo de útil e variada pletora de equipamentos. Tecnologias em infindáveis formas compõem cenários cimentados em antecedentes confiáveis de uma longeva simbiose homem-máquina. Na atualidade estas inserem pressupostos consistentes de necessidade, e posterior familiaridade, dos seres humanos de imersão nos recursos das inúmeras tecnologias que passaram a compor seu meio ambiente. " (SQUIRRA, 2013, p.86)

Macluhan, reconhece esse fato ao citar o exemplo da introdução da locomotiva nas sociedades. O impacto não se deu em função do uso das locomotivas, mas sim, das dinâmicas que se alteraram em todas as camadas da sociedade graças a possibilidade de deslocamento entre cidades (MCLUHAN, 1980. p.57).

No processo de transformação da realidade natural do homem em sua própria versão de natureza, a informação passou a ser peça fundamental e estruturante para tais desígnios (CASTELLS, 2007, p.43). Os avanços da tecnologia e seus esforços em criar, armazenar e recuperar informações pouco mudaram entre a era medieval para a era industrial. O trabalho em criar, replicar, operar e até mesmo desmontar maquinários se tornara mais simples com instruções precisas armazenadas em guias e manuais, mas apesar disso, executar tais instruções ainda era um exercício laborioso e demorado. Para se criar, armazenar e recuperar informações em uma sociedade material, era necessário se criar um artefato físico que fosse capaz de reter a informação que se desejava. Por exemplo, se descobrisse uma nova forma de manipulação de uma matéria prima, as informações de tal descoberta seriam transformadas em um manuscrito, livro ou mesmo um manual. Se a informação fosse modificada, o artefato físico teria de ser modificado, pois a informação permanece no mundo físico, incorporado com o objeto físico. Graças aos avanços tecnológicos do século XX e a sua plasticidade em se reinventar (CASTELLS, 2007, p.51), a informação tornou-se muito mais desatachada do objeto físico do que nas décadas anteriores. Alan B. Craig, pesquisador do Centro Nacional de Aplicações para Supercomputador (NCSA) e Diretor Associado de Interação Homem Computador do Instituto de Computação em Humanidades, Artes e Ciências Sociais (I-CHASS) usa o exemplo da placa de transito em contrapartida com o radar de velocidade para ilustrar esse cenário. Para se informar a velocidade máxima permitida em uma via, é necessário criar uma placa, erguer um poste, fixar a placa e no caso da velocidade ser alterada, a placa com a velocidade nova deve substituir a anterior. Em contrapartida, com os radares de velocidade, não apenas informa-se a velocidade máxima permitida como também mostra a velocidade atual do condutor.

A diferença para Craig nesse exemplo, é que o indicador de velocidade moderno não apenas informa sua velocidade atual, como é capaz de determinar sua condição legal e informar seu status (CRAIG, 2013, p. 6), além de atuar como um representante do governo e despachar uma multa, no caso de infração. Além disso, para equipamentos móveis, a informação de velocidade máxima permitida, cores, formato da exibição pode ser alterada sem dificuldade alguma e no contexto da localização em que for deslocado com o simples apertar de alguns botões.

Se na era industrial a informação já era um fator fundamentalmente estruturante para uma civilização que expandia seus limites de exploração e modificação da natureza, a era do computador introduz uma forma muito mais rápida e eficiente de criar, armazenar e recuperar informações. Craig pontua que com a habilidade de modificar e recuperar informações instantaneamente veio também uma forma muito mais poderosa de modificar e aumentar nosso ambiente (CRAIG, 2013, p. 12).

No artigo Realidade aumentada publicado na revista Communication, da ACM , Vinton Cerf faz uma reflexão sobre como os avanços da tecnologia nos permite ir além das nossas limitações cognitivas e nos permite ver e compreender mais do que seriamos capazes naturalmente. Cerf aponta que a computação se tornou uma infraestrutura de busca da pesquisa em um número crescente de campos da ciência e da tecnologia, incluindo Sociologia, Economia e Estudos Comportamentais (CERF, 2014, p.7), e que não indica somente o quanto nossa realidade foi alterada, como esta por sua vez é expansiva das nossas capacidades a medida que esta mesmo evolui. Cerf conclui, portanto que a medida que nossas ferramentas se tornam cada vez mais poderosas, somos capazes de antecipar mecanismos do nosso mundo que permitirão que simulemos os mesmos para visualização, compreensão, e até mesmo projetar processos que somente poderíamos imaginar antes. (CERF, 2014, p.7).

Desta forma, durante toda a história do homem, contempla-se um ser que busca moldar seu ambiente a fim de modificar sua percepção da realidade a partir de artefatos que evoluíram com ele: na era medieval eram os mecanismos rústicos ampliadores da força motora, na era industrial a ampliação do intelecto na automação de maquinários (TOFFLER,

1995, p.32) e na era eletrônica, do computador e do microchip, a busca pela expansão da inteligência. Este processo de transformação cíclica produz profundas transformações em seu ambiente interior (MORAIS, 1988, p.100), corroborando a ideia de expansão cognitiva. A criação e uso da tecnologia, compreendendo que esta é resultado e resultante ao mesmo tempo: faz parte do próprio ser humano (PINTO, 2005, p.76), fizeram com que o ambiente natural do homem passasse a ser o ambiente tecnológico, onde a falta de tecnologia, causa estranheza.

3. A IDEIA DE EXTRAPOLAÇÃO

Podemos delinear de forma genérica o pensamento computacional na década de 1940 a 1950 e seu compromisso de usar o computador para livrar o homem do trabalho complexo de certas atividades repetitivas em duas vertentes bem específicas. Uma delas, liderada pela iniciativa de cientistas como Marvin Minsky e John McCarthy que buscavam desenvolver máquinas capazes de aprender sozinhas e reproduzir a cognição humana. Essa segunda linha, que irá ser fundamental para o desenvolvimento de disciplinas como a Inteligência Artificial, Aprendizado de Máquina entre outras, não será abordada por entendermos que, apesar dos objetivos serem os mesmos (expandir a capacidade do homem de mudar a natureza e sua própria realidade), o objeto resultante de tal linha se distancia da relação homem-máquina e consequentemente das questões relacionadas à comunicação expandida.

A segunda linha do pensamento dos cibernéticos tem como base a comunicação que se estabelece na relação homem-máquina, destacando-se com os trabalhos de cientistas como Vannevar Bush, Norbert Wierner, Claude Shannon, J. C.R Licklider, Douglas Engelbart entre outros que passaram a olhar para a máquina, como uma resposta para aumentar, expandir as atividades humanas por meio do uso dos computadores. O computador se mostrou indispensável nos esforços de guerra e, em função de muitas informações serem sigilosas, muitas publicações deixaram de vir a público. Claude Shannon e Alan Turin, que eram contemporâneos na época e chegaram a conversar brevemente sobre algumas ideias, nunca conversaram sobre seus projetos secretos (GLEICK, 2013). E apesar dos avanços do computador graças aos esforços de guerra, eles ainda eram puramente máquinas de calcular, muito mais sofisticados do que as máquinas de cálculos diferenciais produzidos até então, mas semanticamente, pouco mudara desde as notas de Ada Lovelace (ISAACSON, 2014, p.44).

O esforço da guerra consequentemente forçou vários cientistas, que antes trabalhavam isolados em seus próprios laboratórios e com suas linhas próprias de pesquisa, a trabalharem juntos, criando um avanço significativo para a ciência (BUSH, 1945). O que mais preocupava os cientistas nessa ocasião era que os computadores ainda eram grandes, complexos, caros e difíceis de serem utilizados. Esses fatores levaram alguns deles a se dedicarem exclusivamente a tornar o uso do computador mais simples, dispensando a complexidade de um conhecimento tão amplo e da rápida aplicação do computador na sociedade. Portanto, a ideia de mais destaque sobre a expansão da capacidade do homem performar uma atividade melhor com o computador (que não fosse estritamente relacionada a cálculos) em função da sua relação com a máquina ganha força no artigo "Como podemos pensar[1]", de Vannevar Bush. No seu artigo, Bush apresenta o Memex, dispositivo mecânico que serviria como um repositório de dados, acessados pelos verbetes, associados entre si que permitiriam que o usuário pudesse facilmente navegar entre as informações e dessa forma, ampliar seu intelecto e principalmente sua memória. Bush descreve:

> O advogado terá ao seu alcance as opiniões e sentenças de toda a sua carreira, assim como a de seus amigos e especialistas no assunto [...] assim, a ciência pode concretizar os meios em que o homem produz, armazena e consulta um acervo da raça humana (BUSH, 1945, p.107).

Bush não somente introduz a ideia de manipulação de informação com mais precisão e rapidez, como viria a influenciar outros cientistas renomados em suas perseguições intelectuais a pensar na relação homem-computador no seu íntimo, além de sua inestimável contribuição para a formação do complexo empresarial-militar-acadêmico do qual resultou o desenvolvimento da Internet (ISAACSON, 2014, p.180; p.279). Wierner (que atribuiu a Cibernética o corpus teórico que possui) estudava as questões da relação do homem e da máquina, tinha um circulo semanal com cerca de quarenta a cinquenta pessoas que se reuniam e conversavam durante algumas horas, orbitando assuntos relacionados à Engenharia, Psicologia e Humanidades na relação homem-máquina. A Cibernética de

---

[1] Tradução nossa de "As we may think".

Wierner descrevia como qualquer sistema poderia aprender por meio da comunicação, controle e feedback, incluindo o cérebro humano. Wierner observa que "muita gente acha que os computadores são substitutos da inteligência e eliminam a necessidade do pensamento original, este não é o caso", distanciando-se da ideia de inteligência sintética porque em sua visão "quanto mais potente é o computador, maior é o ganho que se terá conectando-o ao pensamento humano imaginativo, criativo e de alto nível" (ISAACSON, 2014, p.236).

As reuniões de Wierner, acabaram por atrair Licklider que, participante ativo das reuniões promovidas por Wierner, se tornaria simpático ao pensamento cibernético e anos mais tarde escreveria o artigo "Simbiose Homem-máquina[2]"(1960). Licklider que se interessava muito pelas questões relacionadas à cognição humana, estudou psicoacústica (como percebemos os sons) em Harvard e posteriormente se transferiu para o MIT onde criou uma seção de Psicologia instalada dentro do Departamento de Engenharia Elétrica. No MIT, Licklider encontraria na visão da Cibernética, amplo território intelectual para desenvolver sua própria visão de como deveria ser a relação homem-computador e qual seria o benefício que o homem teria dessa relação. Ao ser chamado para ajudar a resolver a questão do uso compartilhado de computadores no MIT[3], Licklider já apresentava as influências da cibernética em seu pensamento. Licklider comentou sobre o desafio de criar uma interface homem-máquina mais intuitiva para se obter da máquina informações de processamento de dados:

> Queríamos formas de manter essa tela a situação do espaço por segundos sucessivos, e bolar rastreadores, e não pulsos sonoros, e colorir o produto do rastreamento de maneira que se pudesse ver qual era a informação recente e dizer em que direção a coisa estava indo (ISAACSON, 2014, p.240)

Percebe-se a questão da comunicação entre agentes, do controle e do feedback sobre o projeto de interface. Além disso, Licklider via na relação homem-máquina, benefício mútuo:

---

[2] Tradução nossa de *"Man-Computer Symbiosis"*

[3] Vale mencionar que naquela época, os computadores eram caros, grandes e desajeitados mecanismos compartilhados entre departamentos. Cada departamento tinha sua cota de tempo de uso, o que era um aborrecimento dado que, o tempo de uso dependia invariavelmente da quantidade de lotes de dados a serem processados. Como não havia meios de saber quanto tempo ainda demorava para liberar o uso do computador para o departamento seguinte, Licklider fora chamado para desenvolver um sistema que informasse em tempo real quanto tempo alguma atividade levaria para ser concluída.

> Como conceito, simbiose homem-computador é importante em uma forma completamente distinta do que North[4] chama de homem mecanicamente estendido. [...]. As partes mecânicas do mecanismo eram apenas peças extensoras. [...] O homem irá estabelecer os objetivos, formular as hipóteses, determinar os critérios e proceder as avaliações. Os computadores farão o trabalho passível de ser submetido a uma rotina necessária para preparar o caminho para insights e decisões no pensamento técnico e científico [...] [5] (LICKLIDER, 1960, p.4)

A visão de Bush iria inspirar Douglas Engelbart, que após ler o artigo de Bush, empreendeu seu doutorado na Universidade de Berkeley em 1955. Engelbart "concluiu que a melhor maneira de ajudar as pessoas a lidar com a complexidade era parecida com o que Bush havia proposto [...] enquanto imaginava um jeito de tentar transmitir informações em telas gráficas em tempo real" (ISAACSON, 2014, p. 289). Dessa forma, em 1962 publica seu manuscrito intitulado "Aumentando o Intelecto humano[6]" onde primeiro se distancia da ideia da inteligência artificial (assim como o fez Wierner) e a seguir se aproximada da ideia de simbiose entre humanos e computadores, também influenciado pelo artigo de Licklider. Douglas Engelbart conseguiu financiamento para criar o seu próprio Centro de Pesquisas Aumentadas[7], onde conduziu suas pesquisas com foco no aumento das capacidades humanas. O resultado de um cientista formado em Engenharia Elétrica e que havia trabalhado na manutenção de radares durante a guerra, seria a combinação das habilidades humanas e das capacidades do computador. Isaacson comenta sobre as atividades de Engelbart:

> O resultado, ao mesmo tempo simples e profundo, foi uma clássica expressão física do ideal de aumento e do imperativo de participação ativa. Usava o talento humano de coordenação entre mente, a mão e o olho (coisas que os robôs não sabem fazer bem) para fornecer uma interface natural com o computador. Ao invés de atuarem de forma independente, seres humanos e máquinas atuariam em harmonia. (ISAACSON, 2014, p.292)

---

[4] J.D. North, *"The rational behavior of mechanically extended man"*, Bouton Paul Aircraft Ltd.Wolverhampton, Eng.: Set, 1954. Como apontado anteriormente, a idéia de expandir as capacidades do homem não é em si uma novidade. Na ocasião da era industrial, já existia uma vertente de pensamento sobre o uso de próteses mecanicas.

[5] Tradução nossa de *"As a concept, man-computer symbiosis is different in an important way from what North has called mechanically extended man [...] Men will set the goals and supply the motivations, of course, at least in the early years. They will formulate the hypothesis, They will ask the question. They will think of mechanisms, procedures and models."*

[6] Tradução nossa de *"Augmenting Human Intellect"*

[7] Tradução nossa de *"Augmented Research Center"*

A partir do mapeamento da tela, do uso de um dispositivo que permitia mover um cursor, foi possível a migração do uso complexo e avançado da interface de comandos para a metafórica interface gráfica do usuário. Com a modernização dos componentes eletrônicos, o microcomputador pessoal e o uso de uma interface mais amigável, o computador se popularizou (CASTELLS, pg.50, 1999; SIQUEIRA, 2007. P.54). Diversos trabalhos de renomados cientistas aqui não mencionados foram cruciais para o desenvolvimento, não apenas do computador, como também das disciplinas relacionadas e pertinentes aos estudos da relação homem-máquina. O recorte feito aqui, evidencia que existiu de fato, a agenda dedicada à expansão das habilidades humanas a partir das capacidades do computador, em especial às habilidades relacionadas à criação, manipulação e recuperação de informações e, que em consequência de tal empreendimento, as capacidades do homem seriam expandidas. Tal projeto irá se ramificar por diversas disciplinas e diversos segmentos da produção de dispositivos computacionais, em especial, os que se acoplavam aos terminais de computador para emular e simular o que Ivan Sutherland viria a chamar de Realidade Aumentada.

4. VISUALIZANDO IMAGENS, SIMULANDO SENSAÇÕES E O *CONTINUUM* REALIDADE-VIRTUALIDADE

Conceitualmente, podemos observar alguns mecanismos simples como precursores das tecnologias de realidades expandidas. Antes mesmo da fotografia ter sido criada, Sir Charles Wheatstone (GREGORY, 1997, p.37) criou um pequeno mecanismo que usava espelhos em um ângulo de 45 graus para refletir imagens diretamente no olho. David Brewster, inventor do Caleidoscópio, demonstrou em 1851 seu estereoscópio na exibição do palácio de Cristal da rainha Vitória. Não haviam imagens de fato nesses dispositivos e esses apenas atuavam sobre como o olho humano, com espelhos em ângulos específicos para criar a sensação de imagens. Logo, constata-se que as ideias de formas diferenciadas de se observar a realidade já eram buscadas antes mesmo da ideia da computação. Aqui, a busca mais livre de preocupações cientificas, foi amplamente explorada nas artes e posteriormente o seriam no cinema.

Já em meados dos anos de 1900, o telégrafo, telefone e a televisão foram criações do homem com o objetivo de comunicar à grandes distâncias, rompendo os limites de espaço-tempo das leis da física. Mas estes dispositivos, apesar de conceitualmente atuarem como uma extensão cognitiva do homem (no sentido de permitir que ele ultrapasse suas limitações físicas), executam de fato, apenas o aspecto puramente funcional e de forma protética. O individuo que telefona a alguém, ou o que assiste a um programa de auditório, está plenamente consciente de que está geograficamente em outro lugar. Para romper essa consciência e ampliar a experiência de estar em outro lugar era necessário se aprofundar na tentativa de convencer o cérebro de que, diferentemente da experiência da televisão ou do cinema, estava-se em outro lugar.

O cinema, já por sua vez, desde sua apresentação inicial feita pelos irmãos Lumière em 1895, demonstrou que a sala do cinema permitia a exploração de outras situações audiovisuais das quais resultava outro tipo de experiência. E é justamente por um cineasta interessado em extrapolar a experiência sensorial de assistir que o primeiro artefato técnico de realidade virtual fora projetado. Em 1962, Morton Heilig projeta um equipamento similar a uma motocicleta, acoplada a um computador que simulava sons, imagens e até mesmo cheiros, chamada Sensorama, e que permitia, por meio de artifícios combinados, simular uma situação na qual a experiência sensorial, de caráter imersivo, convencesse a pessoa (e seu cérebro) de que ela estava em outro lugar (KIPPER; RAMPOLLA, 2013, p.7). Heilig criara um precedente que continuou a ser perseguido ao longo da década de 1900. Em 1928, Edwin A. Link desenvolveu o primeiro simulador de voo, com fuselagem similar a de um pequeno avião que produzia movimentos e a sensação de voo, que após ser recusado pelos militares, passou a ser vendido como brinquedo para parques de diversão.

Quase 8 anos após a criação dos simuladores, os militares compraram seis unidades e, ao final da segunda guerra mundial, aproximadamente 10.000 unidades foram vendidas para que pilotos pudessem treinar antes de pilotar aviões. Apesar de já existirem mecanismos simuladores de realidade virtual antes mesmo da popularização do computador pessoal, ainda faltava algo para que, de fato, essas tentativas fossem vistas como uma ampliação da realidade. É no período pós-guerra que as iniciativas de produzir e reproduzir experiências sensoriais iriam encontrar seu ponto de desenvolvimento mais dramático.

Como pontuado anteriormente, a ideia de uso da tecnologia para extrapolar as capacidades cognitivas do homem se deu ao longo de uma bem definida trajetória de pensamento, esforço científico, desenvolvimento de equipamentos e a evolução de um ecossistema tecnológico amplo, complexo e multidisciplinar, que se deram principalmente no período mais bélico da história da humanidade. Desse cenário científico rico e variado, uma das vertentes resultantes mais importantes foi a exploração da expansão das capacidades de compreensão e de entendimento mediadas por mecanismos de apoio visual. Sutherland apontou que:

> Nós vivemos em um mundo físico no qual as propriedades conhecemos muito bem através de uma longa familiaridade. Nós sentimos o envolvimento com o mundo físico que nos permite predizer suas propriedades bem [...] Nossa falta de familiaridade correspondente com as forças em campos não-uniformes, os efeitos das transformações não projetáveis da geometria, alta inércia, movimentos de baixa fricção. Um display conectado a um computador digital nos dá a chance de adquirir familiaridade com os conceitos não redimensionáveis do mundo físico. É uma lente de aumento no maravilhoso mundo da matemática.[8] (SUTHERLAND, 1965, p.1)

Sutherland, que era contemporâneo de grandes nomes como vimos anteriormente, viu na aplicação prática de uma tecnologia que expande a capacidade do homem de compreender o mundo ao seu redor e, consequentemente, sua realidade. Assim como Licklider e Bush (e posteriormente Engelbart), conceitua-a chamando de realidade aumentada. A ideia de Sutherland, apesar de ser estruturalmente semelhante as iniciativas anteriores de visores acoplados à cabeça, se distancia em muito no conceito e no propósito da tecnologia. De fato, Jason Jerard, em seu livro The VR book, indica que Sutherland foi o primeiro criador de um sistema de realidade virtual (2016, p.8), e como apontado anteriormente, as iniciativas anteriores tinham objetivos difusos, rústicos e experimentais.

Em 1968, Ivan Sutherland foi o primeiro a demonstrar um dispositivo equipado à cabeça, projeções sobre um display que exibiam ao usuário informações contextuais sobre o seu ambiente, chamado de A Espada de Demócles (KIPPER; RAMPOLLA, 2013, p.7; JERALD, 2016, p.22).

Os conceitos do que é Realidade Virtual, Aumentada e Misturada irão variar de acordo com o recorte de alguns autores sobre o tema, isso dada a sua ambiguidade radicada na tecnologia de ambos aparatos

---

[8] Tradução nossa de: "*We live in a physical world whose properties we have come to know well through long familiarity> We sense an involvement with this physical world which gave us the ability to predict its properties well [...] We lack corresponding familiarity with the forces in non-uniform fields, the effects of non-projective geometric transformations, and high-inertia, low friction motion. A display connected to a digital computer gives us a chance to gain familiarity with the concepts not realizable in the physical world. It is a looking glass into a mathematical wonderland.*"

serem similares, quando não, os mesmos. Isso se deve em função de, como argumentado anteriormente, o conceito anteceder o equipamento e, como é comum acontecer na tecnologia, o conceito se mescla com a aplicação física. Por exemplo, no livro **Realidade Aumentada, um guia de tecnologias emergentes para Realidade Aumentada**[9] apresenta a seguinte definição:

> Realidade Aumentada (AR) é uma variação de um Ambiente Virtual (VE), ou Realidade Virtual (VR) e é assim mais conhecida. Tecnologias de Realidade Virtual procuram imergir completamente um usuário em um ambiente sintético e enquanto imerso, o usuário não pode ver o mundo real ao seu redor. Em contraste, Realidade Aumentada recupera informação gerada por computador, que podem ser imagens, texto, áudio, vídeo, ser touch ou provocar sensações hápticas e sobrepor em uma camada visual o ambiente real em tempo real. A Realidade Aumentada pode tecnicamente ser utilizada para aprimorar os cinco sentidos, mas seu uso mais comum nos dias atuais é apenas visual. Diferente da Realidade Virtual, a Realidade Aumentada permite que o usuário possa ver o mundo ao seu redor, com objetos virtuais sobre o que ele vê, criando uma sensação de composição com a realidade. Dessa forma, a Realidade Aumentada mais suplementa do que substitui.[10] (KIPPER; RAMPOLLA, 2013, p.1)

Já Jerald, utiliza a definição proposta pelo dicionário Merrian-Webster:

> ...um ambiente artificial que é experimentado através dos estímulos sensoriais (como sons e sinais) fornecidos por um computador e no qual as ações (do usuário) são parcialmente determinantes no ambiente.[11] (JERALD, 2016, p.9)

---

[9] Tradução nossa de *"Augmented Reality a guide to emergent technologies on AR"*

[10] Tradução nossa de *"Augmented Reality (AR) is a variation of a Virtual Environment (VE), or Virtual Reality (VR) as it is more commonly called. Virtual Reality Technologies completely immerse a user inside a synthetic environment and while immersed, the user cannot see the real world around him. In contrast, Augmented Reality is taking digital or computer generated information, whether it be images, áudio, vídeo, and touch or haptic sensations and overlaying them over in a real-time environment. Augmented Reality technically can be used to enhance all five senses, but its most common present-day use is visual. Unlike Virtual Reality, Augmented Reality allows the user to see the real world, with virtual objects superimposed upon or composited with the real world. Therefore, AR supplements reality, rather than completely replacing it as depicted in figure 1.1 Augmented Reality can be thought of as the blend, or the "middle ground, " between the completely synthetic and the completely real. "*

[11] Tradução nossa de *"an artificial environment which is experienced through sensory sti-*

Para Craig, em seu livro **Entendendo a Realidade Aumentada, Conceitos e Aplicações**[12], realidade aumentada é:

> [...] realidade aumentada um meio, em oposição a uma tecnologia. Por meio, eu entendo que é responsável por mediar ideias entre homens e computadores, homens e homens, e computadores e homens[13] (CRAIG, 2013, p.1)

Dertouzos, observa que:

> A realidade expandida pressupõe a sobreposição de imagens virtuais em imagens reais, como no caso do neurocirurgião. Basta por exemplo, usar o óculo e ver uma imagem interna da máquina de lavar. Quando se olha para o interior da máquina real, o sistema sabe para onde a pessoa está olhando, graças aos sensores de movimento da cabeça, e por comparar a imagem gerada com a lavadora propriamente dita. Caso queira fazer um conserto, a tela mostrará onde posicionar a chave de fenda e a chave de boca, e quando esta deve ser girada. Basta obedecer, para resolver magicamente o problema. (DERTOUZOS, 1997, p.101)

Nota-se, portanto, que em alguns casos os conceitos se complementam, em outros se sobrepõem e em outros se excluem. A definição usada por Kipper e Rompolla é mais abrangente e embarca em uma mesma definição, tanto da ideia de Realidade Virtual quanto da ideia de Realidade Aumentada, que colide com o conceito de Craig que, ao adotar a realidade aumentada como meio, se afasta das definições (e, consequentemente, das diferenças entre *hardware* e *software*) e se aproximada da ideia de extrapolação. Apesar de Jerald também ter uma percepção sobre extrapolamento, sua visão se volta completamente à realidade virtual, embarcando em si a realidade aumentada como subproduto da tecnologia. Já Dertouzos, usa o termo Realidade Expandida para se referir à Realidade Aumentada por entender que a aplicação tecnológica de informações sobre o ambiente real se dá de forma bem similar ao que Sutherland apontou, dedicando pouca atenção para a realidade virtual.

---

muli *(as sights and sounds) provided by a computer and in which one's actions partially determine what happens in the environment."*

[12] Tradução nossa de *"Understanding Augmented Reality, Concepts and applications"*

[13] Tradução nossa de *"I consider augmented reality to be a medium, as opposed to a technology. By medium, I mean that it mediates ideas between humans and computers, humans and humans, and computers and humans. "*

Mesmo com definições bem delimitadas, é uma tarefa árdua procurar separar o conceito de expansão da raiz tecnológica dos dispositivos, sem mencionar que em nenhum desses casos houve uma tentativa de delimitar o que é realidade misturada, sendo que para alguns autores, a realidade misturada se trata apenas de um meio termo entre Realidade Virtual e Realidade Aumentada. Na busca de um recorte mais preciso, Milgram e Kishino (1994) introduz o conceito de *Continuum* Realidade-Virtualidade[14].

Na tentativa de definir Realidade Aumentada, Realidade Virtual e Realidade Misturada, Milgram e Kishino (1994) introduz o conceito de *Continuum* realidade-virtualidade, oferecendo uma visão ao mesmo tempo conceitual (da expansão) e das características de uma solução (do artefato e suas aplicações). Para Milgram e Kishino, Realidade Misturada[15] é a abstração das ideias da extrapolação do ser humano em qualquer nível. Dessa forma, assume-se que não há de fato uma distinção conceitual entre Realidade Virtual e Realidade Aumentada, ambas são a mesma coisa: realidade misturada, conforme imagem abaixo:

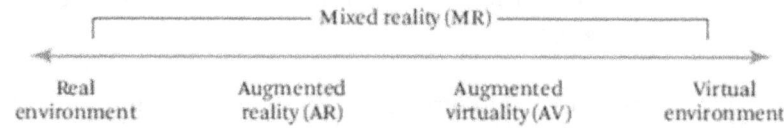

Figura 1 - Adaptação do Continuum Realidade-Virtualidade de Milgram e Kishino (1994) in Jerald (2016, p.30)

Além de introduzir o conceito de Realidade Misturada, Milgram e Kishino ainda fazem a distinção entre ambiente real, ambientes sintéticos (virtual) além da característica da interação (visualização através de) ou imersão (por meio de). Quanto mais uma solução se aproxima da realidade e da tangibilidade, maior é o nível de realismo (realidade aumentada). Quanto mais abstrato e próximo de ambientes sintéticos gerados inteiramente por computador, maior é o nível de virtualidade. Entendendo as definições do dicionário Webster (1989), virtualidade como "ser em essência ou efeito, mas não em fato" e realidade como "o estado ou a qualidade de ser", o problema do oximoro realidade-virtual resta apenas no uso vulgar para descrever um dispositivo projetado para ambientes virtuais.

---

[14] Tradução nossa de *"Reality Virtuality Continuum"*
[15] Tradução nossa de *Mixed Reality*

5. REALIDADE MISTURADA, COMUNICAÇÃO EXPANDIDA

Como demostramos anteriormente por meio de um recorte histórico-teórico, os conceitos como a tecnologia para expandir a realidade do homem (apesar de serem oriundas de diversas práticas científicas) sempre objetivaram a comunicação e a interação, tanto do homem com a máquina, quanto da máquina para o homem. O Memex de Bush funciona como uma grande biblioteca, auxiliando o homem na construção da sua memória, criando, armazenando e atualizando informações com a possibilidade de acessar outras bibliotecas. A Simbiose homem-computador de Licklider entrega a visão objetiva de expandir a capacidade do homem de realizar tarefas repetitivas a partir da relação com a máquina construída com base na comunicação entre os agentes. Sutherland e Engelbart criaram soluções de interfaces (visual e audiovisual) para aprimorar a comunicação e o entendimento do homem no uso de sistemas computacionais. Os produtos da Realidade Misturada não são diferentes.

Dessa forma, entendemos que os produtos de realidade misturada apresentam desafios semanticamente comunicacionais. Para Jerald, a comunicação é um componente fundamental de todo o projeto de realidade misturada, uma vez que " o projeto de realidade virtual deve se preocupar em como comunicar ao usuário como os mundos sintéticos funcionam, como os objetos são controlados e como se dá a relação entre usuário e conteúdo ..." (2016, p.10). Craig entende que tais soluções se caracterizam por meio, uma vez que mediam a interação do homem com o computador a partir de ambientes sintéticos (2013, p.2). Squirra observa ainda que:

> Por isso, na imensidão de um irrecusável absolutismo tecnológico, tudo é mediado por algum equipamento. Mas, entendo que a dialogicidade homem-máquinas configura-se como um puro processo de comunicação. Sim, de comunicação. Isto, pois são sempre as interações a partir de comandos (*inputs*) com semânticas embutidas, para a ação em atendimentos explícitos (*outputs*), a partir de uma original intenção comunicativa, cuja raiz do processo desencadeador repousa nas profundidades da mente humana (SQUIRRA, 2013, p.86)[16]

Portanto, os produtos de realidade misturada se somam ao amplo

---

[16] Aspas do autor

cenário tecnológico da atualidade, graças à evolução dos dispositivos e componentes e à queda do custo de produção e comercialização. Somente nos últimos anos, empresas como Google, Microsoft e Facebook aplicaram juntas mais de 4 bilhões de dólares em investimentos em tais tecnologias (PLASENCIA, 2015, p.18). Isso criou também um cenário rico em desenvolvimento de aplicações e soluções que vão desde sofisticados produtos de jogos e entretenimento com investimentos milionários até pequenas suítes de aplicações que podem ser baixadas e instaladas em um *smartphone* e usadas em um *cardboard* de cerca de 10 dólares. (LOPES et all, 2015, p.10). E como Moraes aponta, "as tecnologias além de modificarem nosso ambiente, acabam por nos modificar [...] muitos valores precisam ser revistos, nossos recursos de percepção da realidade são modificados..." (1988, p.100) criando dinâmicas inteiramente baseadas na mediação que esses dispositivos oferecem. Squirra observa ainda que "tal dinâmica vem atingindo irreversivelmente tanto os segmentos que usam as tecnologias para o entretenimento, cultura e aprimoramento intelectual..." (2013, p.86) sendo, portanto, pertinente tal aprofundamento conceitual-teórico em oposição à simples importação dos termos, de maneira a não retratar a solução completa conceitual apenas pelo o que o suporte físico permite fazer. Entendemos que essa prática reducionista impede que sejam analisados os reais impactos e resultados do uso e da disponibilidade de tais dispositivos nas sociedades.

CONSIDERAÇÕES FINAIS

O argumento central deste trabalho aponta, portanto, que as aplicações mais recentes de realidade misturada (abarcando em si não somente os conceitos como as práticas de desenvolvimento) contribuem para um cenário de comunicação expandida, que entrega em sua realização tecnológica, as teorias iniciais propostas por Bush (1945), Licklider (1960), Engelbart (1962) e Sutherland (1965), em um recorte de interação homem-máquina onde a dinâmica que se dá entre atores é semanticamente comunicacional como observa Craig (2013), Squirra (2013) e Jerald (2016).

Uma vez apontada a pertinência do olhar dos estudos da comunicação, não somente aos efeitos provocados pelo uso da tecnologia, mas principalmente no envolvimento do desenvolvimento de soluções (criação, planejamento e execução), propõe-se uma uniformidade nas questões relacionadas especificamente à realidade misturada, compreendendo que o conceito é sólido para delimitar tecnologias que são responsáveis por ampliar a capacidade comunicacional, assumindo a proposta do *continuum* realidade-virtualidade, como demonstra a imagem 2:

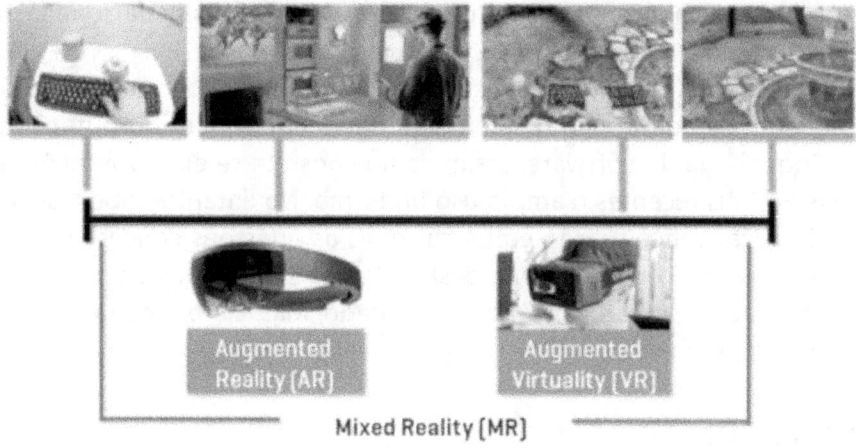

Figura 2: Continuum Realidade- Virtualidade (Boland;McGill, 2015, p.40) in Crossroads, Vol.22 n.1 2015

Por fim, destaca-se ainda algumas questões relacionadas à comunicação expandida a partir de tecnologias de realidade misturada. A primeira destas questões, a julgar pela pertinência para a comunicação, é um aprofundamento teórico sobre as tecnologias de realidade misturada serem caracterizadas como um meio de comunicação como aponta Craig e Jerald, e o quanto isso virá a ser importante nas aplicações do dia a dia do homem nas sociedades tão dependentes da tecnologia. A visão do que é comunicação pelo olhar das engenharias e da computação, das quais Craig e Jerald são oriundos, apesar de ser semanticamente a mesma proposta por Wierner na Cibernética e por Shannon na Teoria Matemática da Comunicação, ambas deixam indagações sobre a efetividade da comunicação expandida, sistematicamente em termos da construção e elaboração da mensagem.

Outra questão que se coloca aberta à discussão nesta reflexão é a da comunicação expandida. Entendemos que as tecnologias permitem que o homem expanda suas capacidades cognitivas (BUSH, 1945; LICKLIDER, 1960), mas a comunicação em seu sentido mais explícito pode ser expandida? Uma das características mais marcantes no trabalho de Norbert Wierner (1943.p.28) e, posteriormente, tratada na proposta de

Shannon (1948, p.389), é a questão da entropia envolvida no processo de troca de mensagens. Uma comunicação dita expandida estaria relacionada ao aumento da quantidade de mensagens ou informações ou à uma tratativa mais eficiente da contenção da degeneração da mensagem? Torna-se pertinente, portanto, uma análise mais densa relacionadas à essa questão.

A ideia de Realidade Misturada se mostra sólida e constata-se uma conformidade e uma aceitação nas Ciências da Computação e da Engenharia de Software, assim como constata-se em publicações e revistas mais recentes o amplo uso do termo. No entanto, cabe discutir ainda se tal conceituação embarca todas as questões concernentes à comunicação. O entendimento desta reflexão é que sim, uma vez que o objeto está sujeito ao conceito apresentado, mas, claro, esta também é uma discussão em aberto.

REFERÊNCIAS

BOLAND, D; MCGILL, M. Lost in the rift:Enganging with Mixed Reality in **XRDS Cross Roads**, v.22. n.1, p.36-37; 2015

CASTELLS, M. **A sociedade em rede: a era da informação: economia, sociedade e cultura.** Tradução de Roneide Venâncio Majer. São Paulo: Paz e Terra. V.1, 2007.

CERF, V.G Augmented Reality. **Communictions of ACM**, Washington, v.57, n.8, p.6.8, 2014

CRAIG, A. B U**nderstanding Augmented Reality: Concepts and Applications.** British Library. ISBN 978-0-240-82408-6, Elsevier Inc. 2013

DERTOUZOS, M. L. **O que será: como o novo mundo da informação transformará nossas vidas.** São Paulo: Companhia das Letras, 1997

_____ **A revolução Inacabada.** São Paulo: Futura, 2002

GAMA, Ruy. **A tecnologia e o trabalho na história.** São Paulo: Nobel: Editora da Universidade de São Paulo, 1986.

GLEICK, J. **A informação – Uma história, uma teoria, uma enxurrada.** São Paulo: Companhia das Letras, 2013

GREGORY, R. L. **Eye and Brain: The Psycology of Seeing**. 5.Edição. Princeton University Press, Princeton.

ISAACSON, W. **Os inovadores: Uma biografia da revolução digital**. Tradução de Berilo Vargas, Luciano Vieira Machado e Pedro Maria Soares. 1.edição, São Paulo. Companhia das Letras, 2014.

JERALD, J. **The VR Book: Human-Centered Design for Virtual Reality**, Washington, ACM & Morgan & Claypool Publishers, 2014

LOPES, P; ION, A; KOVACS, R. Using your own muscles: realistic physical experiences in VR in **XRDS Cross Roads**, v.22. n.1, p.30-35; 2015

KIPPER, G; RAMPOLLA, J. **Augmented Reality: An Emerging Technologies Guide to**

AR Syngress Publishing, 2010.

MCLUHAN, M. Os meios de comunicacão como extensões do homem. Tradução de Décio Pignatari. São Paulo. Cultrix. 2007, p.407

MILGRAM, P.; KISHINO, F. **A taxonomy of Mixed Reality Visual Displays**. IEICE TRANS. INF & SYST, Vol. E77, n.12, p. 1321–1329, 2012.

MURRAY, J. H. **Hamlet no Holodeck: o futuro das narrativas no ciberespaço**. São Paulo: Itaú Cultural, Unesp 2003.

NEGROPONTE, N. A vida digital. São Paulo: Companhia das letras, 1995.

PLASENCIA D. M. One step beyond Virtual Reality:Connectong past and future developments in **XRDS Cross Roads**, v.22. n.1, p.36-37; 2015

PINTO, A. V. **O conceito de Tecnologia.** Rio de Janeiro; Editora Contraponto, 2005.

SUTHERLAND, Ivan. **Augumented Reality: The ultimate display**. Out. 1965. Disponivel em: <https://www.wired.com/2009/09/augmented-reality-the-ultimate display-by-ivan--sutherland-1965/> Acesso em: 25/08/2016

SUTHERLAND, Ivan. **A Head-Mounted Three Dimensional Display**. In Proceedings of the 1968 Fall Joint Computer Conference AFIPS (Vol.33, parte 1, p. 757-764). Washington. Thompson Books

SQUIRRA, S. A Icomunicação: da metacomunicação à Ciberlogia .In: **Revista IberoAmericana de Ciências de la Comunicación**. N.2, p.86-97, 2013

_____. Como as invisíveis tecnologias permeiam a existência e a produção. In: **A comunicação de Mercado em redes virtuais**. Chapecó: Argos, p. 89-114, 2015

_____. A Comunicação em displays híbridos, nas redes e em mídias nas nuvens. In: **Revista Comunicação & Inovação**. Programa de Pós-Graduação da USCS, v.14, p.28-36, 2013

_____. Engenharia das Comunicações – uma proposta para pesquisas colaborativas e transversais. In: **Ciberlegenda**. Rio de Janeiro, v.1, p.71-81, 2011, no. 25.

WIERNER, N. **Cibernética e Sociedade – o uso humano de seres humanos.** São Paulo: Cultrix, 1954